U0181563

天喜文化

从声音到文字，分享人类智慧

地球的天空

［美］
L. S. 福伯
著

李　果
译

哥白尼、第谷、开普勒、伽利略如何发现现代世界

L. S. Fauber

How Copernicus, Brahe, Kepler, and Galileo Discovered the Modern World

Heaven on Earth

天地出版社 | TIANDI PRESS

图书在版编目（CIP）数据

地球的天空：哥白尼、第谷、开普勒和伽利略如何发现现代世界 /（美）L.S. 福伯 (L. S. Fauber) 著；李果译 . —成都：天地出版社，2021.11
ISBN 978-7-5455-6466-2

Ⅰ. ①地… Ⅱ. ①L… ②李… Ⅲ. ①天文学史—世界—普及读物
Ⅳ. ①P1-091

中国版本图书馆CIP数据核字（2021）第161097号

Copyright © 2019 by Leah Fauber
This edition arranged with Ayesha Pande Literary through Andrew Nurnberg Associates International Limited
Simplified Chinese edition copyright © 2021 by Tiandi Press
All rights reserved.

著作权登记号：图进字21-2021-322

DIQIU DE TIANKONG: GEBAINI、DIGU、KAIPULE HE JIALILÜE RUHE FAXIAN XIANDAI SHIJIE

地球的天空：哥白尼、第谷、开普勒和伽利略如何发现现代世界

出 品 人 陈小雨 杨 政
作　　者 ［美］L.S.福伯 (L. S. Fauber)
译　　者 李 果
责任编辑 贾启博
装帧设计 左左工作室
责任印制 董建臣

出版发行 天地出版社
（成都市槐树街2号 邮政编码：610014）
（北京市方庄芳群园3区3号 邮政编码：100078）
网　　址 http://www.tiandiph.com
电子邮箱 tianditg@163.com
经　　销 新华文轩出版传媒股份有限公司

印　　刷 北京文昌阁彩色印刷有限责任公司
版　　次 2021年11月第1版
印　　次 2021年11月第1次印刷
开　　本 889mm × 1194mm 1/32
印　　张 16.5
字　　数 418千字
定　　价 88.00元
书　　号 ISBN 978-7-5455-6466-2

版权所有◆违者必究

咨询电话：（028）87734639（总编室）
购书热线：（010）67693207（营销中心）

如有印装错误，请与本社联系调换

准确的学识能够

揭示全部的罪愆，

从路德一直到如今

那驱使文化疯狂的肇因。

——W. H. 奥登：《又一次》（*Another Time*，1939年）

（译文参考马鸣谦、蔡海燕译本——译注）

如若不是招惹了警察，

没人会注意到数学家的用处。

——尤维纳利斯：《讽刺诗·第六》（*Satire VI*，写于约公元100年）

目　录

伽利略·加利莱伊

主角出场

十六世纪，欧洲轮番上演着可怕的内乱和血腥的起义，但这个乱世中生活着四位钟情于仰望苍穹之人。尽管四人的民族、年纪、宗教信仰和社会阶层各异，但皆因一个奇妙的发现而彼此关联，而这个让人难以置信的发现又成为那个暴乱、迷狂时代其他各方面社会变革的先声。这一发现有力地把四人的精神凝聚在一起，尽管他们并不都生活在同一时代或同一个地方，但彼此在精神上相互联结，形成了父子或兄弟般的关系。当四人通过著作、信件或会面等方式彼此相遇并建立联系时，这种感觉极像亲人久别重逢后的亲切感。他们把从兄弟姐妹、孩子和妻子那里学到的责任意识，给予彼此。和多数家族一样，四人之间充满着友爱，但也出现过很多不快。和所有家族一样，他们的剧本很长，远非任何一个人所能独自演绎完成。

接下来，我会从一个波兰小男孩儿脑际闪过的白日梦，一路讲到那场世纪审判中盛大的世界舞台，等待他们的是来自当时最强大的政治力量的判决。剧本的主角早已家喻户晓，在此只需提及他们各自的大名即可：尼古拉·哥白尼（Nicolaus Copernicus）、第谷·布拉赫（Tycho Brahe）、约翰内斯·开普勒（Johannes Kepler）和伽利略·加利莱伊（Galileo Galilei）。他们发现了现代意义上的地球，一颗转动的地球，同时还发觉现代生活自身存在令人不安的状况。他们的故事并非个别天才的传奇。从个别天才的传奇角度讲述的故事虽不一定就有失偏颇，但的确遮蔽了其他更为重要的事实。他们的故事是一部世代相传的史诗，也是非比寻常的家族式传奇。

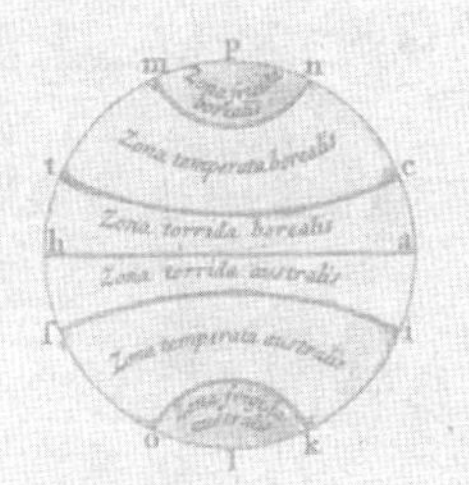

尼古拉 · 哥白尼

坎坷成长的一生

剧中人物

卢卡斯 · 瓦岑罗德（Lucas Watzenrode）	他的舅父，采邑主教
乔治 · 约阿希姆 · 雷蒂库斯（George Joachim Rheticus）	他的助手和朋友
蒂德曼 · 吉泽（Tiedemann Giese）	他的密友和教友
安德烈亚斯 · 奥西安德（Andreas Osiander）	路德派牧师，业余观星爱好者
多梅尼科 · 玛丽亚 · 达诺瓦拉（Domenico Maria da Novara）	他最敬爱的老师
伊拉斯谟 · 赖因霍尔德（Erasmus Reinhold）	他的第二位助手
马丁 · 路德（Martin Luther）	传奇的改革家
条顿骑士团	战争制造者
教皇们	他们的逝世让时间计算单位细化至秒

主要作品

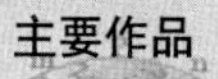

《小释》（*Little Commentary*）、《天体运行论》（*On The Revolutions*）

本节涉及年代

1491—1551

生于旧世界的哥白尼

年少的尼古拉·哥白尼看上去身材瘦长、相貌平平，此时的他没什么远大理想，也无意打扰任何人。哥白尼酷爱数学，寡言少语，不喜欢剪头发。

1491年秋，哥白尼收拾行装，准备离开打小生活的托伦（Toruń），开启一段沉思之旅。此时，他的心中已经埋下了一个令人不安的想法，这个想法与他酷爱的天文学相关，即地球可能在动。哥白尼此前也没有时间深入琢磨这个问题，但现在他正准备上大学，而大学是中世纪为数不多能够提升知识水平的地方之一。哥白尼的外表并不出众。如果流传下来的他的画像多少有些靠谱的话，那他看上去憨憨的，小嘴得自母亲，眼睛周围一大圈的白色，映衬得脸部其他地方看上去好像没洗干净似的。哥白尼的外表实在是不惹眼，就连他骑马沿波兰的村镇往南走了两天都没引起他人注意。接下来，他将在克拉科夫大学（University of Kraków）开启自己的成年生活。

我们与哥白尼身处不同时代，比起空间上的陌生感，他生活的时代更让我们感到陌生。哥白尼沿途经过的是旧世界：局促、粗鄙、荒诞不经。这些地方没有鳞次栉比的建筑，没有大城市，也没有冒着浓烟的工厂。当时还没有唤作“美国”的地方，也没有灯泡、疫苗和廉价的钢材，更没有民族主义、世俗的国家、精准的钟表和女权主义，也几乎没有枪支、咖啡，书籍也很少，更谈不上民主。但至少，一个经济繁荣的城镇会配备新式机械驱动的谷物磨坊来满足居民的需要，而顽童、麻风病人和声名狼藉的妇女也能在树荫下闲逛；此番景象可算作现代性诞生的第一丝迹象。[1]

途经肥沃的维斯瓦河（Vistula River）附近时，哥白尼看到身后远去的世界满是棚屋堆砌的乡村，此情此景令人感慨。村里多数都是农民，而多数农民又相当贫困。哥白尼发现，他们几乎一无所有：一头奶牛、一头猪、一只母山羊和一袋谷物，这些能够给他们带来的只是自制奶酪和黑面包这样的粗茶淡饭。[2]农民们这点微薄的收入中，每周劳作一天才能交上的那点儿食物税，径自流进了忘恩负义的贵族阶层的腰包。有新婚的农民在妻子的鼓动下，双双逃离村庄去外面寻找更好的生活，但总是不到半年就沮丧而归，被罚去耕种那些荒芜、贫瘠的土地。他们别无选择。

贫困的境遇让许多农民快要揭竿而起，在远离天主教大本营罗马的国家和地区尤甚。中世纪的欧洲正是在罗马天主教信仰下有序组织起来的。在当时，所有欧洲人生来便是天主教教徒，少数被各国强制要求从事银行业的犹太人除外，他们被禁止从事其他“正当”行业，不得不从事被基督教国家认为是“罪孽”的银行业。所有贫困的小镇都建有矮小的石头教堂，其高度仅能容人站立，窗户上也没有彩色玻璃，普通平民挤在这里聆听圣言。对普通人来说，教会不仅仅是宗教组织，更是他们理解自身社会属性的场所。从神圣的婚礼到国王的加冕礼，从孩童的洗礼再到神职人员的任命，在每一场公共仪式和典礼上，上帝均与众人同在，每个周日，上帝都会用《圣经》里动人的话语为众人带去安慰。教会抚慰着农民的心灵，并引导他们带着虔信过上了诚实、平静而喜悦的宗教生活。

在这个贫困的国家，一个教区有位能读会写的教士是一件幸事。在理想情况下，教士是天主教社群的智慧之源，上帝将知识托付给他们，这些知识混杂着淳朴信仰里的道德和习俗。哥白尼早已精通拉丁语，他身边的人都期待他的大学冒险之旅能让他顺利地在教会中谋得职位。到十八岁时，哥白尼已经满脑子都是普通人不愿相信的知识。

哥白尼知道，毕达哥拉斯（Pythagoras）是第一位提出数学是理解自然的枢机的古人。[3]这个观念让信奉希腊神秘主义的毕达哥拉斯激动不已，他甚至还组建了一个与此相关的异教派别。这个教派告诉所有成员永远不要吃豆子，据说某个成员还因为证明2的平方根不是分数而被教派淹死了，所以人们自然会认为他们有些疯狂。不过，他们的“数学可以用来理解自然”的这一学说却是理智的产物。紧随其后的是柏拉图（Plato）及其学生亚里士多德（Aristotle），他们流传下来的作品涵盖了所有的学科分支，每一位钻研拉丁语和希腊语的学生都会阅读。亚里士多德的哲学与中世纪的释经学繁复地交织在一起，唯有哥白尼所做的研究才能将二者明确区分。亚里士多德把世界划分为物理学和形而上学等领域，前者研究流变的现象，后者研究不变的现象，形而上学就像教会一样充当着沟通物质世界和超然的神性之间的神圣媒介。亚里士多德甚至把形而上学唤作“神学”。他说，物理学关注地上的生灵，它们肮脏、散发着难闻的味道且易朽；形而上学则关注月亮之上的完美事物。月亮之上的事物可能会运动，但运动方式已被“第一推动者”〔first mover，也作“不动之动者”（古希腊语：ὃ οὐ κινούμενον κινεῖ；罗马语：ho ou kinoúmenon kineî；直译：动而不动的东西）或“原始推动者”（拉丁语：primum movens）是一个由亚里士多德提出的概念，作为第一个因果关系的原因，或称“第一自存因”“宇宙内所有运动的推动者”“第一推动力”。正如名称中隐含的那样，不动之动者可以在本身并不被任何此前的动作所影响的前提下，移动其他事物。——译注〕先行决定了，因而不会发生改变。希腊人称第一推动者为“理法”（Logos）、“理性”（Reason）、“上帝的神圣之言”（Divine Word），而虔诚的天主教教徒称之为“上帝”。

亚里士多德还认为，太阳绕着地球转，但他并未对此进行过多解释，因为就连小孩子都能明白这一事实。只要举头一望便知，太阳显然在移动。

哥白尼继续出发向南前往克拉科夫，头顶的太阳也跟着在巨大的弧形轨道上移动着。阳光穿过褐色的枫树林，斑驳地洒在维斯瓦河静谧的蓝色水面上。农民们沿着犁沟踱着步子播撒秋天可以收获的啤酒花和大麦种子，他们比其他人都更清楚太阳是如何移动的。农民的作息深受太阳日常移动的影响，他们认为太阳这个巨大的圆盘每24小时绕地球一圈，由此产生了昼夜交替。他们还相信，太阳每年也会绕另外一个圆形轨道运动，因此，一年中某些日子的昼长会比其他日子短一些。这个年度轨道产生了四季轮回，产生了四季中的寒雪、翠绿的植物、潮湿的夜晚和红叶。天文学家偏爱花哨的名字，他们把太阳每年走过的轨道称为黄道（ecliptic），因为只有在这条轨道上才会出现日食（eclipse）。黄道又名黄道十二宫（zodiac）或者“圆形动物园”，因为它是由十二个动物命名的星座组成的圆形环带。如果一个农民对太阳的移动和季节的交替毫无察觉，那么他将面临庄稼歉收、家人饿死的风险。

临近克拉科夫时，城市的气息扑面而来：教堂越来越敞亮，人也越来越富有，道路变得破旧，空气中也满是商业气息。穿过繁华的城郊，哥白尼来到了城北高耸入云的红顶防御工事前，另一头的远方是位于托伦的故乡。克拉科夫老城方圆不过1英里（约1.6千米），但这座城市的思想意味着无限的未来。哥白尼进了城，来到了大学。他要找寻新的生活方式。

1491年的克拉科夫大学已是欧洲名列前茅的大学之一。[4]它同其他大学相比并没有什么特别之处，几栋狭窄的建筑挤在城市的西北角，来此求学的学生至多不过数百名。中世纪大学的前身是修道院，它首先是研究神学、保存文化的地方。其次，大学也研究语言学和修辞学，这是学习《圣经》和古典文献翻译的基础学科。这个令人崇敬的知识阶梯的底层是科学（当时称“自然哲学”）和数学，它们并不附带什么文化价值。尽管学科之间存在等级制度，但所有的学科都受人尊敬，它们笼统地被称为“博雅教育”（liberal arts），因教授对象为自由人而得名。在博雅教育里，教堂赞美诗或宗教圣像的美学价值，会体现在匀称的多边形中；分析哲学的强大逻辑也体现在诗歌的韵律中。世界的知识曾被粗暴地分割为不同的范畴，但人对世界的经验并非如此（这里指的是知识有类别，但人对世界的经验却无法做出这种区分，哲学家们经常从这个角度对比经验和知识）。

和每一位早期的人文主义者一样，哥白尼拥抱着跨学科的博雅教育。他这样写道：“多样性带来的愉悦胜过一切。”[5]在如此氛围之中，他去参加天文学讲座又有什么值得大惊小怪的呢？

克拉科夫大学有一位怯生生的教授，脸上长满了喧宾夺主的胡子，他与哥白尼是同一类学者。[6]这位教授开设了一门理论天文学课程，该课程断言地球静止不动，并解释了该世界观隐含的令人畏惧的所有细节，其中最令人不寒而栗的，是行星那诡秘的行踪，用浪漫的基督徒们的说法则是“神圣的运动”（the divine revolutions）。

十五世纪的天文观察者们尚未发现透镜的作用，他们仅凭肉眼观测这些神圣的运动。仰望星空，天文观察者们能看见除太阳外还有六颗漫游的行星[7]：水星、金星、火星、木星、土星以及月球。这六颗行星并不像太阳那样以正圆轨道绕地球运行，而是表现出各种恼人的运动：纵横交错、静止、变大以及远离等。这些恼人的运动被称为逆行（retrogression），相应的拉丁语表示为“倒退”。毫不夸张地说，这种现象从一开始就困扰着天文学家。古埃及人认为“行星”喝醉了酒。

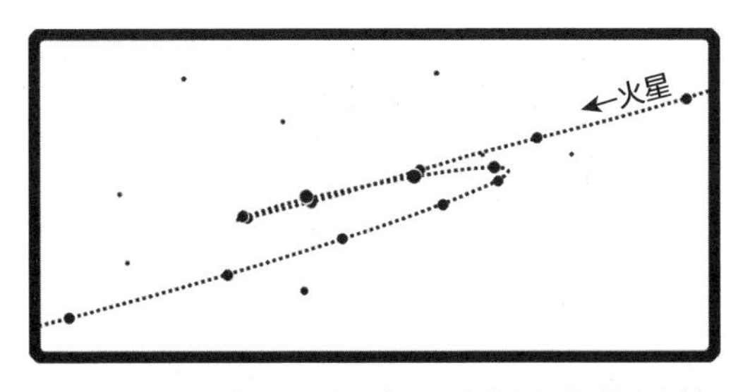

观察到的火星在处女座附近的逆行现象。两个点之间的时间间隔为10天。

哥白尼学到的知识告诉他，自天文学诞生开始一直到他所处的时代，预测这些恼人的逆行几乎就是天文学的全部宗旨。亚里士多德提供了哲学资源，但直到五百年之后，生于亚历山大城的克罗狄斯·托勒密（Claudius Ptolemy）才提供了相关的预测。而对于像哥白尼这样的人来说，真正有趣的事才刚刚开始。

正当罗马帝国走向衰落之际，托勒密写作了集希腊天文学知识之大成的《至大论》(*Almagest*)。《至大论》对哥白尼所处的中世纪欧洲文明的影响怎么强调都不为过：阿拉伯人尊称它“伟大之至”，欧洲人也沿用了这一尊称。《至大论》运用数学技巧长篇论证了地球是静止不动的，几乎所有学者都把这个结论当作真理，它深深地植根于学者们的思想中。尽管纯属推论，但《至大论》仍是一本杰出的科学著作；这是一本兼具美感、实用性和技艺的书，其中包含了第一个看似可信的天文学预测方法，该方法仅运用了几何学，巧妙地对行星运动做出了创造性解释。

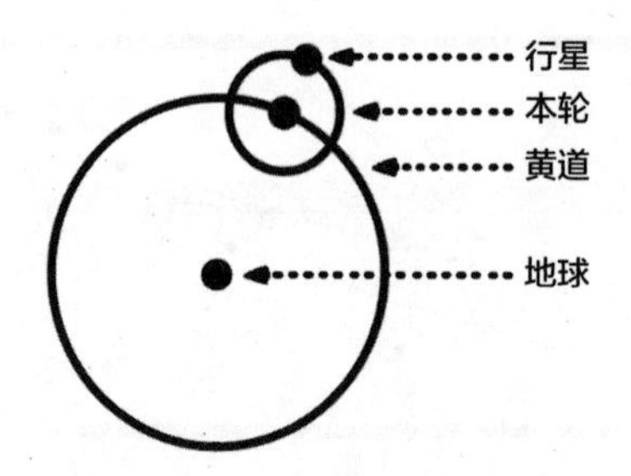

托勒密体系中单个行星绕地球旋转示意图。

托勒密通过简单地增加本轮数量来解释行星惹人心烦的逆行。他并未假设其他行星像太阳一样每年以正圆轨道（均轮）绕地球旋转，而是假设行星运行在另一圆形轨道上，该圆形轨道被称为本轮（epicycle），而本轮自身也在绕地球做圆周运动。行星在本轮上的运动类似一个小旋转木马，而这个小旋转木马又位于一个更大的旋转木马之上。本轮与均轮相结合的圆周运动，引入了带有倾角和闭环曲线的行星轨道，轨迹看上去就像花瓣一样。从未有人指出兰花形状的轨道从物理学上讲是荒谬的，不过这丝毫不奇怪，因为人们认为行星轨道与物理学没有一点儿关系。

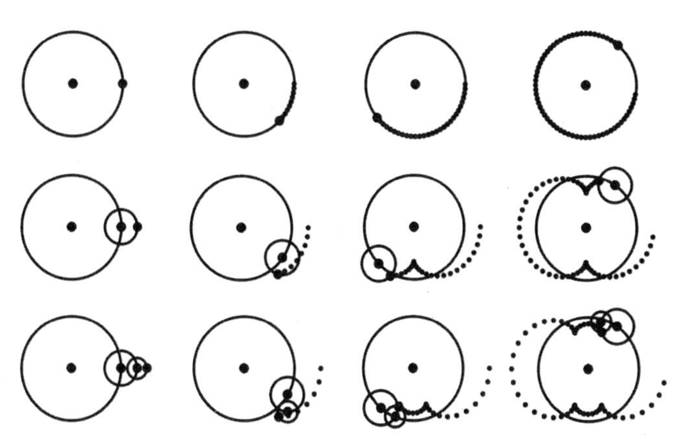

托勒密模型，我们从中可以看到本轮数量从零个增加到两个的变化过程。
虚线代表了行星绕地球旋转的轨道。

哥白尼为优美的托勒密体系所倾倒。托勒密体系流畅、灵活，“完美，几近完美”，哥白尼感叹道。[8]一代代天文学家不断完善托勒密体系，增删一些本轮，其实，每颗行星搭配一个本轮，就足以提供连贯且令人信服的天文学预测了。

哥白尼越是学习天文学知识，内心的怪异感就越发强烈。身为一名颇有成就的天主教神职人员，花些时间熟悉天文学是明智的，但哥白尼花在天文学上的时间之长，足以见得他远非为了宗教事业和信仰去追求天文学。哥白尼喜欢数学纯粹出于兴趣。“所有好的学问和知识都能让我们远离罪恶，”他写道，“天文学和数学知识还能为精神提供意想不到的愉悦。”[9]

哥白尼对天文学课程的喜爱程度远超其他学科，他渴望从天文学的起源汲取这门学科知识，但他遗憾地发现，熟练掌握古希腊文并非一朝一夕的事情。托勒密《至大论》拉丁文译本很少，但哥白尼还是决定去市中心的一家书店碰碰运气。他在这里购得了古希腊几何学经典，即欧几里得（Euclid）的《几何原本》（*Elements*）的首版拉丁文译本[10]，还买到了《方位表》（*Table of Directions*），作者是雷吉奥蒙塔努斯（Regiomontanus），封面上印着耶稣的婴儿时期形象。[11]

对于哥白尼来说，阅读雷吉奥蒙塔努斯的著作与阅读欧几里得、托勒密和亚里士多德的著作有些不同。雷吉奥蒙塔努斯并不是古板的希腊人；他是一位快乐的德国人，当时已过世近二十年。他与自己的老师格奥尔格·普尔巴赫（Georg Peurbach）用一生的时间共同书写了崭新的欧洲现代天文学家勇于质疑古人的神话，这个神话既寓意丰富，又变成了现实。

1453年，年轻的格奥尔格·普尔巴赫成了维也纳大学的教授。但学生们对天文学鲜有兴趣，无奈之下，他只好教起了拉丁文诗歌。格奥尔格酷爱阅读，他如饥似渴地阅读托勒密和阿拉伯科学家的著作，很快，听他讲课的学生就坐满了整间教室。1453年8月，三十岁的格奥尔格举办了欧洲第一场大型行星理论公开讲座。

雷吉奥蒙塔努斯坐在昏昏欲睡的听众中间，机敏而认真地做着笔记。在当时，乡下男孩儿鲜少接受大学教育，因此，雷吉奥蒙塔努斯算得上是另类，其父辈靠经营磨坊所得供他进入大学学习。有人揶揄其农村出身，给他起了个绰号叫“山腰”。雷吉奥蒙塔努斯本名是约翰·穆勒（John Muller），是格奥尔格最得意的门生。毕业之后，雷吉奥蒙塔努斯也在维也纳大学获得了教职，师生二人从此携手并进。在接下来的四年时间里，两位学士（雷吉奥蒙塔努斯曾获得硕士学位）相互扶持，并肩工作。他们合作的最终结晶就是《托勒密〈至大论〉摘要》（*Summary of Almagest*，下文简称《摘要》），旨在将托勒密那艰深的经典之作变得更容易为欧洲人所理解。《摘要》的编排颇费心思，不仅对托勒密的《至大论》进行浓缩，而且还对他的一些看法进行更改，抛弃了错误的观察结果，增加了详尽的数学证明。他们在小心翼翼地复述托勒密观点的同时，也在其书中添加了少许大胆的修正。

普尔巴赫教授一心扑在工作上，当二人的工作推进到书的第六章时，他居然丝毫没有注意到自己即将不久于人世。雷吉奥蒙塔努斯在《摘要》的前言里回忆了普尔巴赫教授离世时的情景，哥白尼不久之后就会读到以下这段话。雷吉奥蒙塔努斯写道：“回忆悲伤而苦涩……”

> 老师猝然离世之前，攥着我的手，头枕在我的腿上说道：“永别了，我亲爱的约翰。永别了，如果你往后还能记得老师，就请一定要完成我未竟的《摘要》。”[12]

书里的数学公式和抽象的哲学理论，一并升华为二人深厚而坚固的友谊，除了数学家以外，其他所有人都会感到震惊吧。在数学家看来，这些看似朴素的内容往往承载了厚重的情感寄托。

雷吉奥蒙塔努斯竭尽全力实现了普尔巴赫临终时的遗愿，独自完成了他们的合作结晶《摘要》剩余的整理工作。失去了挚友的雷吉奥蒙塔努斯四处游历，过着教书、写作和研究的生活。尽管后来他再也没能找到一个志趣相投的朋友，但他培养的一批学生日后也走上了教书育人之路。这些成为教师的学生来自德国、匈牙利和意大利；在雷吉奥蒙塔努斯的努力下，一个跨文化的学者群体逐渐形成。

哥白尼效仿雷吉奥蒙塔努斯也开始了游历。1496年，他从克拉科夫大学辍学，开始周游欧洲。哥白尼在位于意大利天主教核心地区的博洛尼亚大学（University of Bologna）重新注册学籍，开始攻读教会法博士学位，据说这是他为日后在教会任职做准备。然而，在攻读博士学位期间，他并未将研究方向转向宗教，恰恰相反，正是在博洛尼亚，他开启了与一位天文学家的友谊。

多梅尼科·玛丽亚·达诺瓦拉本人就是名教授雷吉奥蒙塔努斯的学生，哥白尼立即对他产生了兴趣。一位合作者回忆说，哥白尼“与其说是学生，不如说是观测工作的助手和见证者”[13]，但他的话并未说到点子上。哥白尼租住在达诺瓦拉宅邸的一个单间里，二人在3月的夜里待在一起，熬夜观察月亮。[14]几十年后，哥白尼仍会去查找当年与达诺瓦拉一起记录的观测资料。[15]在观测时，哥白尼专注地聆听着达诺瓦拉的教诲，尽管二人之间的交谈内容外人无从知晓，但达诺瓦拉被认为是托勒密学说的坚定批判者。

十五世纪与十六世纪之交时，哥白尼阅读专业的天文学著作，与专业的天文学家朝夕相处，就专业的天文学问题做讲座。不过，若以天文学为职业来谋生，并不适合哥白尼。天文学是一门无法给人安全感的学科。在当时任何一个人看来，夜空中没有黄金屋。如果观星者想要养家糊口（或者有口饭吃），他们就必须说服资助人相信，天空真的关乎人的生死，而这恰恰是占星术的领域。除了最华而不实的天文学家以外，其他天文学家对待占星术就像广告商对待广告一样：广告并不完全是虚构的，而且能大大促进产品销售。占星术报酬优渥，天文学家常常不得已开展一些占星术业务。从法律上讲，在大学拥有教职的达诺瓦拉也有义务开展占星术业务。哥白尼肯定学过占星术[16]，他的朋友们也对此推崇有加，但他本人的作品中丝毫没有占星术的影子。占星术是哥白尼所生活的世界的基础，但并不是他脑海里精心编制的天文学世界的基础。

尼古拉·哥白尼就这样开始了在意大利七年的生活。他身上的民族色彩逐渐淡化，变得越来越国际化，说的拉丁语比波兰语还多，甚至还前往罗马度假，欢庆1500年的大赦年庆典。也正是在罗马，他把自己的名字转写成了拉丁名，至少在称呼上——如果还谈不上在精神层面的话——成了哥白尼（Copernicus、Coppernicus或Copernic）。你或许可以称他为教士，在博洛尼亚大学学习一年后，他请人代自己接受了天主教会的第一份正式职务，回到波兰的瓦尔米亚省（Warmia）担任公职人员。这个职位是个闲差，薪水相当可观，而且不要求坐班，乃至哥白尼在接下来的十五年里都没有被安排什么工作。

但哥白尼闲不住，他向全体教士会议提出申请，请求允许他去帕多瓦大学（University of Padua）再接受两年的教育，全体教士会议批准了申请，批准文书上写道："因为哥白尼承诺学习医学，并且将来会为教会成员提供有益的医疗服务。"[17]这个承诺与其说是谎言，不如说是误导。哥白尼继续学习古希腊文，甚至学起了油画。至于天文学，这所大学以亚里士多德哲学学派闻名，哲学家们会公开谈论托勒密体系明显的不足之处。[18]

亚里士多德哲学认为，匀速圆周运动是完美的天球运动的属性，因为它是最完美的一种运动。完美意味着简洁。托勒密通过应用数学“玷污”了亚里士多德的哲学，并了解到行星运动绝不如想象的那般简洁。为了便于模拟行星的逆行，他引入了偏心匀速点（equant，原文如此——译注），这是托勒密天文学体系的最后一个关键部分，他也由此被迫向亚里士多德发起了挑战。

在托勒密的天文学体系中，偏心匀速点是行星轨道内的假想点。行星通常绕地球做匀速圆周运动，添加偏心匀速点后，如果观察者站在偏心匀速点上观察，行星看上去依旧保持匀速圆周运动，而当本轮距离偏心匀速点越近时，行星的实际运行速度也越慢。

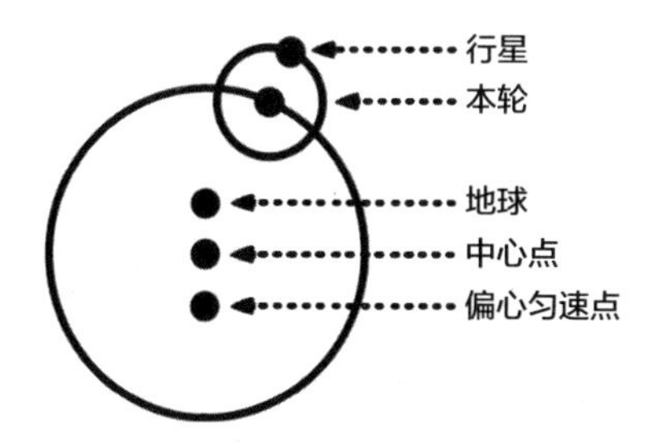

托勒密体系中单个行星绕地球旋转，以及引入偏心匀速点后修正的轨迹。

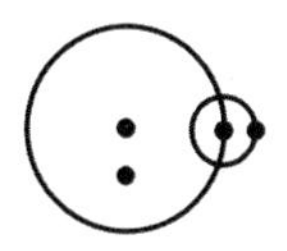   

在一个偏心匀速点和一个本轮的情况下，托勒密模型中单个行星轨道示意图。在靠近偏心匀速点时，本轮运行速度变慢，但本轮上的行星继续以匀速旋转。

对真心追随亚里士多德的每一位学者而言，托勒密引入的偏心匀速点在美学上丑得令人无法忍受。亚里士多德的天球在美学上无与伦比，它的运动是完美的、匀速的圆周运动，但引入偏心匀速点后天球的运动变得不均匀、不完美了。千年以来，希腊人和阿拉伯人不断嘲讽托勒密体系是不均匀的、丑陋的，而今欧洲人也加入了嘲讽的队伍。然而，托勒密的偏心匀速点经受住了所有的批判，并且一直流传到哥白尼的时代，这是因为偏心匀速点在天文学家们分析行星运动时十分有用。

年轻的哥白尼学习天文学并非出于实用目的。他一边不动声色地听大家从偏心匀速点的角度出发批判托勒密体系，一边设想着与此不同的天文学解释，他无法料想到这些思索将把他引向何方。

1503年，哥白尼完成了额外学习的医学学业，并获得教会法博士学位。此时他刚满三十岁，称得上是欧洲最有学识的人之一，但哥白尼尚未对社会做出什么贡献。他能够在经济上毫无后顾之忧、在知识层面上获得如此提升的唯一原因，是他的家庭给了他莫大的支持。

家庭对于哥白尼而言是个意想不到的依靠。1483年，年仅十岁的哥白尼失去了双亲，成了孤儿——父亲因不明原因的疾病身故，母亲下落不明。在生活的捉弄下，多数失去双亲的孩子会失去接受教育的机会，而哥白尼却被富有的舅父卢卡斯·瓦岑罗德收养，由此获得了接受教育的机会。

卢卡斯是一位虔诚的信徒，担任瓦尔米亚主教区的采邑主教，他利用自己的人脉关系，轻松地为哥白尼在教会谋得了一份差事。卢卡斯虽然给予哥白尼指导和关爱，但是依然受老派思想的影响，认为没有哪种关系比血缘更紧密，没有哪类知识比教义更令人神往。他相信，“正义所在之处，即是上帝”，并且“我们的正义体系构成了友谊的基石”。[19]最终，卢卡斯向哥白尼表示，希望他回到波兰做自己的私人秘书，哥白尼几乎无法拒绝这一要求，毕竟舅父已经资助了他二十年。于是，哥白尼动身回到了故乡，回到如同生父一般的舅父身边，因为他的一切都是舅父给的。

临走前，哥白尼为自己画了一幅油画自画像。就像他生命中的多数故事一样，这幅画在十七世纪毁于一场快速蔓延的大火。如果我们认为这幅画的复制品可信的话，那它便恰到好处地证明了哥白尼所受的教育。这幅画的绘画风格精致，笔触不着痕迹，每个有色物体都线条分明，作画人从容的心态跃然纸上。画作的主题是哥白尼本人，他的自我观察细致入微，但在画面上，他的五官、发型等处似乎表现得有点儿不连贯、不自然，无法形成一个协调的整体——画像中噘起的嘴唇就像是肉质岩石上的疤痕，黑色的头发像是长在头上的拖把，右眼的眼神游离在面部之外。如果改用中世纪插画的天马行空的表现手法，或者改用文艺复兴时期形式主义重视写实的技法，画作会截然不同，绘画效果也会更好。不过，这种既写实又含有想象成分的特点也正是这幅画作的魅力所在。哥白尼这位年轻人正在精心制作尚且不属于自己的艺术品。这幅画的大部分被一块黄色的石板遮住了，石板上刻有“尼古拉·哥白尼的真实画像，根据其自画像复制”字样。[20]

瓦岑罗德家族的衰落

舅父卢卡斯·瓦岑罗德住在一座宏伟的城堡中，他像是一头狮子。卢卡斯是一头相貌滑稽的狮子，当然，他秃顶，没有鬃毛。卢卡斯曾暗地里获得职权，想方设法得到权势，排挤觊觎者。十字军残部条顿骑士团曾多次侵入他的领地。骑士团每天晚上都祈祷他赶快死去，其中的头领称卢卡斯为“人形魔鬼”。[21]而卢卡斯辖区内的一位市民则宣称他是“一位博学之士，虔诚之人，精通多门语言，过着模范般的生活，然而……没人见他笑过”。[22]

卢卡斯是保守派的保护者，看上去严厉而阴郁，脖子上挂着十字架。他是一个被授以圣职的圣洁主教，但育有一个私生子，他对私生子出手阔绰，以确保他也能得到和养子哥白尼一样好的教育。于他而言，家庭即便不是爱的寄托，至少也是荣誉的象征。而对上百万因他而流离失所的人来说，这简直就是教会中裙带关系和腐败的范本。从某种意义上说，这种现象作为中世纪生活中的主要组成部分甚至比教会本身更普遍。这种做法让大众极为恼火，但作为最主要的受益者，哥白尼并不去思考政治，对此也闭口不谈。

如今，哥白尼已正式成为一名医生，舅父卢卡斯要求他担任自己的私人秘书、医生和幕僚；卢卡斯甚至说服教会为外甥的这些职责支付一点儿薪水。1507年，这位老顽固不幸病倒后，他的外甥便一心照料他直至康复。哥白尼所用的安慰剂是些过时且一厢情愿的东西。他取了几茶匙淡花香精、黑豆蔻、紫罗兰和玫瑰，再加入少许肉桂粉和姜粉调味，然后从容地取出一袋糖，堆上半磅。“加入蒸馏水，”他自信地写道，“制成豌豆状的药丸。”[23]他并不赋有医生的技艺。

在这宁静的生活背后，一场严重的暴力斗争一触即发。大众早有察觉。哥白尼参加了议会的活动，亲眼看见经验丰富的舅父与条顿骑士团的和平谈判[24]，但这次谈判彻底失败。哥白尼也参与到战争计划的制订之中，并且开始变得强硬——哪怕只是一点儿——以适应这个新任务。随着时间的推移，舅父那不言而喻的目的也逐渐清晰。哥白尼是瓦岑罗德家族中唯一一个脑子好使的男性后代，他也正在为舅父的遗产——也是为保护他们的固有领地和生活方式——而接受历练。采邑主教卢卡斯向哥白尼提供了力所能及的一切，包括他自己的生计这份最后的礼物。

但他的外甥志不在此。如今三十多岁的哥白尼有生以来第一次独立地对天空做出了实质性观测。[25]他观测的是日食。哥白尼无法放弃天文学，也无法停止自己对艺术的追求。

舅父卢卡斯希望哥白尼把心思放在教会政治上，而他却捡起了以前大学时学过的古希腊语。这个不为人知的爱好伴随着哥白尼翻译出版诗人西奥卡塔图斯·西莫卡塔（Theophylactus Simocatta）的晦涩诗集而引发关注，这本诗集是他当年在克拉科夫最常光顾的旧书店的书商赠送的[26]，他怀着最真诚和最感激的心情将自己翻译的诗集敬赠给了舅父卢卡斯：

> 尊敬的主教阁下，我能把这份微不足道的礼物赠送给您吗？尽管它无论如何都不及您对我的慷慨。我这点儿平庸才智所创造的这类作品理应全都归结于您，如果记载属实（当然属实），就像奥维德（Ovid）曾经对日耳曼尼库斯·恺撒（Germanicus Caesar）说的那样：
>
> “我的灵感来来去去，
>
> “一如您的风度。”[27]

通常，这个年纪的学者会谨慎地出版这类集子，将之作为自己学识的证明，也是自己对欧洲学术之新文化的小小贡献。[28]哥白尼的翻译可能始于自己对古希腊语的简单练习，但是诗中有些段落可能真的击中了他的心灵，至少开头部分可能如此。“蟋蟀是音乐的生灵，”哥白尼大声朗读道，“它从破晓开始歌唱。但依其本性，它会沉醉在正午时分的阳光里而唱得更响亮。”[29]

1510年，哥白尼决定不再遵从舅父的安排。[30]在60千米以外白色珊瑚砖建成的弗劳恩贝格大教堂（Frauenberg Cathedral）中，他开始担任瓦尔米亚省的教士。

1512年3月29日，舅父卢卡斯去世。而在三个月前一个晨光穿透云际的清晨，哥白尼观察到火星消失于掩星之后。[31]

他写道，“就在天蝎座的钳子处……整个星座最亮的恒星”的背后显现出来。

哥白尼总是称舅父为“先舅”（blessed memory）[32]，但在不得不对这位长辈的过世做出评论时，另外一位满腹牢骚的年轻主教张口说道：“套索已经断裂，我们自由了”[33]。

针锋相对

教皇尤利乌斯二世（Julius II）在前往弗劳恩贝格大教堂之前，已经为教士哥白尼赋予了少许特权，从而让他能够在教会等级中占据多个职位，但他从未行使这一特权。[34]而他也从未顺理成章地举行神职授任和祝圣等活动。但哥白尼已经开始领俸禄了。他有一匹马和一位男助手。哥白尼家设有女仆的房间，还有冲水马桶，当时多数人家里都不具备这种条件。他的生活很闲适，有足够的精力关注其他事情。

弗劳恩贝格大教堂成了容纳哥白尼对天空的激情之所在。教堂内有一整间带窗的屋子容纳他的天文装置，这些装置全都是从古代留传下来的。他的三角仪[35]（又称托勒密尺）是一个10英尺（约3.048米）高的带轴三角形装置，这个装置的附件像木头巨人的手指一样卷曲着；其中一个连接点可以导向窗外以测量恒星的高度。哥白尼的象限仪是一块比成年人高出一头或两头的标准正方形木头，上面刻有一个四分之一的圆，整个装置由一块垂直的小木块固定，木块的阴影则用来测量太阳全年出现的方位。哥白尼后悔没把象限仪做成石质的，因为木质在遇冷之后发生了弯折。日晷、浑天仪以及一个手持的太阳系模型都是按以前的标准造的，最后这个装置中未标明的球体随意地悬挂在中心。这些仪器全是哥白尼凭借自己辛勤的汗水拼接在一起的，因为没有哪个工匠的技艺能超过他。

认真的研究要求他亲力亲为，但哥白尼更热衷于美丽的理论。他为几个好奇的朋友写了一篇五千字的天文学论文。“托勒密的理论，”他写道，“看似非常可疑，因为他设想了一些偏心匀速点，并用它来解释行星从来不会绕其中心做匀速运动的这种现象。”[36]

从小就学习绘画的男孩儿首先会对美学原则比较敏感。哥白尼就是这样的男孩儿。正是哥白尼秉持的美学原则，以及他对美的追求成了解开腐朽哲学枷锁的钥匙。[37]有时候，这些原则显得陈旧乃至反动，甚至导致他所秉持的天文学基础灰飞烟灭。

跟其他所有人一样，哥白尼也笃信先贤亚里士多德。对他们而言，匀速圆周运动比托勒密引入了偏心匀速点的非匀速运动更加优雅。但无论是在亚里士多德的形而上学还是托勒密的天文学中，行星都是绕天球外部轨道运行的，它们的轨道也刚好都是以不动的地球为中心。不带任何夸张，也没有进一步解释，哥白尼用数学家的方式列出了一份他认为“更合理”的论文清单：

1.所有天球都没有中心。

2. 地球并非宇宙的中心。它是重物自然汇聚的中心。

3. 所有的天球都绕太阳旋转，看上去，太阳才是宇宙的中心。[38]

上述内容便是日心说：它意味着地球绕太阳旋转。这个观念会像不偏不倚的病毒一样缓慢地传遍整个世界，而它的源头就在这份毫不起眼的手写小册子中，哥白尼本人从未想过要为它拟定标题，也没想过发表它。相反，他仅抄过几份给熟识的学者朋友，这些学者又如法炮制，于是，这个小册子就像科学违禁品一样流传开来。后人给它起名为《小释》，就像是在嘲笑它卑微的出身一样。[39]

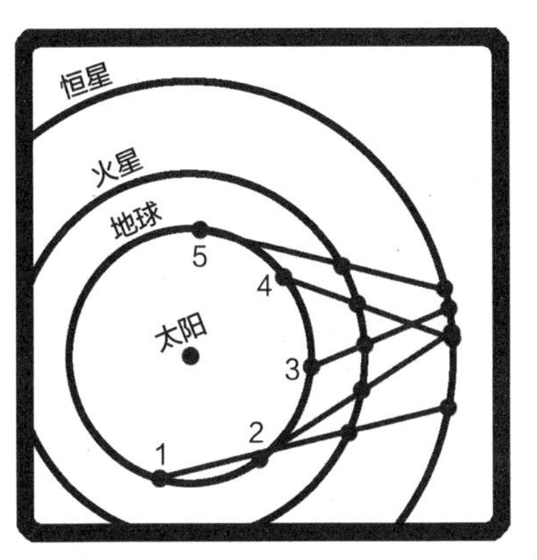

在这个日心说系统中，我们从火星投射到夜空中的交点上看到，火星的逆行发生在第三点和第四点方向之间。

在最终遇到逆行问题，即行星的倒退问题前，哥白尼进一步写下了更多的假设。他知道，自己理论的真正优雅之处在于，“行星的逆行并非因为它们自己，而是因为地球的运动”。[40]《小释》主张，行星的倒退只是一种表象，实际的原因是运动的地球超过了轨道中运行的行星。地球位于其他行星和太阳连线上之时，也正是逆行现象发生之时。理论上，这是行星复杂轨道最激动人心和最简洁的解释方案。但实际的情况并不尽如人意。

“三十四条轨道就足以解释所有行星的芭蕾舞了”[41]，哥白尼在其温和的结论中谈道。即便地球是运动的，他也无法完全不用到托勒密那一圈圈的本轮，也无法彻底避免亚里士多德的基本形而上学原则。近代日心说天文学并不像雅典娜从宙斯的脑袋中诞生那般得自哥白尼，它是许多代人共同的知识结晶。但《小释》仍旧标志着一个特别的转折点，也标志着充满可能的新世界。它读起来像是一份宣言，简洁而令人信服；哥白尼在《小释》中允诺会在其“扩展版”中提供必要的数学证明。[42]

哥白尼让地球动了起来，但他最初只是想让行星重回亚里士多德所谓的优雅匀速运动状态。在这方面，他是一个坚定的守旧派，只是偶尔有些激进而已。彼时教会的教理过于盛行，即便受过教育的人也难以接受完全革新的思想。教理垄断欧洲长达千年之久，但它就快被一场意外——当然，也是一场血腥的意外——终结。

哥白尼完成自己天文学论文的几年后，另外一位更加保守的人也如同当年的哥白尼一样正忙着写作自己的论文。他是一位敦实的德国修士，棕色头发修剪得有些盛气凌人，身上一圈圈看起来有点儿学究气的脂肪遮住了观点丰富的脑袋，但这些观点没几个经得起推敲。“诸神是世界的主宰，”他在某天说道，“凡人皆撒旦。”[43]犹太人“怀有异心”，他谈道，“我们错在没有铲除他们”。[44]但他对哥白尼的评价没有那么刻薄，并且还有点道理：“愚人会推翻整个天文学。”[45]

此人就是曾撰写《九十五条论纲》的马丁·路德，而其在学术旨趣上与《小释》并非截然不同。二者都旨在引发争论，也都包含着惊人且激进的潜台词。路德谴责当时教会的腐败，奉劝天主教教徒不要沉溺于金钱，进而回归基督那谦卑的教导。他把《论纲》的手抄本寄给了一位朋友，同时也印了一些出来。

因此，二者造成的局面就有所不同了。哥白尼并未把论文付梓。他对金钱的态度比较保守，但也没有宗教性的清高，他在1517年给普鲁士天主教上层人士的信中提出了警告：

> 造成国运衰微的原因甚众，为首者（在我看来）有四：异见、死亡、土地荒芜和货币贬值。前三者十分显眼，无人不知……[46]

但腐朽的教会未必明白，他们用了四年时间才把异见者路德驱逐出去。神圣罗马帝国宣布他触犯了法律，但为时已晚。公开支持路德的人已成压倒之势。对接下来的斗争而言，哥白尼对货币贬值的担忧不过是毫无意义的注脚。他呼吁道："普鲁士啊，灾祸就要来了，你会为自己造成的混乱状态付出代价，唉！"[47]

反抗是那个时代的主题。在榜样路德的感召下，德国境内一支庞大的农民军奋起反抗贵族领主。但他们并不需要路德的支持。新教暴力革命由此开始，这也是路德从未预料到的情况。路德还撰写了一本名为《反对农民的集体杀戮和偷盗》（*Against the Murderous Thieving Hordes of Peasants*）的小册子，标题已经说明了一切。"刺杀、重击，尽可能多地杀死那些人"，路德对贵族建议道，而他们也照做了。

从未有哪次有组织的革命像这次德国农民起义一样徒劳无功。这些农民带着几把大刀、干草叉和一把少见的火枪，也没有组织骑兵，他们唯一成功击败的对象就是修道院和普通的神职人员。农民的弱势甚至让他们的暴力也变得可悲；在一个小村庄里，一群家庭主妇砸烂了两位牧师的头，百无聊赖之际，她们又在镇子的广场中央用橡木棍击打了他们三十分钟，直到二人血肉模糊才罢休。[48]农民的死伤则有过之而无不及：他们被恶毒地斩首、破膛和肢解，乃至一位游荡的吟游诗人在距离德国村镇两千米开外的地方都还能看到尸块。妇女和小孩因为拒绝离开家园而被处死——直接被活生生地烧死在家里。雇佣兵杀死一人得一弗罗林（一种金币名称），残存的手指可换取半弗罗林，他们保存了沾满鲜血的尸首清单以确保能得到报酬："斩首八十，挖得眼珠六十九颗，另有两个月的欠薪……"

路德也认可这种做法。他写道："农民们把上帝和世人的愤怒降到了他们自己身上。"

针对新教教徒的大屠杀在欧洲蔓延，就像一杯红酒被轻慢的贵族打翻在地一样。在瑞士，一位改革派领袖被杀害和肢解，暴徒还把猪内脏和粪便塞入他的肚子里。[49]在法国，塞纳河被数不清的新教教徒尸体污染，乃至王室也只好颁布一道客气的法令请求民众停止相互残杀。[50]在英国，被剁碎的天主教教徒尸块被寄往全国各地，然后被挂在长矛上沿海岸线展示作为庆祝。如果哥白尼所在的波兰情况稍好些，那多半也是因为其他地方的情况已经足够糟糕了。条顿骑士团的首领正打算皈依路德宗，他们经常劫掠波兰北部地区，胆敢反抗的农民则会被砍断双手。"强盗日益猖獗"，教会的教士恳求得到国王的保护。"民众遭受了血腥的袭击和劫掠。教士们已开始奋起反抗。"[51]

无论哥白尼是否愿意，战火都快烧到眼前了。他那安稳的生活在1516年被打破，瓦尔米亚省的教会任命他管理该省最大城镇阿伦施泰因（Allenstein），哥白尼被迫接受了令人厌恶的礼物——一座城堡。1521年1月的一个寒冷早晨，醒来之后在城墙间散步的哥白尼看到条顿骑士团正准备发动攻击。作为这座倒霉城市的管理者，哥白尼现在想起来，自己的工作职责也包括军事指挥。

在自己的天文学领域，哥白尼与收到自己的《小释》的朋友们的争论向来很克制，但在现实生活中他无法阻止战争的发生。受好战的舅父影响，哥白尼放弃了克制的判断力，准备迎接即将到来的进攻。战争开始之际，他曾仰望天空，观察木星和土星的冲日现象（in opposition）。[52]

哥白尼将军十分沉着。就在战斗打响之前，他还发出了一份正式的增援请求，并且获得了二十门大炮以巩固城堡的防御工事。他收到的最新战事消息称，骑士团没有遭遇抵抗就突破了城门。他感觉自己会在战场上丢掉性命。哥白尼在言谈中不情愿地嘲弄了自己的命运。"作为忠诚的臣民，教士们都希望高尚而正直地行事，"他写道，"他们甚至都准备好了赴死……"[53]

但这些准备并未付诸实施。次月初，双方达成了临时停战协议。家乡宁静的教堂正等着心事重重的哥白尼。

骑士团得到安抚，阿伦施泰因恢复了往日的生机，农民们重新找回了生计，而哥白尼的生活也归于平静。他继续稳步推进天文学研究，并着手在阿伦施泰因城堡的墙上绘制太阳的投影。哥白尼拿不定主意是否要出版自己的论文。在某种意义上，地球在动的想法比在路德完成《论纲》之前写作《小释》的时候更加危险和离经叛道。

更大篇幅的天文学著作的写作也总是被教会官僚们打断，他们总是闲得无聊。哥白尼的任务是会计工作，清点器物。有一回，他被安排写作一篇与面包相关的文章，这种事情甚至比干瞪着眼等待油漆干燥还要无聊得多。为了打发每天乏味的工作，他会经常与一位名为蒂德曼·吉泽的教友合作干活。

蒂德曼是一位富有但谦逊的人，他对天文学的兴趣也日渐浓厚，他具备的科学知识也无法阻止他自己有意选择天真。因此，蒂德曼认为哥白尼医生日常治疗的处方出自“另一位阿斯克勒庇俄斯”（Asclepius，古希腊神话中的医神）的手笔。[54]蒂德曼最大胆的作品总是关乎和平与相互妥协，“爱能让人承受万物”是他的口头禅。[55]在不断发展的政治格局中，这种想法让他成了一位叛逆者。

“我完全反对战争”，蒂德曼抱怨道。他渴望在房顶喊出自己的心声。蒂德曼是一位比哥白尼更为虔敬的天主教教徒，他也经常跟哥白尼谈论如何弥合教会内部的分裂。“没有什么能够阻止人类情感的多样性”，他写道，并且他渴望“兄弟之间也保留公正”。[56]当蒂德曼对于在书中表达这种和平的妄想感到担忧时，哥白尼恳请他坚持己见。他们的想法并未得到广泛认可。但二人成了最要好的朋友。流言蜚语也开始在教士圈子里流传。村民来来往往，前往哥白尼的城堡的老人慢慢变少，一些教士得到升迁，另一些则相继离世。1537年，蒂德曼被擢升为60英里（约96.6千米）外的库尔姆省（Kulm）的主教。尽管哥白尼忙于信件往复和阅读，但他终归是孤独的。前后近二十年里，哥白尼都过着孤独的生活。

这种遗世独立在哥白尼的作品完成后显得喜忧参半。虽然哥白尼许诺的《小释》“扩展版”得以完成，但被人遗忘了，因为这只是一件私事，并无出版计划。这个史诗般的爱好就要和主人一道进入历史了。

此时的哥白尼已年近古稀。他好不容易才忘记了战争，直到一位路德宗信徒出现在他家门口，请求和他一道讨论天文学。“全世界都卷入了战争之中！”[57]蒂德曼悲伤地喟叹道。

第一位哥白尼主义者

1539年5月中旬，一位名叫乔治·约阿希姆（George Joachim）的孤独数学家打算越过隔开了他所在的德国维滕贝格大学（University of Wittenberg）和波兰弗劳恩贝格大教堂之间的边界线。约阿希姆在一家乡村旅店中被拦下，然后他给此前拜访过的一位学者去了一封信，此人就是纽伦堡的约翰·朔纳（John Schoner）。此后，他还在图宾根（Tubingen）与斯托弗勒（Stoffler），在英戈尔施塔特（Ingolstadt）与阿皮亚努斯（Apianus）有过联系。很可能约阿希姆就是从朔纳处听说了哥白尼，并且认为此人值得一见。此时的约阿希姆刚受聘为大学教授，但他还是告假继续完成这场奇妙的旅程。哥白尼事先并未收到任何消息。

约阿希姆向自己拜访的人吐露了童年阴影。他还是个孩子的时候，父亲就因为小偷小摸被斩首。小约阿希姆先是因为母亲的娘家姓德波里斯（de Porris）而被当成小女孩儿，后来又因为家乡的名字雷蒂亚（Rhaetia）而遭受非人待遇。因此才有了长大后的雷蒂库斯（Rheticus，即约阿希姆）。除了对天文学的共同爱好，他和哥白尼基本没什么相似之处，不过仅有这个共同点就够了。雷蒂库斯是新教教徒，比哥白尼年轻了四十多岁，而且还是一个无可救药的同性恋，自打这个事实从他那忧郁的灵魂中显露之后，雷蒂库斯就一直生活在痛苦之中。在十六世纪的欧洲，要成为一位张扬的同性恋者就要冒着被放逐、阉割和烧死的风险。这都是拜中世纪基督教“自然法”所赐，而雷蒂库斯又全心信奉这种律法。他在公开场合信奉的路德宗教理和他的私生活是他整个生活的一体两面，它们构成了一场无望解决的精神斗争。他在恐惧和颤抖中做出的忏悔让牧师也陷入极度的悲伤，他们只能安静地为他的灵魂祈祷以求获得缓解。“撒旦仍在诱惑他”[58]，一位牧师惊恐地小声说道。学校是雷蒂库斯逃离内心挣扎的唯一所在。他是一位让人充满激情的学者，能够全身心投入工作。“我们年轻人迫切需要长者和智者的建议，”他当时写道，“长者的意见更好。”[59]

其中一位长者回忆说：“他首先是一位占星家。”[60]

根据雷蒂库斯的记录，他和与自己不同的导师之间没有半点儿冲突。哥白尼甚至在一个虔诚的主教刚升迁到瓦尔米亚省时接待了雷蒂库斯，这位主教宣称所有的路德宗信徒都是该死的异端，并要求他们离开本国。谢天谢地，作为真正的天文学家，雷蒂库斯一直都在改变乃至忽视规则。

雷蒂库斯并未记录他和哥白尼会面的情景。怀揣正式的推荐信，并以珍本图书作为礼物，雷蒂库斯那天肯定受到了热情的接待。哥白尼虽然有些不情愿，但他从不逃避；严格地说，年迈而衰弱的哥白尼只是一位业余天文学家，他说自己生活在“地球上最遥远的角落”[61]，没有理由期待任何访客，更没有什么值得称颂的想法。但这次拜访也并非完全意料之外，因为多数名副其实的天文学家都知道《小释》，并且能说出其作者。日心说观念甚至一路曲折流传到了教皇克莱门特七世（Clement VII）耳朵里，他的秘书因为讲授哥白尼的世界观而广受欢迎。[62]这种世界观显得新奇而有趣，一些人因此而愤怒，一些人则很开心。

这种观念可以流传开去，但人却不那么容易自由流动。雷蒂库斯抵达目的地的时候就感到一阵疲惫，在接下来的几个星期里，他和哥白尼一道在蒂德曼·吉泽的宅邸疗养。正是在这种病态中，雷蒂库斯第一次真正领略到了日心说的宇宙模型；毫无疑问，领略宇宙的方式无穷无尽。

气色恢复之后，年轻的雷蒂库斯便恳请哥白尼出版他的天文学著作。起初，老人家拒绝了。“我会尽自己所能，”哥白尼在前一年给新主教的信中写道，“我不想冒犯好人。”[63]“我担心自己会引起愤怒，”他在早先一封讨论天文学的私人信件中写道，“我希望把这些事情原原本本地留给其他人。”[64]雷蒂库斯曾写道，哥白尼乐得退休；[65]他想让年轻人有所作为，他则按照自己的意愿宁静地生活。

雷蒂库斯的记录中还提到，正是蒂德曼重新燃起了这位天文学家早已熄灭的雄心，他用古人的名言温和地激励朋友，并且“得到老师把著作留待学者和后人评判的承诺”[66]。蒂德曼不过是在回报朋友的善意。毕竟，哥白尼也对他的著作给予鼓励，蒂德曼在著作中宣扬罗马教廷和路德宗的一致性。[67]蒂德曼曾经写道：“战火和叛乱四处蔓延之际，一切都被这突如其来的暴风骤雨裹挟而去的时候，是谁在创造？谁又在尝试改进？……因为我们已经彻底远离了爱。”“心智健全的尼古拉·哥白尼劝我把这些琐碎的评论发表出来。”

哥白尼同意出版这本书对他的学生也是个警告。雷蒂库斯首先会在弗劳恩贝格大教堂研究哥白尼的手稿，这也是他此行的目的。他后来因为出版手稿的概要而声名鹊起，同时也为这位犹疑的教士（即犹豫的哥白尼——译注）赢得了读者。如果这道开胃菜受欢迎，主菜也会跟着上来。

为了完成这项任务，雷蒂库斯适时地接过了取自哥白尼书房的手稿。

根据哥白尼的说法，当时的局面是一团乱麻，要出版的作品“湮没在我的文章中”[68]，散落在草图、信件和其他作品里，唯有他自己知道顺序和数量。他从雷蒂库斯那儿收获的礼物估计已经被放在书架上了，这份礼物是欧几里得著作的全新希腊语版本，而旁边的拉丁语版本则是几十年前他在访问克拉科夫大学时期购买的。书架下方，地板上堆放着他在中年时建造的用于观星的中世纪天文仪器。它们都没什么用，也没被用过，他也从来不用这些玩意儿作为自己发明才能的证明。跨过这些障碍，他整理了散布在房间各处的著作章节，数百页手稿渐渐堆满了桌面。也许，他当时深深地叹了口气，抬头望着等在门口的年轻学者——真是个小年轻——接着又低头看着手上的第六章，这一章的内容正是古典天文学的最后一个新工具。

那时候，这本书稿还没有书名页。但雷蒂库斯已经知道了它的名字。

De Revolutionibus.

On the Revolutions.（《天体运行论》）

《初释》

接下来的十周里，雷蒂库斯一直忙于这独一份的《天体运行论》的文字整理工作。这份愉悦的差事夹杂着几分痛苦：他也要提笔写作！弗劳恩贝格大教堂的窗户外，菩提树和桦树林都逐渐被染成了红褐色和深红色。初秋时节，《初释》完成了。雷蒂库斯坦率地承认了该书的缺陷，他坦言道："我已经掌握了原书前三章的内容，理解了第四章的基本内容，并开始推敲其余章节的假设。"[69]这项工作做得有些仓促。

跟多数概要类书籍类似，《初释》乃是对原著主题的普及，它就像一个小型的剧场，而雷蒂库斯一来就是其中的演员。他在暗中对戏剧做出了安排；文本的措辞像是写给雷蒂库斯此前提到的"长者和智者"——约翰·朔纳。无可否认，雷蒂库斯的行文十分机智，他仅在书名部分提到了哥白尼的名字，而在其他所有地方都只说"我的导师"，并且整个文本充斥着溢美之词。在《天体运行论》和《小释》中，哥白尼都直言地球绕太阳转。但雷蒂库斯以极尽华丽的辞藻把他包装成新时代的托勒密，“他在任何知识领域都抵得上雷吉奥蒙塔努斯”“配得上最高的赞誉”，[70]他要小心保护哥白尼逐渐显露的锋芒。

> 行星表现出的线性、静止、逆行现象，它们离地球的远近等：正如我的导师所言，这些现象都可以经由地球的匀速运动加以证明。太阳占据了宇宙的中心，而地球则在大圆（Great Circle，雷蒂库斯对自己起的这个名字很满意）上绕太阳旋转。事实上，某些神圣的因素与地球规律而一致的运动联系紧密。[71]

这一切的微妙后果便是，哥白尼几乎没有做出任何革新！原因在于，他安于现状，根据雷蒂库斯的说法就是，“没有什么比跟随托勒密的脚步更好和更重要的了，就像他紧随自己的前辈一样”。[72]当时的欧洲因宗教仇恨而四分五裂，雷蒂库斯希望这本新的科学著作代表了统一的精神。“我相信亚里士多德也会赞成我的导师”，[73]他对此信心满满。

为了让哥白尼体系看上去更加赏心悦目，雷蒂库斯使出了浑身解数，他还特别把美妙的占星术用于自己的论证。雷蒂库斯用了很长的篇幅描述“世界上的王国是如何随大圆轨道的变化而变化的”，他把地球的运动与罗马帝国的衰落、伊斯兰教的兴起，乃至基督再临联系在了一起。[74]书中一页还热烈地描述了行星的新数目的神圣性。

> 哪个数字比6更大气、更高贵呢？谁又能通过哪个数字说服我们凡人相信整个宇宙被造物主和世界的劳工分割成了不同的球体吗？在毕达哥拉斯学派和其他哲学家留下的上帝的神圣预言中，没什么比这更出名的了。有什么比上帝的这6件作品汇聚到这个永恒和完美的数字中更好的呢？[75]

雷蒂库斯这位小年轻说起话来就像先知。作为一本科学著作，《初释》并没什么价值，但它作为一本科普作品的价值却是无与伦比的。大家对哥白尼的理论的不准确判断相继出现，但没有哪个比雷蒂库斯的首发评论更加温和、真诚和热情。

最初的异议

雷蒂库斯的另外一位年长的老师此时也在纽伦堡停留。他就是安德烈亚斯·奥西安德，路德派活跃分子的首领，深陷的眼睛因一块奇特的碗状伤疤和厚实的胡须而不那么显眼。他的数学知识超过了多数神学家，但这不过是他对犹太人卡巴拉神秘哲学中的数字异常着迷的结果。这种特立独行的钻研让他看上去着实有些奇怪。他总是按照自己的意愿思考和行事。

"但这些话题已经谈够了，"奥西安德在看了雷蒂库斯讲述他和哥白尼共处的信件后回信说道，"我跟你讲了无数次，你现在要做的是帮我和他建立联系，就像你当初和我一样。我此前没能给他写信，甚至当时也不想，因为我确信你会跟他讲我过去的糗事。我发自内心地尊重他的智慧天赋和生活方式。"[76]

在完成自己的著作后，雷蒂库斯急切地将该书的预印本分发给了以前的导师们。奥西安德附和道："我已经收到好几本你的《初释》了。它们十分鼓舞人心。"[77]这种回复很有代表性。学术圈看上去十分渴望接受这个理论，这大大出乎哥白尼的意料，他自然也高兴地筹划着《天体运行论》的出版工作。

不久之后，和蔼可亲的奥西安德与哥白尼本人建立了联系。“我向来认为，假设并不是信条，而是计算的基础，”他在信中写道，“您最好一开始就对此做出说明。”[78]

奥西安德的想法很有价值。当时的欧洲充斥着数不清且势力强大的亚里士多德主义者、神学家和其他学者，其中很多人实在毫无学识，而对立的阵营不过是两位哥白尼主义者而已。在这种情况下，争论似乎无可避免，失败也在情理之中。为了缓和紧张的局势，奥西安德提出了一个折中的方案，他宣称地球的运动是有用的，但并不是真的。

哥白尼并未回应奥西安德的提议。他已经垂垂老矣，知道自己将不久于世。哥白尼完成了自己的著作，年轻的学生也慕名而来，立志继续相关的工作。战争、和平、真理和虚构等宏大问题必须留给下一代人回答，就像过去一样。追随者雷蒂库斯一直在导师哥白尼身边工作，他在后者的同意下对《天体运行论》做出了删改，进而完成了该书的定本。1541年9月，他告别了这座隐蔽的知识殿堂，带着导师亲自署名的定稿回到了维滕贝格大学。

我们并不清楚该书出版的前后经过。维滕贝格城是路德宗的重镇，但此时的新教教徒可能会像当年哥白尼所属的天主教会那般谴责他。人们永远无法确定马丁·路德的态度。更让人困惑的是，有人散布了关于雷蒂库斯同性恋倾向的可怕流言，他所在的大学的氛围也开始让人不安。为了安全起见，他当年便离开了这座城市，后来在纽伦堡一家默默无闻的出版社工作。

雷蒂库斯陷入了困境。他不得不在新的学年开始前谋得新的大学职位。当时，书籍印刷业刚刚起步，需要大量劳动力，印刷满是插图的数学著作更是如此。印制这样的作品差不多要切割一百五十块木板。讽刺的是，多数印刷店的工人都是文盲[79]，他们基本不会编排数学计算公式和表格。每一页的活字都必须手工排版和调整，这往往耗费数周时间。雷蒂库斯没这闲工夫。

思来想去，他把剩余的出版工作委托给了认识不久的朋友和怀疑论者奥西安德，后者的批评看上去比较谦逊。但这个印象是错的。在未经允许的情况下，奥西安德往书里插入了很长一段未署名的前言。即便注意到了，印刷工也不是很在意。“这些假设不一定为真，甚或很可能为假，”奥西安德告诫读者说，“相反，如果它们提供的计算与观察一致，便足以说明问题了。但就目前的假设而言，任何人都别指望从天文学中获得任何确定的东西”。[80]

奥西安德的前言无疑是对日心说的合理反应：于计算有利，于信仰有害。但与多数解读者不同，他把自己的信念强行植入到了该书的结构之中，这让哥白尼的初衷蒙上了污点。哥白尼的日心说也从未被认真对待，大家认为他不够真诚，教会中后来一代代的保守派还在无谓地念叨这种印象。[81]

对于敏锐的读者而言，奥西安德的伎俩压根儿不起作用。“的确，”一位大学教授写道，“措辞和毫无风格的行文表明，这些文字并非出自哥白尼之手。”[82]这位教授的学生则更加直接：“这是无名小辈假大人物之名而作！”[83]

跟哥白尼一样，奥西安德是个聪明而和气之人，他对自己要做的事情抱有十足的信心。在插入前言这件事上，他的出发点甚至可能是帮助哥白尼的世界观获得支持[84]，但这对信任招致背叛的人来说毫无意义。一团和气的蒂德曼·吉泽称他犯下了“欺骗罪”[85]，而收到样书的雷蒂库斯则像个愤怒的小孩儿一样用蜡笔在书页上画了个大大的红叉。[86]于是，刚刚进入这个友好圈子的奥西安德就被开除了。[87]

但木已成舟。成百上千的副本已经面世，前言和正文一并流传至欧洲的各个角落，供天文学家、其他学者和任何渴望学习数学的人阅读。

再释

《天体运行论》的某些章节带有《小释》的影子，充满了诗意和审美意识。“太阳被恰当地称为宇宙的灯塔，”哥白尼宣称，“太阳坐在王座上，掌控着绕其旋转的行星家族。”[88]

然而，在这段令人愉悦的介绍之后，《天体运行论》一书中高难度的计算便越来越多。雷蒂库斯经常在他的记录中提到另一个解释（narratio secunda），但心猿意马的性情总会分散其注意力。于是这第二个版本也从未动笔。除了日心说，《天体运行论》中还包含了许多其他的概念，而《初释》仅提到了其中几个，其他均未提及。再写一个概要对于解释其余的概念是有好处的。

在《天体运行论》一书中，哥白尼就像是托勒密身边聪明而叛逆的小兄弟一样。二人都从哲学主张入手讨论问题，这些相互抵牾的主张就像是相互斯杀的骑士。托勒密关于地球静止的论证来自亚里士多德，大致与寻常的信奉天主教的农民的论证类似。如果地球的确在动，托勒密写道，那么这种运动一定是“最剧烈的，因为它在极短的时间内就旋转了一周”。[89]他认为，地球移动得很快，只要鸟儿从枝头飞起，小猫从楼梯上跳起，或者大人把孩子抛向空中，这些可怜的造物就会号叫着飞入深空，他们的世界也和底下的世界割裂开了。细致的实验测试表明，情况并非如此，因此，地球是不动的。

“但问题并未解决”，哥白尼回复说，就好像托勒密还活着，正坐在自己对面友善地期待着自己的答案，“我们只是说，不仅地球在动，而且大部分空气，以及与地球相连的一切都在动”[90]。

哥白尼并未论证运动的地球的观念是否正确，而是论证了地球运动的可能性。他并未淘汰而是增加了一种观点，这是个美妙而可能的提议，尽管不是必须，但还是可以说出来。哥白尼并未主张哪个古人一定错了，他知道，自己接受的地心说并非得自演绎论证。

然而，演绎的确有助于确定原因。《至大论》和《天体运行论》二书第一章的余下部分都留给了基本的几何学定理和球面三角学。这两本书共享了一些证明，尽管《天体运行论》更为清楚明白：该书第一章十分深入、有序和清晰。从这部分开始，当时的许多读者都失去了耐心，尽管仍旧很专注，却略过了迷宫般的注解。[91]“任何人都有理由怀疑，”一位匿名人士评论道，“如何才能从哥白尼的荒谬假设中产生如此精确的计算结果，因为这些假设与普遍一致的看法和理性本身相悖。”[92]

他们是对的。第一批反对哥白尼早期理论的怀疑论者并未停止质疑，而且很多疑问完全正当。专业的数学家能质疑的不仅仅是假设的本质。《天体运行论》中的计算是奇怪的，即便显得熟练，有些也很混乱，多数计算十分传统，但计算的目的却十分奇怪。简而言之，它们跟哥白尼本人的风格很像。雷蒂库斯详细地谈到了最令人赏心悦目的例子，那就是地球鲜为人知的第三种运动。

地球除了每天的自转和每年的公转以外，地轴其实也在移动，这会让南北极点沿着难以察觉的轨道旋转。[93]

由于引力的作用，地轴的运动会慢到令人发指，它每25 772年才旋转一圈。哥白尼的估值为25 816年，这样的精确程度令人惊讶，但由于无法用当时的物理学做出解释，他只好诉诸一些笨拙的猜测性解释。

哥白尼认为，地球的两极以25 816年的周期旋转时，其速度也会发生减慢和加快的变化，这取决于另外一个1 717年的宇宙周期。

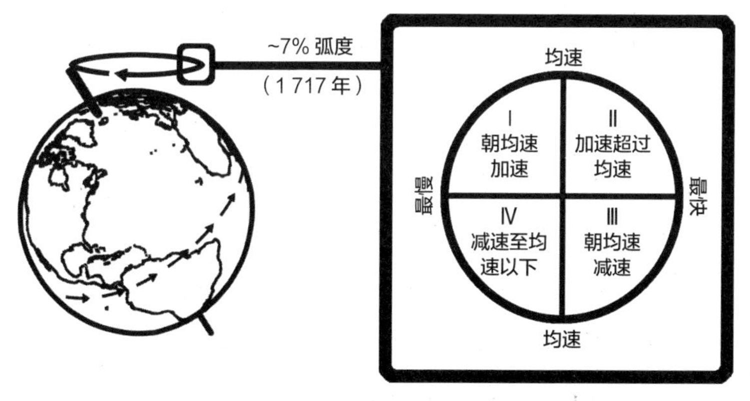

地轴大约每26 000年旋转一周。哥白尼提出的模型位于图中右侧。

如果现代读者认为这是无稽之谈，那就对了。现在看来，的确无比荒谬。亚里士多德认为天文学乃“数学的分支”，与当时众多天文学家一样，哥白尼也同意这种看法；任何尊重观察的计算都是合理的选项。他只是根据自己导师的导师的建议提出了行星非匀速运动的日心说模型，“我的想法跟雷吉奥蒙塔努斯和格奥尔格·普尔巴赫没什么不同，”[94]哥白尼骄傲地写道，“他们是我的思想的直接来源。”

哥白尼提出了如此荒谬的运动模型，背后的原因实在让人痛心，但科学理论的发展就是如此。哥白尼过去从天文学家那里获得的观察结果是错误的，但出于一向对长者的尊重，他便无法分辨谁的说法不可靠了。托勒密给出的观察结果表明，地轴的运动十分缓慢，而一位著名的伊斯兰天文学家巴塔尼（Al–Battani）则表达了相反的观点。[95]哥白尼夹在中间左右为难，但其实两位前辈都弄错了。

当后来的天文学家们面对这种令人费解的运动时，他们也可能有新的、更好的观察。与之相类似，哥白尼的众多实质性贡献都有些美中不足，因此，这本书还很欠缺他寄予厚望的日心说应该产生的美感。但事情并未结束，看待世界的新视角才初露端倪。

哥白尼对行星视差问题的解决方案则是天文学革命正统叙事的另一个奇特插曲。视差（parallax）指的是，人从两个不同的角度观察物体时物体外观的变化，它是人对同一个描述（narrative）

的不同看法。[96]视差概念的困难在于，如果缺乏任何背景作为参照，则我们无法判断视差是来自物体的移动，还是来自观察者的移动。哥白尼所有的愚蠢、无用、荒谬和精彩的计算都旨在说明基本观念之间微妙而根本的转变。[97]

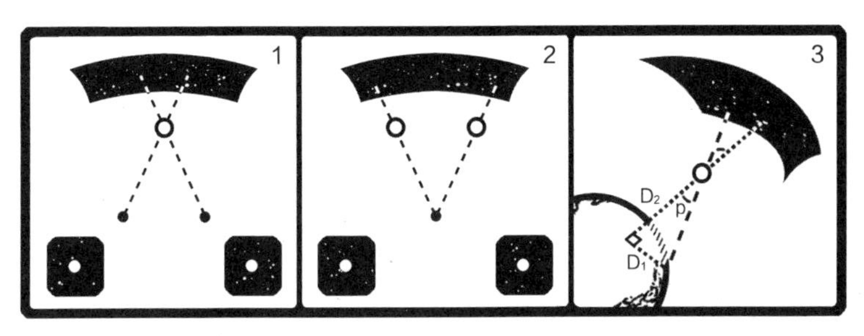

这张图显示出天蝎星座的三种不同视差。图1中的视差来自观察者的移动，比如观察者随地球轨道的移动；图2中的视差来自观察对象绕观察者的移动；图3的视差则是以地球大小为背景，而非地球轨道为背景得出的。图1和图2中的视差只能通过背景做出区分。

对于因地球运动，而非因被观察的行星的运动而产生的视差而言，哥白尼的理论尚无法给出合理的解释。尽管他的一些最混乱的计算已经体现了这一点，但这个理论仍能帮助哥白尼以令人钦佩的精度估算行星的距离和精确的轨道。即便在托勒密的时代，天文学家也会以类似的方式测量行星的视差，即从地球上两个不同的地方对同一颗行星进行测量。首先，天文学家会在靠近“地球中心点”的地方做一次测量。接着，他们会在别的随便什么地方再做一次观测，只要两次观测之间的距离 D_1 是确定的即可。视差为p，它表示行星位置移动的角度。[98]通过给定两次测量的结果和一些三角学知识，天文学家就能计算出此前从未有人预料到的事实，比如他们能用正切公式“$D_2 = D_1 / \tan(p)$”计算出行星与地球的距离。

视差远不止能让我们测量距离，它甚至可以用来证明地球是否在动。这些证据依赖于亚里士多德天文学的一个核心教条：宇宙是封闭和有限的。其推理思路如下：因为所有的东西都绕地球旋转，因此它们与地球的距离都是固定的，否则就不存在绕其旋转的中心了。这样的宇宙和巨大的雪球没多大差别。大家相信恒星高挂在天上，像巨大的神灯一样固定在宇宙的边缘，所有的行星都在其内部闪闪发光。

如果地球真的绕太阳旋转，而宇宙又像古人所说的那样被紧裹着，那么人就能从固定的恒星上发现视差。在哥白尼的时代，人们并未测量过这种视差，而且多年以来，这种视差都是支持托勒密体系的有力论据。为了解决这个问题，哥白尼只需挥挥手扩大宇宙的尺寸即可。

> 太阳附近就是宇宙的中心。此外，由于太阳保持静止，任何看上去像是太阳的移动实则都是地球的运动造成的。与地球的大小相比，地球的运动其实体量巨大。但宇宙太大了，乃至从地球到太阳的距离可以忽略不计。我认为，我们应该承认这一点，而不是用近乎无限的天球来扰乱心灵……[99]

实际上，这种承认可通过计算得出。如果可探测视差的最小角度为p，则可用先前的公式“$D_2 = D_1 / \tan(p)$”计算宇宙的最小尺寸，我们取地球的整个轨道半径——而非地球本身的半径（就像托勒密的模型中对不动的地球的处理一样）——为D_1。我们有充足的理由说，这种计算方式的结果比此前要大上百万倍。哥白尼甚至想都不敢想这么大的数字，他只是称之为“无法估量”。[100]

人确实会因为缺乏想象力而对这些计算感到沮丧。扩大宇宙的规模是一场大型魔术表演，但与未知的无限相比，仅仅在有限的范围内移动似乎也没有意义。哥白尼此前在自然界中没遇到过无限的例子，也没有创造无限的动力；在那个时代提出无限宇宙的想法就像是越过了冷静理性的边界，进而步入了疯狂的诗意境界；美则美矣，但毫无必要。

《天体运行论》中包含无数缺陷。一改《小释》中的看法，哥白尼承认，宇宙的中心位于“太阳附近”的观点是他因为缺乏物理学直觉而做出的最糟糕的背叛。第一个哥白尼体系更准确地说是日静说（heliostatic）而非日心说（heliocentric）。月球默默地充当着地球唯一的卫星，尽管他的月球理论仍然混乱，但比托勒密的更加优雅，后者带有可移动的偏心匀速点。哥白尼给出了六颗行星的正确顺序，还列出了可以估测日食、行星位置和其他有用信息的众多表格，但它们杂乱无章地散落在各处，让人毫无头绪。

书中深入考察了每颗行星的运动，这部分内容填满了该书的后半部分。

简单说，上千年以来第一个深刻而新颖的天体理论摆在了世人面前——也许有些瑕疵，哥白尼也知道它们很可能是错的，但还是原样呈现了自己的理论。在任何可称作天体物理的科学出现之前，凭借无数的计算和几段不期而遇的友谊，外加四十年的等待之后，天文学爱好者哥白尼为混乱的旧世界带来了物理学的解决方案。这个真理先于其基础的事实自有其原因和偶然性，比如科学、历史和个人经历方面的，但没有哪一个能够完全反过来解释其发现。心灵因其内在而取胜。这是哥白尼最后的谜团。

离世

一大股血从头上迸出，所有神经细胞都枯竭了。我们的教士已经在床上躺了几天了，奄奄一息地等待大出血把自己带走。哥白尼右臂下垂，他已经走了。

床边放着他的著作。蒂德曼由衷地向雷蒂库斯念了悼词，其中写道，哥白尼“在最后一天的弥留之际看了论文”。[101]这一天是1543年5月24日。他是“我们的兄弟，”蒂德曼写道，“阅读他的著作让我感觉他又活过来了似的。”

在过去几年的清醒时光里，哥白尼都是和雷蒂库斯一同度过的，哥白尼与他共同整理了自己的毕生心血。

尝试小规模印刷了几百册之后，他们于1566年在瑞士巴塞尔对《天体运行论》做了再版，同时出版的还有雷蒂库斯的《初释》，无可否认，后者的读者总是更多些。

但除了销售量，哥白尼的重要性还体现在更好的指标上。大众偏爱星表或星历，《天体运行论》计算了未来几年中每天的行星位置，宫廷占星家们会用它举办公开的占星活动，并做出预言。1551年，已是巫术数学家的雷蒂库斯就制作了自己的第一本日心说星历。此前，哥白尼还收获了一位支持者，此人是一位大学教授，名叫伊拉斯谟·赖因霍尔德，他也在同一年出版了基于日心说的《普鲁士星表》(*Prutenic Tables*)，但雷蒂库斯的计算基本上是哥白尼式的[102]，他曾和伊拉斯谟一道求学于哥白尼。雷蒂库斯余生一直念念不忘在瓦尔米亚度过的两年童话般的时光。“因为没有人，”他后来的一位学生写道，“比他更理解哥白尼的想法。”[103]

这两个同时出现的星表，以及它们的显著差异是交流不畅的不幸结果。这一直是科学界的突出问题。教会中的数学家们在所有图书馆中都能找到亚里士多德的著作，但他们缺乏向世界传播发现和想法的手段和动机。如今，出现了印刷机，它们对学术工作而言已足够便宜和够用。翻译运动也如火如荼。著作（而非作为个体发声工具的评论）逐渐成为交流的方式，后者可能回避，也可能在合适的时候接纳他人。[104]

躺在床上奄奄一息的马丁·路德一早就明白这个道理。他是神学界的第一位记者，经常发表文章，总是自相矛盾，但从不惧怕修正自己的胡言乱语。没有人比他更能代表近代基督教历史上最大的分裂了。但哥白尼只想成为一个建设者。他把《天体运行论》题献给了教皇保罗三世（Paul III），后者用报复性极强的天主教复兴计划“反宗教改革运动”平息了分裂。

“我犹豫了很长一段时间，甚至都快放弃了，”哥白尼在那篇献词中写道，“但我的朋友鼓励了我。”他继续写道，这位朋友就是和气的蒂德曼·吉泽，他后来被葬在哥白尼旁边。但对于新教教徒、异端和有罪之人雷蒂库斯，哥白尼明智而无情地选择了闭口不提。

天主教教徒和路德教派共同的上帝，会明白这个男孩儿渴望得到的善待。1551年，雷蒂库斯被传唤出庭，为自己的“鸡奸罪”指控做辩护。[105]但他毫不犹豫地永久逃离了德国。晚年，生活在布拉格（Prague）的雷蒂库斯因逃亡和同性恋的耻辱而心烦意乱，但他仍旧是一位热情的学者，他的一位学生还独自前去拜访了他。这个学生刚到，雷蒂库斯就脱口而出：“你来见我的年纪和我当年拜访哥白尼的时候差不多！如果我没有去拜访他，他的作品就无缘得见天日了。”[106]

1557年，当孤儿雷蒂库斯回顾没有子嗣的导师哥白尼时，他定会纠正道：“他不只是我的导师……更是我的父亲。”[107]

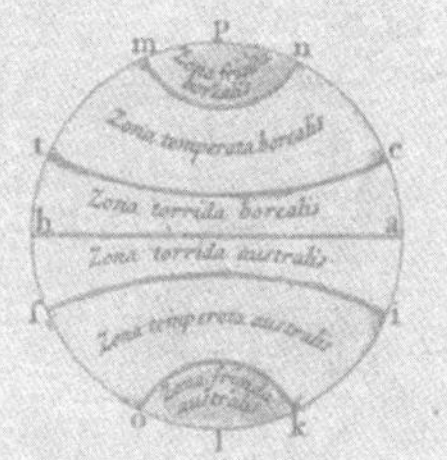

第谷·布拉赫

熠熠生辉的一生

剧中人物

索菲娅·布拉赫（Sophia Brahe）	他的妹妹、园丁、谱系学家，聪颖过人
丹麦的腓特烈二世（Frederick II of Denmark）	他的国王，友好的赞助者
丹麦的克里斯蒂安四世（Christian IV of Denmark）	腓特烈国王的儿子
尼古拉·赖默斯·乌尔苏斯，“小熊”（Nicolaus Reymers Ursus，“The Bear”）	朗厄的助手，出名的机会主义者
埃里克·朗厄（Erik Lange）	他排行第四的表弟，痴迷的炼金术士
迈克尔·梅斯特林（Michael Maestlin）	他的学界友人

基尔斯滕·乔根斯达特（Kirsten Jorgensdatter）　他默默无闻的妻子

神圣罗马帝国皇帝鲁道夫二世（Rudolf II）　波希米亚（Bohemia）国王

梅克伦堡-居斯特罗的索菲王后（Sophie of Mecklenburg-Gustrow）　腓特烈之妻，克里斯蒂安之母

约翰内斯·开普勒，伽利略·加利莱伊　两个小孩

主要作品

《论新星》（*On the New Star*）、《论以太世界》（*On the Aetherial World*）、《复兴天文学之序曲：复兴天文学的仪器》、（*Prelude to a Restored Astronomy: Instruments for a Restored Astronomy*）、《天文学剧场》（*Theater of Astronomy*）

本节涉及年代

1546—1597

新星

黑暗降临，持续经年。天空不见一颗彗星。欧洲没有新的战火。不用说，阅读哥白尼的《天体运行论》的人也越来越多（绝对数量并不多）。这本书传遍了欧洲大陆，并且传到了英国。天文学界之外的人也对此有所耳闻。但外行们笑了。他们并不同意书中的观点。但这些人并不深究，兀自睡去。

接着，有了光。

1572年11月，全世界的占星师看见天空出现了新的东西——一颗超新星。在占星师看来，它像是一颗恒星，一颗新的恒星，一颗白日恒星，一条空中巨龙[1]，与太阳一道在天上燃烧，比夜晚的金星还要亮，占据了仙后座耀眼的宝座。四百年后，一切都因它而改变。

没人明白这颗新星意味着什么，更无人理解它为何会黯淡下去。中国人对此理解得最透彻：他们此前就记录过“客星”（guest-stars），但把它当作灾异的征兆，这让他们的皇帝忧心不已。“大如盏，”当地的天文学家写道，“日未入时见，光芒四出。”[2]但要等一段时间，欧洲文明才能真正理解这种现象。

欧洲的天文学已长期处于落后的状态。这个学科的祖师爷亚里士多德提出，天体不变且永存[3]，因此它们是由某些永恒不变的存在造成的。但当下的情况是：如果这颗新星没有视差，那它必然也是一个天体；如果天体会变化，那亚里士多德的物理学和形而上学也必须修改。反过来，这种修改也会吸引更多优秀的人整个将其推翻。所有已知的天文学赖以建立的哲学基础都成了摇摇欲坠的多米诺骨牌，等着无所顾忌的小孩儿将其推翻。

这颗新星并没有可见的视差。聪明的天文学家只需稍加留心就能证明这一点，两位年轻的欧洲人把这种不可思议的事件当作在大家面前展现智慧的机会。

二十二岁的德国人迈克尔·梅斯特林刚毕业，此时他正面临当老师还是当牧师的两难抉择，正是他，仅用一根绳子就证明了这颗新星没有视差。通过延长两颗固定恒星之间的连线，进而把这颗新恒星也连接起来后，他发现，随着时间的推移，这三颗恒星都没有偏离连线。“真理得自精确的观察，”他写道，“这颗异常的恒星不是流星也并非行星，而是众多恒星中的一颗”，“至于这预示着什么，自然会有人给出回答”。[4]梅斯特林陷入了哲学上的焦虑状态，他查看了自己两年前得到的《天体运行论》，并且在其中发现了一条让人宽慰的线索。“我同意哥白尼的看法”[5]，梅斯特林在书页空白处潦草地写道，他当时并不知道这个评论是多么难得的胜利。

而在大学校园里，也活跃着一位名叫第谷·布拉赫的丹麦人，他用同样的办法开启了自己的观察生涯。不过，两位年轻人都承认，一根绳子并不足以实现他们的终极愿望：彻底重建天文学。

“重建”乃是第谷在新星事件后经常挂在嘴边的词，但他永远无法说清其真正的含义。于他而言，天文学需要“翻新”“革新”“更新”“重新评估”“焕然一新”和“重新整合”，也需要从他的字典中得出任何听上去合理的“新”。这些词的实际意义尚待商榷，但它们让天文学“原先的理论假设失效了”[6]，正如第谷所写的那样，与亚里士多德的哲学相比，新的天文学理论建立在更好的观察之上。但这种新的天文学究竟会是什么样他却并不清楚。最重要的是，这些措辞充满激情和抱负，它们是谈论传统科学事业的新语言。这些语言也是诗歌。第谷钟爱诗歌，也总是写诗。他最爱的诗人是奥维德，这位诗人传唱变形（metamorphoses）和令人震惊的形变（shocking transformations）。显而易见，这些主题在路德派教会中也颇为流行。对他们来说，过去不仅仅会生长，还会燃烧，他们相信，灰烬中会生出“凤凰一样的天文学家”。[7]信奉路德宗的梅斯特林在其星表中写道：“这个几乎垮掉的科学会在新的辉煌中繁荣。”[8]但若有人能独当此任的话，那他就是路德派的第谷。他那上千页的皇皇巨著《复兴天文学之序曲：复兴天文学的仪器》(下文简称《序曲》)在他有生之年也未完成出版工作。[9]

无论复兴意味着什么，它在思想层面和现实层面都会面临重重障碍。正如第谷所看到的，世世代代的信念会对人的思想产生影响。而对这颗新星，他如此写道：

> 晚饭前……我一边往家赶，一边观察夜空中的不同区域。当时的夜空大部分晴朗，我想晚饭后也能继续观察；但意想不到的事情发生了。就在我头顶的夜空中，一颗奇怪的恒星不知道从什么地方突然冒了出来，它闪耀着明亮而炽热的光芒。我顿感惊愕，几乎呆住了，甚至开始怀疑自己的眼睛，心想这怎么可能？

第谷目瞪口呆地望着同行的人，口中缓缓道出了所有人的困惑。他们都信心满满地说道："太壮观了！"但第谷还是不敢相信。他疯了似的指着夜空对身边的马车尖叫。车里的农夫抬头看了看，也跟着尖叫起来：真的，你这吵吵的傻瓜，是真的！"终于，"第谷平复了心情之后说道，"我确信不是幻觉，夜空中的新东西让我倍感惊讶。我们需要对它做一番考察。我马上就抄起工具开始了研究。"[10]

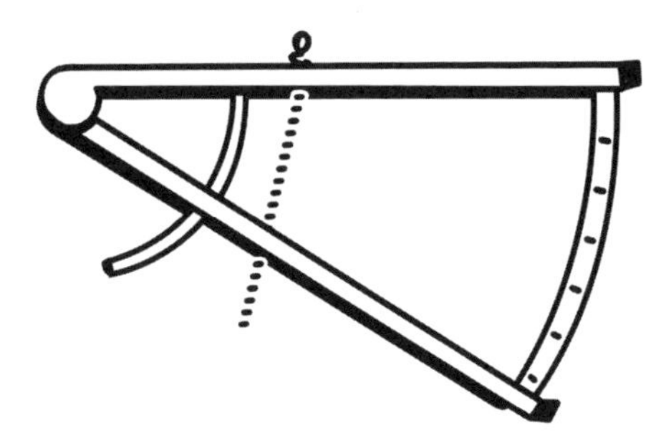

第谷未改进过的六分仪。

第谷时年二十五岁，此时他手上的仪器为一根长约5英尺（约1.52米）、名为直角仪（cross-staff）的T形棍，可用于测量恒星之间的角距离，外加一个被他称作六分仪的木质仪器，功能与直角仪相同。第谷用简易的六分仪对这颗新星做了详细的观测，他用自豪的语气谈道，“非常仔细地测量了它的大小、形状、颜色和其他可见特征”。

第谷本人对这颗新星还进行了大量细致的讨论。路德宗信徒则提出了自己直白的预言，即某些不便指出的“表面光鲜且浮华的宗教会逐渐消亡（哪怕不是彻底消失），就像这颗假恒星一样”。[11]接着，天空会出现“一道巨大的亮光，它会慢慢驱逐黑暗，就像春回大地时的太阳一样”。[12]一些神学家则更为激进，他们说，要准备好迎接基督再临。[13]

基督并未复活，但另一个人复活了。如今，这颗新星被称为“第谷·布拉赫超新星”（Tycho Brahe's Nova）。它早已消失于天际，但依旧影响着全世界。“上帝很快会降临，”牛津大学一位著名的学者预测道，“大火会吞噬一切。”[14]

当然，对众多年轻人、老年人和穷人而言（历史只是对他们一笔带过），这颗新星并没有什么意义。尽管当时年仅九岁的伽利略·加利莱伊有着超乎其年龄的聪慧，但他甚至都没有注意到此事。而年仅一岁，还在襁褓之中的约翰内斯·开普勒则更谈不上关注这颗圣诞新星了。他只是后来在记录中谈到自己经常听别人谈起一颗彗星——尽管开普勒身体虚弱且遭父亲遗弃，但他那辛劳的母亲仍旧在某个夜晚带他到山顶观察夜空。[15]

特权的重负

新星从星空消失几个月后，在哥本哈根与一位富有的法国大使以及一位医学博士共进晚餐的第谷惊讶地发现，二人都没听说过这颗新星。事实上，基本上整个丹麦都无人谈论过此事。面对第谷的询问，大使还以为这是个蹩脚的笑话。第谷笑着说希望能有个晴朗的夜空来证明自己的说法。[16]

值得称赞的是，二人意识到自己的错误后，便力劝第谷出版自己的著作，而这本《论新星》也就成为第谷的第一本著作。[17]但他们肯定已经发现了第谷的天文学方法——不断重复地观察、验证和测量——在长期以内心沉思为特色的文化中显得奇特。实际上，人总是会因为自己生活、样貌和想法与别人不同而被记住，而第谷看上去不只是奇特，他简直是名副其实的怪诞了。

第谷还没来得及做出选择，就被贴上了“奇怪”的标签。他是贵族世家的长子，生于1546年，出生时还有一位双胞胎弟弟，但后来夭折了。第谷总是淡淡地谈到自己是被无嗣的叔叔和婶婶偷走的，“完全不知道父母的信息”。[18]出于兄弟之情，在他们第二个儿子出生后，第谷的父母便默认了这次并未准备好的收养。

父母的变化并未改变第谷的阶级地位。第谷不仅位居上层，而且是一位不寻常的贵族，他和皇室都有接触。贵族子弟在成长过程中，都认为自己的言行比别人要高贵。丹麦是第一个宣布信奉路德宗的国家，所有丹麦贵族的孩子都是按照路德派的方式培养的，他们偏向于民族主义，独立于普世的教会，这种习惯可追溯至国王腓特烈二世。这种贵族式自命不凡和新教个人主义的新颖结合，让富有的丹麦青年很容易就会陷入自我怀疑，他们会不断地要求重新确立自己的威严。世上没有哪个国家的贵族比不开心的丹麦贵族更加勤劳而奢侈、自负而自我怀疑的了。

就上述方面而言，第谷无疑是一位典型的贵族。但他并未将自己置于这个大型贵族之家对上的繁文缛节，以及对下的轻蔑态度之中，从而能和兄弟姐妹们分享遗产。他那粗鲁的叔叔及其扭捏作态的妻子让他和兄弟姐妹们分开了，这让第谷能够独自获得一笔同样巨大的遗产。他的养父母更加爱他，因为是家中独子，他们便更加照顾这个十分怪异的儿子的需要，但家庭生活的温馨开端并未持续太长时间。十二岁时，第谷成为布拉赫家族的第一位大学生。

哥本哈根大学的学生通常年纪在十八岁左右，但具体情况也取决于学生自身的成长环境。一些孩子八岁便接受了大学教育，间或也有农家成年的孩子努力提升自己的情况。[19]第谷处于社会顶层，一直都在知识的海洋里徜徉，但三年后，他就厌倦了这所大学的氛围。于是他转学到了莱比锡大学，随后，第谷的养父母为他雇了一位高年级的学生来精心规划其学业。这位学监说话直言不讳。他详细了解了第谷的情况，认为情况不容乐观。

> 当一个丹麦人出现在世界上，很多地方乃至整个欧洲的人都认为，他们听到的是关于新世界的话题。甚至那些对丹麦有所耳闻，或者读过相关书籍的人也会认为，我们是愚昧、不识字和野蛮的民族，对艺术和良好秩序一无所知。[20]

第谷自然了解良好的秩序，但如果他想要得到尊重，就必须锻炼自己坚忍不拔的意志。小时候，他曾把大量时间放在历书上，并且对星星十分痴迷。如今上了大学，他计划去旁听天文学课程，不过他也写道："我的学监表达了父母的意愿，他们不支持也不反对。"父母希望他学习法律或者其他适合特权贵族的专业。"我不得不偷偷购买、阅读天文学书籍，"第谷回忆道，"我在一个月内掌握了天空中所有的星座。期间，我用到了一个不及拳头大的小天球，经常在夜里随身带着，不告诉任何人。"[21]

很快，这个鬼鬼祟祟的家伙得到了一个直角仪，进而开始了长达35年的持续观测活动。他必须承认，一开始的那些尝试是“幼稚的，也未必有什么价值”[22]，但这些尝试仍足以让第谷认识到，天文观测中存在的不准确之处，这让他感到十分痛苦。于是，第谷试图做出改进。但专业仪器的制造和理论积累已逾一千五百年之久，任何改进都明显超出了这个愣头青的能力范围。

年轻的第谷并未坚持多久，他在二十一岁的时候离开了莱比锡大学。“硕士学位对我来说无关紧要，”他在多年后回忆道，“我更想成为一个真正的艺术大师（master of arts）。”[23]他没有被动地接受教育，而是决定周游世界。

亲爱的养父为了救腓特烈国王而在湖中溺水身亡后，第谷觉得有必要回到丹麦，同时也可以和亲生父母的家庭团聚一段时间。但这段相处并不顺利；几乎没有哪个贵族赞成他投身天文学，但笃定的第谷心意已决。他的兄弟姐妹甚至都没来见他，除了最小的索菲娅（六岁）。尽管有些奇怪，但他很快就成了这个小女孩儿的“好兄弟”。[24]第谷跟她走得更近，是因为他意识到家里的大人都不喜欢自己。这让第谷没理由继续留在丹麦。移居国外的沮丧情绪萦绕在他的脑海。

整个冬天，这种痛苦的想法都一直伴随着他。在德国旅行期间，第谷还故意在酒吧里喝得酩酊大醉，他用一种几乎无人能懂的语言大喊大叫。但酒吧里另一位喝醉了的丹麦人能听懂[25]，他骂了回去——大家以为他们在争论数学问题——这两个相互辱骂的外国人逐渐怒火中烧，后来他们抄起剑跌跌撞撞地走到外面准备决斗。第谷一生都在决斗，但只有这一次动了真格的。当时酒吧里唯一有点儿理智的是一位姑娘，她劝周围的男士去阻止这场可能会闹出人命的决斗，但一切都太晚了。剑光闪过黑夜，第谷的鼻子掉了，脸上顿时血流如注。失败的第谷倒在了地上，但他活了下来，可能命运想跟傻瓜开个玩笑吧。

在尽量写实的前提下，这位金发碧眼的大胡子丹麦人的画像也进行了一些微妙的调整，多数画像都没有明显表现出他面部若隐若现的线条，但他的容貌实际上已经严重损毁。在后来的生活中，第谷残存的鼻子上都戴着金银合金的假体，并且需要用随身携带的鼻烟壶里的胶水将其固定在鼻子上。第谷的男子气概得以保留，但那副男子气概的面孔却被毁掉了，他的一位朋友暗示说，“这可能对他后来选择一位谦卑的人生伴侣产生了影响”。[26] 1571年，第谷回到丹麦，并且还自降身段地开始跟一位普通传教士的女儿基尔斯滕交往起来。后来他们分分合合好几次。这是一种被阶层、骑士精神和社会期待所不容的恋情，但这些因素都没能战胜他们对彼此的欲望和爱恋。

当时，这种不同阶层之间的真诚情感被认为是一种身体缺陷，不仅相当罕见，也显得格外不相称，二人甚至不能合法地成婚。尽管腓特烈国王很同情他们，但布拉赫家族的多数人都对这匹害群之马十分不齿，也没法接受他选择的伴侣。“第谷的妓女”，他们这样称呼第谷的女友，说她的“生活是丑恶的”。[27]“我不喜欢这个社会，”第谷反唇相讥道，“社会上的习俗就是垃圾。大家总是对我提出各种要求。”[28]农家女孩儿的吸引力在于她们不会提出各种要求。

无论是出于礼节、自负，还是身处的窘境，第谷都没过多谈论这两件重大的人生事件。他的信件揭示出一条简单的言行准则：他不会对任何人提及自己的女友，也没谁会提到他的鼻子。这就是第谷和其他一般贵族对重要之事看法的差异。哪怕中立的旁观者也会用一种毫无人性的污蔑口吻描述基尔斯滕，“对她丈夫而言，她有一种令人钦佩且让人满意的生育能力”。[29]如果她真的是这样一种工具，她就会在历史上留下痕迹；那样的话，至少第谷会像描述自己的天文仪器那样细致且充满爱意地描述基尔斯滕。

第谷谈道，在认识基尔斯滕的一年前，他曾和两位特别有文化的朋友在奥格斯堡（Augsburg）一家商店外讨论自己对仪器设计的想法，期间，他也在德国寻找可能移居的城市。其中一位朋友是富有的市议员，此人“似乎痴迷于”天文学，愿意出面为第谷第一个严肃的发明提供生产担保，还把自家后院拿出来作为场地。[30]“于是，我们立即就把想法付诸实施了”，第谷写道。他画了一张四分之一圆的草图，对他此前摆弄的六分仪进行彻底改进，它可用来测量角距离。这个仪器的精度前所未有，可精确至一弧分，即六十分之一度。

在裸眼天文学的时代，人们也有一些聪明的技巧，利用测量工具上的空白来提高精度，但这样做的效果有限。最明显、最昂贵和最重要的解决方案则是扩大仪器的尺寸。

巨型象限仪（第谷·布拉赫设计了刻度）。

第谷的工具硕大无比。他称之为巨型象限仪（又称 quadrans maximus 或者 permagnus）。因为对精度的极致追求，结果，第谷经过计算按比例放大后，仪器的半径超过了5米，由一棵修剪过枝丫的粗壮橡树支撑，更重的框架从底部将其托起，从而可以悬空转动。从所有的记录来看，这台仪器在理论上是成功的，但实际上却失败了——第谷后来再也没有犯这个年轻时的错误。40个成年男仆放下手里的活儿，把这个仪器抬到了安装点，但日常运行还需要几个人维护。[31]这些为第谷的科学生涯服务的第一批劳工肯定不会开心，他们在寒冷的3月推着这台笨重的设备，踩在脚下的是近乎完美的花园。

自此以后，第谷在知识上越来越狂热。他在人口众多的家族中找到一位孤独的年迈亲戚，这位舅父对他的科学事业隐约表示过支持。[32]第谷曾在这位舅父的庄园中度过了两年与世隔绝但奢侈的时光，这个庄园是瑞典南端一座被废弃的修道院，期间他会时不时地返回哥本哈根与女友基尔斯滕共度良宵。这位舅父爱好炼金术，第谷发现舅父对炼金术的热情感染了自己，甚至都想立即放弃天文学转而成为一名炼金术士了。

接着，就在第谷让基尔斯滕怀孕的那一刻，后来以他的名字命名的超新星的光芒降临地球。他举目望去，心中又重新燃起了此前的志向。"这是整个创世过程中出现过的最大奇迹"，第谷欣喜若狂地写道。尽管炼金术在他心中一直是仅次于天文学的选择，"但1572年闪耀的新星让我放弃了炼金术的工作，转而研究天体现象"[33]。于是，他从舅父家里回到孩子的母亲身边，过上了家庭生活。

研究新星期间，第谷还回了趟父母家，还和聪颖过人的助手一起观测了一场日食，这位助手就是第谷"可爱的妹妹索菲娅·布拉赫，当时还是十四岁的少女。她很有魅力"。[34] 第谷在自己第一本著作《论新星》中公开提到了妹妹对自己的帮助，并且评论说："众人认为贵族的后人冒险进入这一崇高的科学领域是件愚蠢的事。"[35]第谷事业的开端令人沮丧，他甚至差点以笔名出版这本书，但学界的朋友们劝他不要这样做。于是，第谷在很多发生在天文学内部的争论记录上署名以留下公开印记。在《论新星》一书的结尾，第谷以一首诗歌谴责了同行们“捧起酒神的酒杯”“疯狂的浪漫”和“高贵的庄严”等势利的得意。第谷也承认，他也喜欢这些，但他相信最纯粹的快乐来自忘我。

人间之乐，天外之乐，

属于在人间获得天堂之乐的人。[36]

众多学者津津乐道于第谷的“贵族天文学家”形象。第谷为他们的职业带来了荣光，所有天文学家的社会地位也因这层关系而提升。他怀抱最大的热情帮助梦想中的天文学复兴，但绝少有人拥有类似的资源或自由去追求这项事业。

例如，后来梅斯特林成为第谷的笔友，第谷每次都非常期待他的来信。[37]尽管内心是个哥白尼主义者，但梅斯特林发现自己更适合成为一名尽职尽责的教师，他经常翻印的教科书上也全是托勒密的理论。正如他自己所辩护的，“那些熟悉的古老理论完全是留给年轻人的，它们更容易理解，而且在教授过程中也会被说成是正确的，但所有专家都同意哥白尼的证明”。[38]尽管做出了这样的让步，正直而勤勉的梅斯特林后来还是在自己的教科书附录中加入了一段微妙的文字解释哥白尼的思想。[39]他在历法改革等问题上与人激烈争论，而他那些更加激进的学生则宣称，梅斯特林走在科学的前沿。但在教育和科学发现的永恒连接中，梅斯特林总会给前者增光添彩。

相比之下，第谷对哥白尼体系并不那么有把握，尽管他对哥白尼称赞有加。与哥白尼一样，第谷也不是一名学校教师，尽管他曾屈尊前往哥本哈根大学开讲座。梅斯特林的著述颇丰，但其最大的成就来自他的教科书。第谷更有抱负，甚至有些自负了。他相信自己最伟大的作品将是《天文学剧场》[40]，这是第谷的十卷本现代天文学思想和实践的汇编著作，而他此前计划中本就很庞大的《序曲》则只是其前三分之一。但他认为自己恢复天文学的愿望“并非出于傲慢，也绝不是轻蔑古人，而是因为我遵从真理的引导”。[41]

第谷不断践行着自己的真理，他在一场毫无意义的决斗中被削掉了鼻子，他的亲戚鄙视他事实婚姻中的妻子，还有他出版的第一本书。一天晚上，第谷躺在老家的床上难以入眠，心里思忖着如何以最恰当的方式从丹麦移居国外，此前他曾收到一封来自腓特烈的奇特召见文书，那就是他的养父舍命搭救的国王。

“因为你甚至没有提出别人朝思暮想都要得到的东西，我不知道你成天在想什么，”国王坦言道，“我怀疑你并不想接受一座标志着皇室恩惠的宏伟城堡，因为你如此醉心的研究会被外部事务干扰……我朝窗外望去，汶岛（Hven）映入眼帘……”[42]

汶岛

我突然想到，汶岛非常适宜你的天文学研究，也适合炼金术研究，因为它地势高，而且与外界隔绝。当然，那里没有合适的居所，也缺乏必要的收入，但我能提供这些东西。因此，如果你想在岛上定居，我乐意把它作为你的封地。你在岛上可以过上平静的生活，也能开展你感兴趣的研究，不会有人打扰。我很愿意支持你的研究，这并不是因为我对天文学有任何了解，也并非因为我了解开展这项研究所涉及的事项，而是因为我是你的国王，你是我的臣民，我们共同组成的大家庭于我而言弥足珍贵。[43]

第谷不能放弃这个大家庭，至少现在不行。他还不至于冷酷到拒绝如此通情达理的礼物。

第谷和最亲近的朋友们聚集在肘形小岛的接合处，在后来的新家的奠基石上举行了涂油礼，还把几瓶葡萄酒洒在了岩石上，伽利略称之为“液体和光”[44]，而在第谷的余生中，这块色彩斑斓的岩石一直都放置在东面餐厅的角落处。[45]

汶岛上的原住民大概有两百人，他们只能眼睁睁地看着这一切。他们作为自由民的生活结束了，现在，所有人每周都要工作整整两天，这一切都要归咎于那个顽固而无礼的君主。根据一段有趣逸闻的记录，岛上的农夫开始有些愤怒了，第谷询问他的宫廷小丑该怎么办。小丑笑着说：“用麦芽酒灌他们，直到他们不能再喝为止。”[46]

农夫们为第谷盖了一座豪宅。腓特烈国王的实际行动也超出了他之前的承诺，他赐给第谷一块又一块封地，以便他拥有足够的自然资源，很快又提供了一艘私人船只供第谷自由使用。而卑微的农夫们则需要出海砍伐陆地上的木材带回小岛。奴役般地工作一天后，农夫们拖着沉重的步子往北走，穿过一小片榛木和桤木林后，他们终于抵达那被征服的小村庄。空气中充满了咸腥的味道。

为了美观，也为了天文学研究，第谷宅邸的院墙造得四四方方。中央是三层的方形建筑，天花板很高，地窖很深，两边各有两座半圆形的附属建筑。建筑顶部弯曲的穹顶不断延伸构成了一个圆塔，其顶部装有飞马（珀伽索斯）状的镀金风向标，迎风飘扬的神马象征着永恒的荣耀。每一层的房间都是这个方形建筑的简单分区。这栋豪宅是如此的不寻常，它看上去很华丽但又并不浮夸：比例和对称起了重要作用。多数房间配有壁炉，并且还装有自来水——着实很令人称奇了！建筑前厅放置了一座大理石材质的仙女像，阵阵水流不断地从中喷洒出来。第谷估计，整个工程结结实实用掉了皇室一吨的黄金。[47]

宅邸完工后又过了四年，此时的第谷已年近四十。他曾按照天文学女神乌拉妮娅（Urania）的名字把宅邸起名为乌拉尼堡（Uraniborg），但这个名字对第谷而言还有别的意义。他的妹妹索菲娅已经到了适婚的年纪，皮肤细嫩、身材姣好，总是在全家出游的时候浓妆艳抹。所有人都认为，她就是乌拉妮娅女神。

“乌拉妮娅”这些年的变化

只要愿意，贵妇人尽可以过着优雅而排场的生活。索菲娅·布拉赫不到二十岁就嫁给了一个年长她一倍的男人，身份也随之变成了索菲娅·托特。索菲娅知道，托特先生十分富有，住在一座五层楼高的城堡中。[48]对托特夫人而言，世界并不是她的牡蛎，但她是其中的珍珠——巴洛克式高贵且有教养的珍珠，但“……之母”的坚硬外壳却遮蔽了她的本性。不久之后，她便为托特先生诞下一位男性继承者，于是她获得了四处游历的权利——她那鼓鼓囊囊的钱包中有的是钱。[49]

索菲娅年纪轻轻便为人母。但她这个年纪和一位十岁的表妹一起玩耍，无论作为监护人还是同辈都再正常不过。1582年左右，两位姑娘乘船前往第谷的小岛，去参观他正在创造的科学奇观。在汶岛索菲娅随时都是被欢迎的，她永远是布拉赫家族中的一员，有时候则直接被简单地称呼一声“索菲”。[50]

第谷甚至会称她为乌拉妮娅。她很清楚自己的哥哥为宅邸起的名字是为了纪念自己，或者至少是为了纪念宅邸而那样称呼自己。索菲娅眼睁睁地看着第谷把乌拉尼堡改造成了一座真正的研究机构。第谷已经找到了维护人员，当时正在寻找其他研究人员，他很快就会一头扎进天文事业之中。

在此前的旅行途中，第谷得到一个巨型木制星球仪，几乎和妹妹的个子一般高（当然更宽些），现在放在了他的图书馆的中央位置。德国恶劣的天气让它变了形，但他花了两年时间打磨其粗糙的部分，直到它看起来像他眼中完美的球体为止。第谷决定用它对所有固定的恒星进行编目，从而体现出他心中位于有限宇宙球形边界上的恒星，这种缩小版的宇宙也更便于世人理解。星球仪上的黄铜加了一层又一层，象征黄道十二宫里的生灵点缀其间，星球仪的首要功能十分明确：它旨在让赞助者相信第谷的实力，并且威慑那些觊觎天体之绝对威严的人。多年来，这个星球仪上标记了近千颗恒星，但编目项目才刚刚开始。全球各地还有数以百计的相关书籍。

在这些书籍中，最有价值的是一本没有标题、看上去也不起眼的手稿，它在来到这个温暖的家以前几乎不被任何人知晓。第谷意识到了该手稿的真正作者，还告诉博学的朋友说，这份手稿尚在人世。第谷为它起了现代流行的名字：《小释》[51]，作者哥白尼。哥白尼的助手雷蒂库斯八年前在流亡途中去世，他把藏书赠予第谷的一位朋友，后者传播了藏在手稿中的智慧。[52]

晚年，第谷逐渐被不断增长的哥白尼神话所淹没，但他此刻更关心时钟。第谷一直在以惊人的速度和费用购置钟表。从一开始，第谷关注的重点便是精确的观测：哪怕在天文学中，时钟对精确观测也不可或缺。天文学家需要用钟表测量月食发生的时间，从而验证自己的预测。此外，因为恒星每天都以正圆轨道转动，所以可以通过测量它们经过天空中某条特定线——子午线的秒钟时刻，从而用钟表的时间来表示其水平坐标。这样做会极大地加快第谷制作星球仪的速度。但时钟最重要的用途并不在天文学方面。乌拉尼堡的工人和汶岛的农夫需要纪律、固定的工作时间表，定时休息、吃饭和睡觉等。第谷多年来一直在寻找最好的钟表，但没有哪块钟表能一直准确计时。事实上，当时甚至没人真正知道时间为何物。耗费时日之后，第谷终于开始接受最初的沮丧想法——不知道此刻具体几点，因为他没有找到足够好的时钟。乌拉尼堡将不得不在没有秒针的情况下运转，工人们必须每天重置时钟。“计时是一项困难的工作，跟其他任何艺术相比，它都会最先陷入混乱。”[53]

抵达乌拉尼堡之后，索菲娅和她的小表妹计划在汶岛过夜。晚上，她俩在外面观察星星直到很晚，忘记了时间，第谷那高大威严的守卫不知道眼前二人的贵族身份，命令她们离开。索菲娅的好哥哥专门以书面的形式向她表达了歉意，并为她仿写了诗句。

小姑娘们渐生疑窦：

"月亮走的是什么路?"
忠实的奴仆把她们拒之门外,
以为行星对她们有害。[54]

这是第谷诗歌写作习惯的开端,这些诗歌有时候出于真挚的情感,但多数时候为了表现得文雅、整齐而显得做作。对索菲娅,第谷会写出他最字斟句酌的诗句。

第谷迎合的可不仅仅是妹妹,尽管妹妹是他的最爱。到了第二年,他雇用了一整个研究团队来负责相关工作。众多年轻的研究生都在为他工作。他甚至还雇用了一两个诗人。

乌拉尼堡汇集了聪颖之人、美丽的景致和具有神秘感的科学,很快就吸引了大量游客,腓特烈国王承诺的与世隔绝也不复存在。第谷复杂家谱中的人数已经太多。1584年,他第四个表弟埃里克·朗厄在其姐姐嫁给第谷的兄弟之后,率领一帮贵族和仆人来乌拉尼堡住了两个星期(贵族之间会像纯种猎犬一样相互联姻,他们有二十种不同的方式建立关系)。第谷和埃里克共进晚餐,把酒言欢。[55]在第谷眼中,比自己年轻八岁的少年埃里克是个"聪明的年轻人",尽管他喜欢胡乱投资。[56]埃里克"为爱而爱",第谷笑着说,"他就住在丘比特的城堡之中",追着姑娘们嬉戏打闹和亲吻。当埃里克请第谷为这种不成熟的心态提点儿意见时,第谷欣然为他写下了说教的诗歌。"清醒时享受欢愉,"他写道,"让天上的星星成为你夜晚的伴侣。”[57]

与埃里克一起旅行的是赖默斯·乌尔苏斯，是一位令人刮目相看的自学者，小时候家境贫困，生活在德国的迪特马尔申，到中年时期已成长为一名科学顾问。同事因为他的姓氏而把他叫作“小熊”，但这个姓氏其实也是他在变得富有的过程中为自己起的。他此前很固执，粗鄙而不合群，但当时没什么人多看他一眼。乌尔苏斯后来向第谷呈递过自己的诗歌，他在诗中感谢“这位伟大的天文学家”好吃好喝地招待自己，并且还打赏钱财给他。乌尔苏斯的落款是“亲密的朋友”。[58]一切看上去都没问题，第谷还没来得及多想，某位著名的客人便来了。

1586年8月12日，索菲娅回到汶岛准备住两个星期[59]，她此行也是为了准备迎接不方便走漏风声的索菲王后，即腓特烈国王的妻子，一同前来的还有王后的父母和几位来自宫廷的布拉赫家族成员。索菲娅妹妹尽职尽责地扮演了第谷妻子基尔斯滕的角色，后者因为出身卑微而被迫带着六个孩子躲在乌拉尼堡不敢露面，以免玷污王室的排场。一个幸福的已婚平民出现在欢迎宴会上，王后永远也无法想象如此堕落的场景。

布拉赫两兄妹都得到了被绘制坐画像这种十足的尊荣。[60]他们的衣着也体现了相应的地位。索菲娅相对差一些，她穿着一件绣丝的黑缎礼服，丰腴的手指上仅戴着一枚戒指。第谷则穿着一件高腰的紧身衣，肩披一件皮毛内衬的天鹅绒披肩。他头上戴着一顶华丽的羽饰贝雷帽。二人在衣裳上又加了许多精美的珠宝，而他们的头在飞边领的衬托下就像是花朵迸发出来的花蕊一样。船队靠岸后，索菲王后便身着盛装出场了。

坐在前往岛心的马车上，第谷惊讶地发现，公爵和公爵夫人与他们身为王后的女儿一样，都对自然艺术很感兴趣。公爵对火焰和炼金术感兴趣。第谷正确地预计，他们抵达后会“直接查看天文仪器，他们知道满屋子都是这些东西”[61]，而第谷也有一大批精心制作的摆件供他们观赏。

两年前，第谷曾托一名助手前往波兰查询哥白尼家乡的具体位置，以核实其在《天体运行论》中从该地点所做观测的准确性。助手不仅带回了正确的纬度，而且还带回了当地一名教士赠予的惊喜礼物。从乌拉尼堡的背面经楼梯向上到达北侧的天文台后，就能看见哥白尼的自画像平静地朝宅邸外面凝视着，[62]哥白尼的老式瞄准仪器（三角仪）就放在旁边。

这个装置已经过时，第谷也从未用过，但他只是想展示一下。这让第谷“非常高兴”，他写道，“因为它让我想起了传说中制作这个仪器的大师，我忍不住马上写了一首歌颂英雄的诗歌”。[63]

我说，准备战斗的哥白尼曾攻击过许多人，这根小小的木棍很容易就成了战斗的武器，又有什么是天才无法做到的呢？[64]

在过去的十年中，第谷曾亲自拜访过《普鲁士星表》的作者伊拉斯谟·赖因霍尔德的儿子，他也是哥白尼主义者，第谷称其为“当代杰出的天文学家”。[65]在他试图超越的哥白尼面前，第谷显得越发黯然失色。

乌拉尼堡南北走向的院墙的角落处，建有一座巨型象限仪，供王室成员在前往餐厅的路上观察。第谷第一次尝试制作大型象限仪，是在大学辍学后游历德国期间，那座象限仪早已毁于风暴，但他从自己的错误中汲取了教训。现在这个象限仪并不是此前那个的简单复制品。新象限仪半径为2米，厚度为5毫米，它更加灵巧和可控，而且看上去也更加庄严。

香料腌制的肉类和蜜酒被从楼下的厨房端到了宴会厅，酒神巴洛克的祝福仪式也在此上演。王后可能给父母讲述过自己上次来岛时得知的迷信故事，即表现自大和乱伦的奥维德式寓言。午宴结束后，地下室的炉子和隐蔽实验室就成了第谷和公爵打发时间的地方。他们可能在这种安静的氛围中讨论了大火和炼金术，直到日暮时分室外顷刻间降下了湿气。[66]

从东门往左走，穿过种有土木香、当归、菖蒲和杏树的异域药草园，然后经过印刷机和人造的、满是鱼群的水塘，就在鸟笼旁边和农场右侧，一小排屋顶像鬼鬼祟祟的土拨鼠一样从地里冒出来。这就是施泰莱堡（Stellaeburg），它是第谷让工人挖掘的第一个地下天文台，用于存放最好的设备。其中的房间小得像牢房，层高三米，第谷还打算让手下在最北边再挖两个隐蔽的地下室。此时的施泰莱堡尚未完工，晚上很阴冷，它最大的作用是向皇室展示其将来会何等辉煌。

皇室成员再次登船，此时距离晚宴还有一个小时，妹妹索菲娅也跟着一起上了船。索菲娅和索菲王后都很年轻，她们的丈夫都很老，第谷则居于其间，此时的他正努力创造一份足以泽被后世的科学遗产。

1588年，托特先生去世了。据不完全统计，损失不是很大。索菲娅·托特和八岁大的孩子继承了一大笔遗产。男孩儿对自负的舅舅很是钦佩。对于众多贵妇而言，这笔遗产是她们永久的立足之本，她们可以继续生活在豪宅中，过着衣食无忧的生活，但冬日树上的白霜也是一年更比一年厚。

第谷写道："她有许多悲伤和忧虑，一个寡妇很容易就能体会到这些，所以她寻求各种不同的办法来缓解。"[67]索菲娅快三十岁了，她开始不由自主地前往汶岛，一个月不止一次。她的哥哥是个学识渊博之人，还有座宏伟的图书馆。于是，索菲娅也决意学习拉丁语——它是学者的标志。

截至当下，第谷已基本完成了乌拉尼堡的所有前期工作。他在巨大的象限仪内壁挂上了一幅壁画以示庆祝，这幅画是第谷托人所画的自画像，画中伟岸的第谷倚靠在椅子上，心中所思唯有星星。这也是他为自己所写的视觉情诗。也许，皇室成员从未见到过它倒是个不错的结局。

地下天文台施泰莱堡也已经竣工。人可经由一个精致的入口进入其中，顶部刻有三头戴有冠冕的狮子，最大一头的爪子上握有帝国权杖。毫不奇怪，石雕上也刻着一首诗。

> 乌拉妮娅从天上俯瞰这座城堡，
> 地下上演着什么奇怪的把戏？她说道。
> 我要下去看看——我要把天上的星星藏起来。[68]

城堡的门厅温暖舒适。已经装好了暖气，这也是难熬冬季的必要设施。屋顶本来是封闭的，但第谷已经装配了一个便捷的设施，只需一个仆人就能将其打开，就像打开滑动的窗户一样，然后随意观测天空。通过这扇窗户，人们可用一个合适的仪器测量星际距离，或者测量某物距离地平线的高度。这些功能正是第谷成熟的六分仪所能实现的。

第谷设计过诸多仪器，六分仪是其中最古老、最没气势但最值得推荐的。这个仪器的形状仅为六分之一圆（因此而得名），比象限仪更便于携带，因此它也被带到了新挖的地下室中。

第谷的六分仪需要两个人共同操作。幸运的是，第谷有一个志向远大的妹妹，如今她有很多空闲时间来协助第谷，况且她此前还是个少女的时候就是第谷的助手。

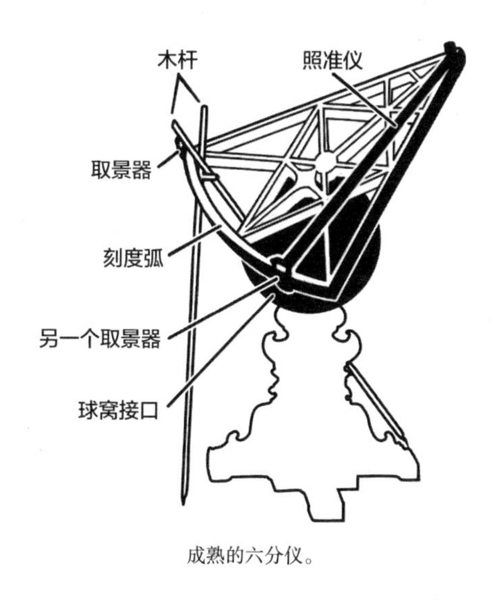

成熟的六分仪。

在球窝装置中旋转六分仪，直到它与两颗星星处于同一平面上，第一颗星星会通过六分仪角落处的取景器，呈现在索菲娅的视野中。然后，通过两根像大提琴尾针一样锐利的杆子，六分仪就能被轻松地固定。接着，第谷会移动一个照准仪（即一个滑动杆），直到第二颗星星出现在照准仪上的取景器中。如果仪器平面松脱了，他们又必须重新调试，但这一次调试很完美。现在，两颗星星之间的角距离就成了两个取景器之间的距离，可从它们之间的刻度弧中读出。

相应的观察结果会记录在一本天文工作日志上，这本日志打开着，放在门厅东侧一张大桌子上，所有人都可以查看其中的数据。这些日志此时的规模已颇为庞大，数据量和严谨程度都超过了此前所有天文学家的记述：它们是一座由大量观测到的经验数据组成的未知山脉。被完全封印成卷的版本可在岛上的图书馆中获取和研究。

门厅西侧是一字排开的六幅著名天文学家画像，另外还有两幅其他人的画像。六位著名天文学家分别是：提莫恰里斯（Timocharis）、希帕恰斯（Hipparchus）、托勒密、巴塔尼（Al-Battani）、阿方索（Alfonso）和哥白尼。倒数第二幅画是第谷本人（他倒也不谦虚），其右侧的画像名为“第谷之子”，这幅神秘画像留给了他想象中的伟大学生。“愿你崇敬你的父亲”，相框下面的铭文写道。[69]第谷是一位极其在乎自己历史地位的人。

他的妹妹也如出一辙。索菲娅早就开始对布拉赫家族的谱系展开了研究，第谷对此印象深刻。在那个时代，家族编年史和家族记忆的维护是女性所能获得的最有尊荣的工作了。这些研究应该清楚地表明了她和埃里克·朗厄的血缘关系，后者自初来汶岛后就跟家族里的这位布拉赫成员保持着密切关系。他对炼金术、炼金术士以及哲人石（据说与炼金术结合能产生黄金）的传说都痴迷不已。为了寻找这种石头，埃里克早就放弃了自己的财产，就好像它们是累赘一样。索菲娅在默默地关注这个英俊而充满激情的贵族。埃里克也在留意索菲娅这位单身母亲，她博爱且有钱，并且想找一位能够接受自己的忠诚之人。

第谷难以置信地发现，索菲娅开始从事医学炼金术，“而且非常成功，她不仅根据朋友和富人们的不同需要来分发药水，而且还会免费送给穷人，双方都能从中获益良多”。[70]4月的一天，她又准备和埃里克在汶岛约会了。时值春季伊始，一位观鸟者在第谷的气象日志上加了一句额外的注释：“云雀的歌声又回来了。”[71]

第谷最后还想改造一下乌拉尼堡的花坛。他前往索菲娅城堡的花园寻找灵感[72]，但这里已经变了样。树上的白霜早已不见了踪影。一切都是绿色，充满了生机。“真是漂亮，”第谷回忆说，“如此景致几乎不可能出现在北方地区；她要为此付出大量艰辛的劳作。”[73]但仅有劳作还不够，尽管也差不多。

对乌拉尼堡时期的索菲娅，我们最后还有一个补充记述。“她富有激情地投入到了占星术之中，这要么是出于她的机智敏锐，从而会不断要求更为艰巨的任务，要么因为她的性别倾向让她思考未来的事情，但其中也不乏迷信的因素。”[74]秉持着高贵的绅士态度和保护妹妹的需要，第谷进一步证明了这种看法。

> 我按照她的要求给了一些指示和引导，但也严肃地警告她不要再去从事占星术的臆测了，因为她不应该投身到那些对女性的智慧而言过于抽象和复杂的主题上。但索菲娅意志坚定且信心满满，从不会在智力问题上向男性低头，结果，她更加积极地投入到占星术的研究之中。看到她如此坚持，我也不再反对，只是建议她保持谦逊。我想，当她最终意识到这些研究是多么困难后就会产生倦怠。而索菲娅猜到我的

想法后——她太聪明了——便给我寄了一封长信[75]，信中清楚而详细地讲述了她取得的进展，她要证明自己能够胜任这项科学研究。

1596年，第谷正忙着准备出版自己和学界同行书信集这种面子工程时，再次发现了索菲娅的这封长信。“她如果知道我把这封信也加入书信集，一定会很高兴。”第谷心想，但社会对女性学者还设置了很多的禁忌。问题不仅在于这封信会冒犯读者，而且在于他们不会相信这封信是真的。“我不相信这封信真会引起不满，”第谷傲慢地说道，“没人会奇怪。……忽略常人的偏见。我知道我妹妹的真实水平，我对她特别了解。”

荆棘路上的宝藏

乌拉尼堡达到其辉煌的顶峰时，第谷也进入到科学生涯最成功的阶段。他会在这个阶段有众多新的发现，尽管也会犯下同样多的错误。

1577年底，标志着第谷科学事业顶峰的最初迹象出现了，此时他的宅邸正在建设之中。第谷在假期乘船前往汶岛检查宅邸的建设情况。11月10日左右，他和佣工正在一处新开掘的池塘旁拖网捕鱼准备晚餐。夕阳西下，小岛笼罩在金色的余晖之中。第谷写道，思绪在湿漉漉的笨重渔网间游走，“我努力地抬起头来，也许，这种寻常的宁静夜晚就适合天文观测。说干就干，我突然就发现了一颗新星”。[76]第谷又仔细瞧了瞧。这颗新星并不像1572年那颗那样陌生。正如众人所言，这颗星“头上拖着一绺卷发。它是一颗彗星”。[77]这一刻第谷等了五年，这是另外一种需要做出比较、测量和讨论的新现象。

所有的天文学家都说，彗星是视差造成的。如果彗星的视差将其置于月球之上，那么亚里士多德关于天体不变的哲学便会再次遭遇致命打击，但相对于1572年那颗静止的星星来说，确定移动的彗星的视差要困难许多。“粗鄙而无知的说法已不胫而走”[78]，第谷写道。很多人的报道都是错的，但第谷知道彗星就在天上，并且一心想把这个现象搞清楚。在彗星消失后的第二年，哪怕其他所有人都忘了这件事，但第谷仍在继续收集相关文献。整整十年后，他那厚厚的三卷本研究著作《论以太世界》才得以出版。[79]在此期间，第谷一直很低调，但现在他却像彗星那般呼啸而至。

《论以太世界》是一本权威的学术著作。在该书长达两百页的第二部分里，第谷对所能找到的关于这颗彗星的说法（他最喜爱好友梅斯特林的相关文章[80]）都做了生动的解释；这种同行评议的做法在科学界前所未见。没有哪个天文学家拥有像第谷那样宏大的图书馆和精良的仪器，因此也没人能威胁到他作为裁判、陪审团和惩罚者的地位。第谷成为领袖型天文学家并非凭借出众的才华，而是通过努力工作、持续阅读、财富自由和强制奴役数百名农民而实现的。

全书最重要的部分尴尬地夹杂在他对其他观点的评论，以及对这颗彗星的冗长讨论之间。“第八章，”第谷写道，“彗星安息之所的发现，以及解释其显而易见的运动的假设体系。”

这一章仅有短短的15页，但多年间，它一直在等待出版的时机。1574年，当第谷还在哥本哈根大学进行客座演讲时，他曾介绍过哥白尼系统，并且嘲讽它能够“适应静止的地球”。[81]转眼间到了1588年，第谷制作了一幅版画，并将其命名为“世界的新体系！鄙人近期之作，它阻止了老朽托勒密的极端和难堪，也防止了近期哥白尼有关地球运动的说法在物理上造成的荒谬，这个新体系最适合目前观测到的天体运动”。[82]第谷并不想追随哥白尼或托勒密，他渴望凭借一己之力和自己的体系而闻名。

第谷的体系是一种地–日中心模型（geoheliocentric）[83]，看上去像是一个嵌合体怪物。跟托勒密一样，第谷也认为地球是不动的。但他也同意哥白尼，并认为所有其他的行星都绕太阳旋转——但第谷的不同之处在于，他认为其他行星绕太阳转的同时，太阳也在围绕不动的地球转动。

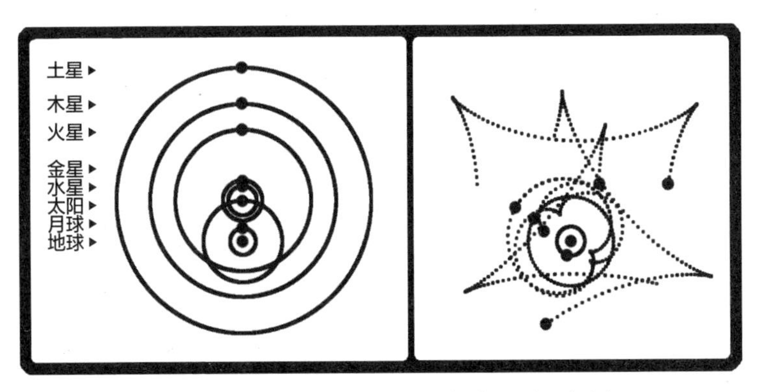

第谷模型。注意图中重叠的太阳和火星轨道，以及地球不动、太阳绕地球的转动、其他行星绕太阳的运动都是如何实现的。

从数学上讲，第谷的这个模型跟哥白尼体系一样复杂，但也仅此而已。实际上，这两个体系可以通过固定恒星的视差加以区分，但如果排除这些细节，二者实质上是等价的。如果从某种全景视图的角度拍摄哥白尼体系，其中心会是太阳。类似地，直接把视野中心重新定位在移动的地球上，我们也能得出第谷的体系，[84]后者并没有显得更加深刻。

第谷的世界体系错得非常离谱，但从技术上讲，哥白尼的体系假设行星运动轨迹为正圆也是错的。谬误能让人通往真理，也能让人一错再错。当第谷沉思自己这个错误的世界体系时，他也领会到一些事实：在过去五年相继出现的新星和彗星的重创下，亚里士多德的形而上学必须被抛弃了。

亚里士多德和托勒密认为，行星的轨道位于巨大、透明、中空且不断旋转的球体表面，这些球体不能相交。这种观点是对宇宙的狂野想象，却被广泛接受，无论第谷如何设计它的系统，他都无法阻止火星、金星和水星的轨道与太阳轨道相交。一开始，违背亚里士多德的理论让第谷感到难过。“我无法让自己接受这种荒谬的结论，”他写道，“因此，有那么一段时间，我对自己的发现持怀疑态度。”[85]多年后，他变得更加自信了。天球也成了“不真实的”和“想象的”了，“天球并不真的存在于天空”[86]，第谷写道。去掉这些形而上的天球后，行星的轨道甚至可以变成卵形！[87]第谷对伟大的渴望就像磁铁一样拽着他往前走，把他从毫无主见的服从引向了稍微清醒一点的自恋。

第谷在创建自己的理论方面是如此的紧张和疑虑，甚至他曾在多年时间里不断强化自己的信念。为了这份信心，他需要把哥白尼和托勒密提出的两大理论统统抛弃。

第谷拒绝哥白尼的一些理由显得司空见惯。在挑战亚里士多德形而上学的过程中，第谷仍旧紧紧立足于亚里士多德的物理学。尽管他认为哥白尼是“托勒密第二”，但同时又认为哥白尼体系“违背了物理学原理”[88]而将其抛弃。第谷并不是物理学家，也从未详细分析过这些原理。但至少，他对哥白尼的尊重让他少了些人云亦云的批判。

虽然哥白尼错误地提出了地球的第三种运动，即地球自转轴会出现不均匀的变化，但他也指出，“自己对这种现象的错误看法是古人错误观测的结果”。[89]第谷的说法没错：就观察而论，他更有发言权，连古人也不及。但他却完全拒绝哥白尼体系，这就大错特错了。

但令人惊讶的是，第谷不赞同哥白尼最重要的理由来自观测。他反复在恒星中寻找视差，但毫无发现；[90]再结合中世纪的人们对天球大小和比例的认识，就构成了反对哥白尼体系的极为连贯的论据。然而，没有任何观测证据能够超越火星悖论。

第谷意识到，哥白尼体系和托勒密体系之间的差异可通过经验来验证。在哥白尼体系中，火星比太阳更接近地球。这意味着，如果哥白尼体系为真，则冬季日落时分出现的火星所显示的视差比太阳的更大。

这个基础性的实际验证充满了错误，甚至可称得上是一出错误迭出的荒诞喜剧。第谷盲目地认为，古人测得的太阳视差为3弧分（超出实际值20倍以上）。与此同时，他又预计火星的视差至少也是这个数值，但实际上不及1弧分——这个数值已经超出了第谷测量的极限。这种情况就像是一个没戴眼镜的近视眼在50码（约45.72米）开外读一本书一般。

因为这些失误，第谷的计划的完整性受到影响，但事情的真相对第谷而言却很致命。他写道："我从1582年年底到1583年年初日落时分观测的火星视差得出，目前还没有证据表明地球会做年度圆周运动。"[91]

抛弃哥白尼的学说之后，这场闹剧的第二幕则是第谷对托勒密理论的拒绝。他的多数论证其实跟哥白尼此前的一致（托勒密的偏心匀速点的非匀速运动是"与第一原理相悖的罪孽"）[92]，但不可否认，第谷的主要实验证据依旧是火星的运动。因为在提出自己的世界体系后，第谷意识到，自己的模型中的火星也可能比太阳更靠近地球，这一点跟哥白尼体系一致。如果第谷要接受自己的理论，那他就必须面临自相矛盾的处境。在其几年后的作品记述中，第谷也的确是这样做的。

通过细致而精确的观测——尤其是1582年的观测——我

曾思考过火星冲日时与地球的距离比太阳跟地球的距离近些，基于这种理由，长期盛行的托勒密体系就会站不住脚。[93]

时间的流逝让一切都乱了套。第谷经常讲出这种模棱两可甚至自相矛盾的话，他自己也开始相信，其中暗含对哥白尼和托勒密的双重拒绝了。人类的心灵中的确可能出现这种情况，但历史却总会找到方向。

吸管在空气、玻璃和水等不同介质内
会发生折射现象。

直到1582年之后，第谷才通过折射，即光线的弯曲现象重新解释了他在那个具有决定性意义的一年中的成果。在进入天文学家眼睛的过程中，星光会经过不同的传播媒介，而大气这种媒介的性质很不稳定。当来自恒星或行星的光以某个角度穿透大气层时（比如日落的时候），光线也会发生相应的形变。第谷是在思考哥白尼的某个错误时发现这种效应的[94]，他也因此加入欧洲最早订正折射率表的行列。第一批这样做的人犯下了一个又一个错误，算上第谷此前在太阳视差上犯的错误，当这些数据用于观测火星时，这些人可能会自行纠正错误，也可能混淆这些错误。在1582年的陈旧结果中，他们为火星创造了一个前所未见的视差。第谷真的会经常颠倒正误！

第谷对新天文学的最大贡献并不在理论方面，尽管他在这方面殊为用功，也希望能做出自己的贡献。他的贡献在于诸多的观测活动，这些观测结果尘封在图书馆的书架上，学生们捧起了这些观测记录，然后在施泰莱堡的桌子上翻阅。与其他许多人一样，第谷最后对自我误解的反省可能一直停留在内心的某个地方。因为就在乌拉尼堡不易察觉的地表之下，施泰莱堡大厅的天花板上画着第谷系统的绘画。人物肖像画“第谷之子”左侧的画中，第谷手指着天花板上的第谷系统，画像底部刻有试探性询问的文字：

真是这样吗？[95]

暴发户

1588年，看到《论以太世界》在自己的印刷厂印好之后，第谷感到十分开心。这是他的《序曲》中的第一个音符，但因为之后的双重悲剧而黯淡了不少。

先是第谷某种意义上的父亲、朋友，金融家腓特烈国王的去世。根据国王的葬礼悼词，他死于“酒精中毒”。他那宽大的棺材上盖着黑色的天鹅绒被[96]，这是极为尊贵的标志。国王十一岁的儿子克里斯蒂安登上了王位，这位少年登基的国王曾长期受到议会的支持，议会中又多是第谷的亲戚和支持者。[97]男孩儿长大并正式登基后，第谷用占星术预测他会像父亲一样开朗大方，并且也可能“酗酒、奢侈和毫无节制”。[98]

第二个悲剧则惨烈得多。第谷私底下辗转从朋友的朋友处得知，自己的行星模型已经被别人先行提出了。

第谷的想法被剽窃了吗？这个想法压根儿不属于他了吗？这种说法不可接受！

一番紧锣密鼓的搜寻便锁定了这个竞争的作者，或者说邪恶的小偷：此人正是赖默斯·乌尔苏斯（“小熊”），他四年前曾与第谷和朗厄共同生活过。乌尔苏斯发表了自己的世界体系，而这个体系与第谷1584年的原版颇为相似。

顷刻间，第谷所有的同伴和仆人都回想起了大量关于“小熊”的丑恶事迹。但第谷本人的回忆最能说明问题。

多年前，那头来自迪特马尔申（Dithmarschen）的“熊”来过我这里，同行的还有我最亲爱的朋友埃里克·朗厄，他当时是朗厄的下手。在他们停留的十四天里，埃里克跟我相处融洽，他带来的其他仆人和贵族同样如此。埃里克不理睬其他人，专门来找我讨论哲学问题。（因为他懂得并热爱人文科学，尤其喜欢我们的乌拉妮娅——因为我们也用这个名字称呼我那年纪轻轻便成了寡妇的妹妹索菲娅，埃里克也习惯用这个名字称呼她了，只要她不反对，但你要知道，这意味着埃里克也喜欢乌拉妮娅，并且想使出浑身解数娶她为妻。）于是我说，埃里克现在已经厌倦了酒神巴克斯的酒，我们希望回到乌拉尼堡。他开始寻找其他的理由，看看能不能避免哥白尼提出的“地球在动”这个观点的荒谬性，这个观点仍旧可以避免托勒密体系的繁复和不一致，从而让天上的景致变得干净且完全令人满意。

> 因为他深深地懂得，我在为一件伟大的事情奋斗，时不时也听见我谈起这个或那个理由都跟事实不一致，这些理由只是出于可能和方便。然而，埃里克的盘根问底让我不悦，这是我习惯的被剽窃。因此，回想起来，我会注意到站在桌子旁边、侍者中间的迪特马尔申人。因为他在我和埃里克后来的对话过程中无耻地张大嘴巴望着。[99]

醉醺醺的第谷拿出一支粉笔，用一块精致的绿色桌布当黑板，在上面画出了他的第谷世界体系。每次给朗厄画新图之前，他都要抹去旧图，于是，没有哪个靠不住的人能够剽窃这些价值连城和绝对真实的猜想。他现在写道，自己当初太不小心了，把自己的“诗作”暴露在了“劣等诗人”乌尔苏斯面前。朗厄以前的秘书后来说，乌尔苏斯曾潜入图书馆搜寻被扔掉的图纸，就像个“魔怔的疯子”。[100]

很快，第谷甚至拒绝在正式场合提及“那头熊”的名字。乌尔苏斯成了个集各种特点于一身的滑稽小丑：他是个傻瓜、幻想家、蠢驴和恶棍。[101]但这些都是诽谤。乌尔苏斯是一位专业的语言学家和天文学家，曾把哥白尼的《天体运行论》译成德语。[102]他靠着一身才能摆脱了贫困，从未在哪个纨绔子弟面前败下阵来。乌尔苏斯小时候是个跟猪生活在一起的猪倌。但第谷并不是唯一一个会泼脏水的人。

乌尔苏斯挥着双臂跑了出去，他公开宣称，第谷在繁星点点的夜晚用他那可拆卸的鼻子作为取景器，还说第谷八个孩子的母亲——“厨娘”基尔斯滕赤身裸体地陪在“一群喝醉的男人”中间。[103]接着，更糟糕的是，乌尔苏斯承认自己有罪。“说是盗窃就是盗窃吧，”他写道，“但这是知识分子的事。下次记得更好地保护你的财产。”[104]

自1582年起，第谷便向人们暗示他已经证明了自己的体系，但这只是挑衅。他迫切需要抢占这个体系的源头，以表明自己是首创者，同时也是为了证明这个体系仅属于自己。不仅乌尔苏斯，当时整个欧洲有数十乃至上百个假模假式的天文学家都试图在这个新的中间派天文学路线中崭露头角，他们不断地寻找既能容纳哥白尼的创新，同时又能保存托勒密关于地球不动的“常识”的办法。通过一个在社会精英阶层中高度隐秘的信息传递网络，这些人共享和获取相关信息，而家境贫寒的乌尔苏斯基本上与这个网络无缘。在这种情况下，他称自己的发现为“盗窃”，无异于是对尖锐的阶级斗争的表演性说辞：劫富济贫！

尽管不愿承认，但若没有众多助手的工作和协助，第谷也没法完成自己的体系，但他更多的是借鉴而非剽窃别人的劳动果实，只不过他总是自命不凡。乌尔苏斯原本生活贫苦，但凭借所谓的剽窃行为，他在布拉格谋得了皇家数学家（原文如此，后文同——编者注）的职位。第谷则变得更加激愤，他愤怒地写下了下面这段话：

如果他不在那本充满错误的可耻著作中以最粗俗不堪的笔调愤怒而无礼地侮辱我的尊严和声誉，以及连带中伤我的国家、祖先和我那最让人骄傲的宅邸，局面可能不会走到如此地步。他的诽谤无所不用其极，还无耻地把包含这些内容的作品传递给大众，与此同时又在序言中承认……[105]

更加残酷的讽刺在于，如果不是因为第谷悲愤地担忧自己的地位受损，如今也没人会谈起赖默斯·乌尔苏斯。第谷当时已经被恐惧冲昏了头脑。

与过去作别

1596年8月，国王克里斯蒂安四世已年满十九岁，二十位此前以他的名义摄政的丹麦议员簇拥着把王冠戴在了他那稚嫩的头上。接下来的狂欢和庆祝活动持续了整整一周，第谷也出席了。宫廷就是个迷人的酒馆，觥筹交错之间夹杂着嘈杂和喧闹。

第谷心满意足地回到汶岛，丝毫没有察觉命运会急转直下。他已经在汶岛从事天文学研究和观测近二十年了。一个月之后，他得知克里斯蒂安国王废除了自己最偏爱的封地，同时还取消了流入乌拉尼堡的大量资金支持。第谷还没回过神来，新国王便终止了他的年度薪金。第谷接受的超额资助就这样变成了涓涓细流。

第谷很是震惊。他这辈子还从未遇到过如此的变故，如今，这位甚至不了解他的男孩儿毫不迟疑地让他一生的心血都付诸东流。“天文学一直是国王的荣誉所系，”他向克里斯蒂安的经济顾问恳求道，“尊贵的大人，我请求您向我们的国王进一言。[106]请他恢复我此前被剥夺的封地吧。”一个冷漠的声音回答说，国王对此“毫无兴趣”。[107]

克里斯蒂安想要成为一位专制君主。他信奉节俭，当然，除了自己的开销以外。他会故意疏远王公贵族以巩固自己的权力。他拿第谷·布拉赫开刀是最好的办法，因为这位贵族不怎么讨大家喜欢，且总是做些对王权无用的事情。第谷不仅被剥夺了俸禄，荣誉也被一并取消。

宫里有传言说第谷的行为举止“不合礼数”，即他以非基督教的方式行事。他的所作所为玷污了自己的名声：反复蔑视政府，以粗鄙的方式对待农民，以及跟贱妻一起生活，等等。短短一个月里，第谷从青年时期就埋藏在心中近三十年的疏离感再次涌上心头。

次年年初，乌拉尼堡的实验室发生了火灾；而在接下来的一个月里，过冬的房间里再次发生火灾。[108]第谷匆忙完成了最后223颗恒星的标记工作，他那宏大的星球仪工程也最终完成。1597年3月3日，他在岛上最后一次见到了妹妹索菲娅。妹妹肯定知道他的打算；但她感到有些身体不适。就在接下来的3月15日，第谷记录了自己在汶岛的最后一次观测活动。接下来的一周时间里，他那十五年中从未间断过的气象记录也没有更新。而象征着永恒荣耀的镀金飞马风向标，则孤零零地飘荡在人去楼空的乌拉尼堡的塔顶上。

第谷青春期的忧虑化作现实。他是个格格不入的人。

克里斯蒂安国王并未认真思考过自己的所作所为。他很高兴汶岛加入自己的私人领地之列——作为一个岛屿，这是他偏爱的财产。克里斯蒂安喜欢航行。从小开始，他就喜欢每天在城堡外的湖中划船。这也是他避免被人知道自己在夜里与妓女厮混的最好办法。克里斯蒂安的头发随风飘荡。他是一国之主，可以恣意妄为。

外面的世界

第二天，太阳照常从汶岛上空升起。春天来了，戴胜鸟还停留在悬崖上的巢穴里。[109]空气中充满了咸腥的味道，潮水轻拍着海岸。汶岛上的人们朝田间地头望去，他们多年前的自由生活又回来了，因为他们的领主消失了。

刚离开乌拉尼堡，第谷就开始哀号自己失去的东西。他纠缠国王克里斯蒂安，寄去最后一封长信，信中的语气谦恭但意思傲慢。克里斯蒂安对此进行了报复。两人遂形成了不和谐的对立关系。

第谷：我被剥夺了本该用来继续研究的东西……随之而来的还有很多别的遭遇，尽管（我认为）我并无过错。

克里斯蒂安：所以你觉得突然发生在你身上的变故并不是因为你的过错？

第谷：如果能继续在丹麦工作，我也不会拒绝。

克里斯蒂安：如果你想成为一名数学家，就按照要求做。那样的话，你首先应该做出自己的贡献，并且以仆人的身份询问自己该做些什么。

第谷：我绝不是因为负气才拖家带口离开故土、离开亲人朋友，况且我已经年过半百。

克里斯蒂安：你说出这个理由也不脸红……就好像你跟我们平起平坐一样。[110]

上述所有这些尖酸的言辞在无尽的封建礼节中隐约可见。双方的自尊心让他们无法相互理解。克里斯蒂安认为自己君权神授，可以超越常人的判断；[111]第谷认为科学的内在价值值得额外的金钱、宅邸和私人岛屿的投入。他在德国闲逛到就快迷失之际，仍旧一如既往地在诗歌中寻求慰藉。

丹麦，我何辜之有？我如何就得罪了您，我的祖国？
您可能认为我闯了祸，
但名扬海外也是错？
丹麦没什么人认可我的工作，
他们评价说艰深晦涩。
我让很多人见到了人生最大的秘密。
我把家里的东西和食物给了他们。

诸神在上！他们却要因为这个把我赶走！

但往好处想，虽然遭到驱逐，但我的翅膀啊，

终获自由。丹麦反成流放之地……

祝你们好运！[112]

全诗超过一百行，正好夹在第谷的天文日志的正中间。他的哀歌是情感的流露，但还不足以彻底治愈他的伤痛。他仍旧觉得有必要把这首诗送给丹麦的老友，但克里斯蒂安很快就看到了这首诗，并且再也不会在乎他的处境了。然而，这足以让第谷开始谋划未来了。

第谷看了看身边的亲人，顺便清点了家当。妻子和孩子总会在他身边，有些孩子已经到了婚配的年纪，还有几个成了他最得力的助手，另有一班必须跟随他的仆人，以及他们从汶岛取出的各种物件：他的日志、化整为零的仪器，以及印刷机的部件。

当然，第谷也学会了如何恰当地迎合贵族的情感。部分原因在于他需要寻求资助——尽管他在德国万德斯贝克（Wandsbek）的老朋友已承诺提供住处，但跟此前他习惯了的豪宅相比还是差了很多。经过多方了解，他最终看上了神圣罗马帝国皇帝鲁道夫二世的皇家宫廷，此人拥有无法估量的财富，且颇具收藏家的品位。跟第谷差不多，鲁道夫也很奇特：他对皇室血统持神秘主义

态度，甚至还尝试过炼金术。他答应了第谷的要求。更有意思的是，皇家天文学家的职位现在由第谷的宿敌——赖默斯·乌尔苏斯担任，他那土气的言谈举止不合贵族的品位。此时最能让第谷开心的事情便是取而代之。

第谷向鲁道夫敬献了一本自己的新书[113]，书名为《复兴天文学的仪器》（*Instruments for a Restered Astronomy*）[114]，书中有很多此前制作的铜板蚀刻插图。这本书是一份技术报告，里面密密麻麻全是带标签的图表，书中还详细阐述了第谷几十年来的研究成果，但这部独特的作品却充满了流离失所的辛酸。书中包含一张非常详尽的乌拉尼堡地图，甚至还包括了那里的桌子和雕像，尽管第谷发誓永不再回去。“抱着坚定而决绝的心态”，第谷结束了自己对巨型浑天仪的描述[115]，“我们应该坚信，有天就有地，对努力奋斗的人来说，任何地方都是他的祖国”。[116]

第谷很快得到确认，准备前往布拉格面见国王鲁道夫。他向国王呈献了亲笔签名的新书，国王非常高兴，但没有得到自己最想要的书。第谷的《序曲》的下一卷，即《天文学剧场》尚未完成，因为他最新的研究计划和最后的难题——月球理论——尚未得到解决。

第谷的思虑不仅关乎国王和王后。他也担心自己的家庭：第谷知道自己已命不久矣。他会担心孩子的未来，他们在丹麦已经没有财产，这种忧虑与日俱增。第谷也担心自己的助手。这是他有生以来第一次体会到贫困的滋味，他还发现，没了安身之所，连友情都难以维系。

索菲娅安慰他说："妹妹这里永远是你的家。"[117]真是尴尬。她此前从来不用给哥哥写信。哥哥之前一直都在那里，一步之遥。"很久没有你的消息，我听说你已经在布拉格安顿下来了。于是，我心怀喜乐，向上帝祈祷：你会好起来，得享安宁；你会找到欣赏你的人，能够继续研究，享受美好。"妹妹还谈到了他们的家人、她的花园、她的儿子，以及她的追求者埃里克·朗厄（或者叫"泰坦"，这是索菲娅对朗厄的爱称），他已经让索菲娅卷入到自己的金钱问题之中。索菲娅也是唯一一个提到第谷之妻基尔斯滕的人，她向所有人致以最美好的祝愿，直到"我没什么要对你说的，我亲爱的哥哥"。随后，乌拉妮娅再次消失。

第谷的不幸首先在于，他以私人的名义向以前的几个老帮手去了信，请求他们重新入伙，但其中好几个都拒绝了。[118]更可悲的是，一封寄给第谷的信甚至寄到了汶岛的空宅，然后，这封信又在德国转悠了三个月，最后在通往布拉格的路上和他相遇。

这是一封来自陌生人的信件。正是这些新奇的意外时刻让中世纪的文人们感到高兴，第谷现在对他们几乎言无不尽，甚至完全取代了这些人对他的描述——我们来思考下别的东西——先是这封信，然后是这个人，最后是作品。

陌生人的来信

致：最为尊贵而伟大的先生，

丹麦勋爵第谷·布拉赫，

最重要的数学家。

亲启。[119]

尊敬的阁下：

最伟大的人啊，您不仅是我们这个时代的数学之王，更是永远的数学王者，这一切皆因您无可比拟的教诲，您的判断最为卓越。如果我在天体大小方面细枝末节的研究（题目为《宇宙的奥秘》）为人所知且受到褒扬，我就是露怯了，因此，我希望自己的胡思乱想先获得您的评判和认可。也正是这个理由，让我这个默默无闻的陌生人来到位于德国的这个陌生角落，我寄出这封信，乞求您看在我对真理的无限热爱的基础上抽空一读，您的名声表明您也会如此：您可能会带着真诚和仁慈来看待眼前的作品，从而解开我的疑惑，然后在一封简短的信件中表明您的态度。啊，我真开心，梅斯特林和第谷都看到了我的作品。有这两个伟人的支持，我将毫不动摇地以坚定回应此前的各种批评。但如果我并未从您这里获得什么支持，那我多年的努力就只是软弱和愚蠢，我愿意记下这样的评价。或者，我是否会再次喜欢这种来自整个世界的驳斥，而不是赞同（如果是的话）？我坚定地支持您此前考虑过的模型，所以才毫不迟疑地呈递自己的作品。因此，在这方面的交流困难不应阻止您向我反馈意见。然而，我们从来没能见过您的任何作品。我是从梅斯特林那里了解到您的。因此，在您看到自己名字出现的地方，如果您认为我不公正地对待了您和您的假设，还望见谅。我对您的崇敬让我不敢多言。请您随便回复点儿什么，为我挣扎的思绪指条明路吧：因为您会让我向您证明，我更爱学习胜过赞美。尊敬的前辈，再见了，我的研究期待您热忱的推荐！

1597年12月13日

约翰内斯·开普勒硕士

格拉茨（Graz）学校的数学家

于宽敞明亮的施蒂里亚（Styria）家中

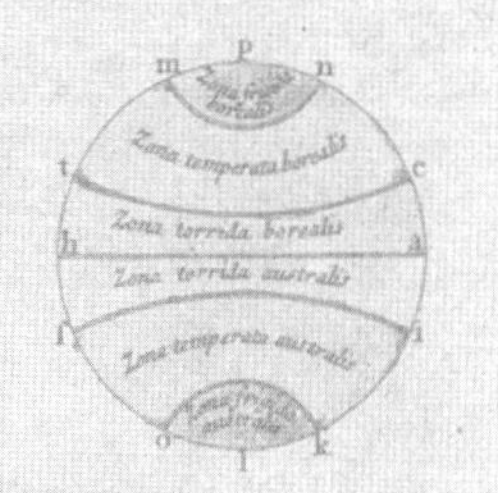

约翰内斯·开普勒

伟大的会面和伟大的作品

剧中人物

第谷·布拉赫	天文学家，他的同事
迈克尔·梅斯特林	他的导师、笔友和好朋友
弗朗茨·腾纳格尔（Franz Tengnagel）	官僚，第谷的雇员
芭芭拉·穆勒（Barbara Muller）	他的妻子
尼古劳斯·赖默斯·乌尔苏斯（“小熊”）	名人和皇家天文学家
神圣罗马帝国皇帝鲁道夫二世	波希米亚国王
克里斯蒂安·隆戈蒙塔努斯（Christian Longomontanus）	他的勤奋的朋友，第谷的雇员
焦尔达诺·布鲁诺（Giordano Bruno）	意大利神秘主义者和多明我会修士
伽利略·加利莱伊	他不常交流的笔友
伊丽莎白·布拉赫（Elisabeth Brahe）	第谷的女儿

主要作品

《宇宙的奥秘》(*The Secret of the Universe*)、《天文学中的光学》(*The Optical Part of Astronomy*)、《新天文学》(*New Astronomy*)、《世界的和谐》(*The Harmony of the World*)、《鲁道夫星表》(Rudolphine Tables)

本节涉及年代

1571—1611

父亲、儿子和鬼魂

约翰内斯·开普勒的眼睛有些散光。他能看见东西，但看不清。当然，他完全知道这个情况。“我不止一次地痛苦反省，想找出原因，”他写道，“但没用。”[1]多年的努力之后，他终于发现自己的散光可能得到改善。开普勒的想法跟眼镜有关，因为他每次观测天体的时候都戴着一副凸面双焦眼镜。[2]

寻找真相是件困难的事，而要寻找开普勒的抱负中包罗万象的真相尤其困难。他找寻的不仅是方程式，而且是它们在概念上的一致性；不是音乐，而是和谐；不是艺术，而是光的本性。仅仅凭借自己的推理能力，过往哲学家们就对这些事情做过很多或对或错的预言。开普勒的思维方式与他们也很类似，他本可以加入其行列，但他没有。是什么抑制了他的理论倾向？

新教改革派在全国各地发起运动，他们打碎了教堂中举行天主教礼拜的理想祭坛画，而开普勒年轻的时候原本会经常光顾这些教堂。纯粹象征性的宗教艺术的漫长历史逐渐分化成一种可怕而特别德国化的风格。[3]十字架上的耶稣，歪曲的建筑，长着坏疽的双脚，散落的肋骨，扭曲的手指直指阴郁的天空——如此恐怖的景象首先在附近修道院的雕塑中被发现。[4]上帝的沉思被他创造的残酷现实中最残酷的一面放大了。

1572年新年的四天前，约翰内斯·开普勒呱呱坠地，当时的他就是丑陋、血糊糊和病恹恹的一坨肉。

后来开普勒一直疾病缠身，但疾病在十六世纪几乎伴随着所有人。作为两位年轻父母的第一个孩子，开普勒从他们的结婚日期推断自己早产了两个月，这个缺陷进一步佐证了他体质的羸弱。[5]然而，考虑到开普勒的出身，他的出现其实是父母婚姻的原因，而非相反。[6]

“她是个身材矮小、机智、吝啬、黝黑、脾气暴躁的人，”开普勒在回忆母亲时写道，“不幸的灵魂。”[7]但开普勒承认，无论母亲怎样，都对他至关重要：“我的肉身来自母亲。这个身体更适合学习，而不适合过别的生活……母亲的想象力赋予胎儿很多东西。”[8]她在怀孕期间研究过草药，也干过今天听起来像是“光魔法”（light magic）一类的事情。对于女性，开普勒总是比较敏感——如果不是同情的话。

他的父亲没有这种意识。“母亲被粗暴地对待，”开普勒接着写道，“无法忍受她丈夫毫无人性的对待。”[9]虽然从严格意义上讲，开普勒的姓氏表明他家是路德派中的小贵族，但父亲一直在尽自己的最大努力把这件事搞砸。他赌光了家里的财产，也曾在军队谋差事，但总是无法在一个工作上坚持下去。来回折腾多年后，有一天他突然永远地消失了——真是个幽灵。“罪恶、固执、顽固，”开普勒回忆说，“他毁掉了一切。”[10]

于是，我们也不奇怪一个被父亲强迫到地里干活，因疮病几乎失明的聪明而孱弱的年轻人，开始反省。奇怪的是开普勒从未停止思考。他开玩笑地提到了性腺和手淫。开普勒坦率地描写了自己的各种疾病。他诚实地面对自己，偶尔也用第三人称写作。

> 很小的时候，开普勒就开始用诗歌的方式推理。他尝试写过剧本，背诵过《圣经》中最长的诗篇。开普勒还从马丁·克鲁修斯（Martin Crusius）的拉丁语法示例中感受到震撼心灵的力量。他主要专注于写作离合诗、白描诗和回文诗，后来，出于对这些诗体的蔑视，开普勒恢复了自己的判断力，并尝试了写作不同种类和难度的抒情诗。他写过品达风格（Pindaric）的颂歌集，还写过酒神赞歌。[11]开普勒倾心的主题不同寻常：宁静的太阳、流水的源头、云遮雾罩的阿特拉斯山脉等。他喜欢谜语，总是想找出最辛辣的讽刺，他用寓言自娱自乐，追求极致的细节，并用精致的方式加以呈现。在模仿时，开普勒基本上会努力保留每一个词，并将它们融入自己的文本里。他会在

谜语中制造悖论让人开心：高卢语应该是希腊人的前兆，文学研究则是德国衰亡的标志。他有不同意见时，也会直抒胸臆。考虑到开普勒的记录和发现，我们总能在他那堪称模范的精神世界中找到新的东西。他最喜欢数学。在哲学方面，他读的是亚里士多德，但对其《物理学》持保留态度。[12]

信奉路德宗的导师都具有现代思想，且有些民粹倾向，他们会尽最大努力提升才能——无论所处阶层如何。开普勒先是获得了一项声望很高的奖学金；他的手脚都因为生疮而溃烂了。后来通过了中学会考并升入大学；一位老玩伴喝醉酒之后打了他。就在他的父亲最后一次离家出走那一年，他进入到图宾根神学院，这是一所发展势头不错的城市神学院，离他家大概几百千米。开普勒已经准备好了，而他当时就学的毛尔布龙（Maulbronn）神学院也很快会成为回忆。

其他的回忆在毛尔布龙神学院大厅里游荡。不到一个世纪以前，神秘主义者浮士德博士（Dr. Faust）——他的名也叫约翰内斯——据说住在南塔。[13]传说他为了知识而把灵魂出卖给了魔鬼。浮士德留下的不过是让艺术家按照自己的意愿打扮的传说。莎士比亚（Shakespeare）的同胞克里斯托弗·马洛（Christopher Marlowe）在其作品《浮士德博士的悲剧》中把浮士德重新塑造成了关于人类傲慢的道德寓言。“浮士德死了，”1598年，天主教教徒马洛在开普勒新式路德派寄宿学校写道，“用他所受到的天谴来警惕自己吧，聪明人会从他的厄运得到这样的教训：对于无法无天的把戏只可从旁观赏。”

这样的说法导致了宗教与科学的分裂，但开普勒曾三次与这个主题擦肩而过。在他身上，好奇和相关的研究都是信念的产物。在还是个孩子的时候，如果因为太困而忘记了晚祷，他就会强迫自己早起并弥补过错。而在面对更严重的过错时，他就会背诵记忆中最喜欢的布道辞。[14]他的整个青年时期充满了不幸，但也都献给了宗教。

因此，开普勒从小就决定要成为神学家。

他在图宾根的多数时间都是在接受严苛的学术训练，但小男孩儿也必须有自己的娱乐活动。因为性格和形体的原因[15]，十九岁时，开普勒被挑选进入一个小型冬季剧场中扮演美丽的忏悔者抹大拉的玛利亚（Mary Magdalene）。[16]这自然会加重他的疮病；小男孩儿总也免不了病痛困扰。尽管生病，甚至是出于这个原因，开普勒一直都会回想起自己在这场“喜剧”中扮演的角色。

马洛的悲剧倒是没有这种对立：它以真实的堕落收场。在与魔鬼默菲斯托菲里斯（Mephistophilis）讨价还价的过程中，浮士德与之订立了二十四年的服务约定，默菲斯托菲里斯的名字来自古希腊语的“恨光者”一词。当浮士德要求默菲斯托菲里斯“论证神圣的星相学”时，小恶魔结合时代背景讲述了托勒密的故事。

被迫放弃研习《圣经》后，开普勒吃力地开始了大一的第一堂天文学课程[17]，课堂上使用的教材很快就成了这个领域的现代经典。而开普勒却一脸茫然。从他面前走过的是《天文学概要》（*Epitome of Astronomy*）的作者，我们十分熟悉的丹麦传奇人物——第谷·布拉赫。他神采奕奕，风格清晰而直接[18]，像灯塔一样闪耀在开普勒年轻心灵中虚幻的黑暗之海。开普勒回忆道：

> 在图宾根的时候，我因为宇宙的众多疑惑而心烦意乱。于是，我对哥白尼心向往之，梅斯特林先生在课上常常提到此人，我不仅会经常跟物理学候选者们辩论以维护哥白尼的观点，甚至还就“第一推动”撰写过激进的争辩文章，我主张“第一推动”来自地球的运动。[19]

迈克尔·梅斯特林曾经渴望成为牧师，也担任过几年的符腾堡州（Württemberg）执事，但他现在成了个数学教师。[20]他是“我在哲学论证技艺和其他很多方面的第一位引导者，”开普勒写道，“他理应受到最高的赞扬。”[21]但开普勒从梅斯特林那里得到的是自己最差的成绩——天文学的“A–”。[22]这绝对不行。仅仅是少了蔑视其他同学的优越感，就足以让开普勒开始好几个小时没完没了地缠着老师梅斯特林不放。

开普勒取悦他人的强烈愿望会不断地因为社交风度的匮乏而受挫，在某种奇怪的意义上，社交风度是中世纪德国人性格中最令人钦佩的方面。用最好听的话说，梅斯特林教授圆乎乎的，就像拖着奇特精灵尾巴的胖乎乎的圣尼古拉斯（Saint Nicholas），开普勒偶尔会开玩笑说：“他那纤细的骨头背负的重量越轻，他飞向天国的速度就越快！”[23]开普勒这位学生也真是幸运，梅斯特林其实还是有点儿幽默感的。当开普勒那奇特而招人喜爱的单身妈妈想要骑马来大学时[24]，梅斯特林总会坚持把他母亲灌醉。

在他最喜爱的教授的指引下，开普勒开始细致地研究起欧几里得的《几何原本》。他还自己重新超前发现了一些书中的证明。开普勒对占星术和神学的思考也开始变得异乎寻常。他接受了广博的教育，并于二十岁大学毕业，接着又重新转入神学专业。

开普勒以哥白尼主义者的身份进一步投入到基督教世界之中，他也被同样深刻的矛盾所困扰。很明显，《圣经》宣称地球静止不动，[25]而哥白尼则持相反的看法。单纯以字面意思而论，二者不可调和。但开普勒轻松而自信地对它们和其他很多事情做出了调和，他的对手也因此难堪。

几个世纪前，神学家们就已经注意到，《圣经》中的所有矛盾（为数不少）都可以通过引入种类的选择加以消除。[26]开普勒一生都在不断地使用这种办法，他一再强调“天文学的立场不会被用于日常语境”。[27]科学和宗教之间这种显而易见的令人不满的分歧已变得如此常见，以至于种类的选择就往往会表现出喜剧效果。一位教授暗示梅斯特林说，他认为太阳是上帝挂在天空的灯笼，梅斯特林便告诉开普勒说："我习惯用另一些笑话反对这些笑话……尽管只是笑话。"[28]这场激烈的争辩并不是真的要争谁对谁错，而在于争口气。学术争论一直都很有趣，但前提是君子动口不动手。

年轻的开普勒仍然不知道这个问题会有多严重。他只不过会成为一名牧师，尽管会成为一名钟爱天文学的牧师，他对这两方面都有一些奇特的想法。他听过各种不同宗教派别的意见，发现每一个教派都有可接受的看法，但他仍然自称是一名虔诚的路德宗信徒。"基督是上帝也是人，"路德曾教导说，"这两个本性可以成为一个位格。但一个位格无法一分为二。"[29]

开普勒在一封深思熟虑的正式信件中写道："困难源于这两种生活的关联。"[30]他禁不住表达了自己的疑惑。图宾根议会并没有推荐他当牧师，而是推荐他当地位低下的数学教师！不管是在格拉茨还是在遥远的施蒂里亚，拒绝都是不礼貌的。此外，正如他所想的，这个职业会越来越有意义。因此，他在受聘函中写道："我并不是说我只是在学习神圣的经文，因为神圣的恩典给我带来的喜悦就是全部。无论最终成为什么，上帝，我们的护佑者目前都保佑着我的自由和心灵的健全。"[31]

二十五年后，开普勒正在为如何写好一本应用数学书籍的第三章而绞尽脑汁。象征睿智的鬓发和灰色的胡须从他的脸上垂下。"接下来，"他开始写道，"自然的方法会受到一定程度的妨害，于是，经常别出心裁的人可能会发现更大的乐趣。"[32]

神学转向

对于神学家来说，终极的野蛮不是出自身体，而是出自精神。在教皇克莱门特八世（Clement VIII）监督下的主教和红衣主教组成的委员会共同形成决议后，意大利的教会国家便判处布鲁诺火刑。但让布鲁诺感到更为不公的是，他们首先剥夺了他所有的牧师头衔。之前他只是一位被逐出了教会的老者，除了带着自己的书籍和鹅毛笔在欧洲周游以外，布鲁诺一辈子也没干过别的事情。很显然，教会判处布鲁诺七年监禁还不如虚假悔改更让他痛苦。

开普勒差点儿就成了牧师。布鲁诺差点儿就成了哲学家，但他一直都是个神秘主义者。在他们看来，布鲁诺的异端邪说数不胜数，除了拒绝前往意大利教会国家的前线战壕，他还拒绝过基督的变体论及其神性。所有这一切凝聚成了一个杂糅的异端。

布鲁诺对哥白尼的激进支持更多只是他对宇宙预言的脚注和素材。

> 这个无穷无尽的空间没有可见的界限，其中有无数个不同的世界，而我们所谓的每一颗恒星的内在及其自身都是自足的，因而十分重要——但事实恰恰相反，它们由其自身的邻近性组成，因而不过是围绕这一点的连续轨道，在如此短的时间内匀速旋转无数圈，难道这不是愚见的渊薮吗？[33]

布鲁诺的宇宙仅有物质性，但深不可测且广阔无垠，这样的宇宙甚至为他的单一的非物质存在——全能、永恒、泛神论的创造者，即上帝——赋予了更多的力量，因为上帝创造了如此的宇宙。[34]因此，这样一种神学就与无休止的肉欲交织在了一起：圣体变成了动物，单纯的物质。阅读开普勒的早期作品，我们会发现驴和狮子在河里肛交的寓言，世人被其中的粗俗言辞、机智观点和开普勒式狂欢所震撼。布鲁诺和开普勒二人对身处时代的反应是何其相似。他们的区别在于极端和清醒的程度，以及运气的差异。

布鲁诺日渐痴迷，困在家里忙着他那没什么前途的实验，而开普勒已经开始在格拉茨从事教学和研究工作了。富裕的赞助人想要了解占星术和占星历法，开普勒从中获益不少，但他也谨慎地对其中的错误提出了警告。开普勒常给以前的老师写一些篇幅较长但又确有必要的信件。在接连给梅斯特林写了三封信却没有任何回音后，他又写了一封信为自己解释。

不过，我同事的才华超过了其他各类人。惊人的记忆、触动人心的演讲、千奇百怪的知识以及不计其数的见解，但他的心灵总会被疾病、伤感和单纯所困扰，而不愿接触到更多的东西。这件事让我十分震撼，所以才会私底下写信给您。但这可能会引起公众的兴趣。[35]

北方地区的生活十分孤独。开普勒经常抱怨天气寒冷。很少有学生参加他的数学讲座（历史总是惊人的相似），于是他增加了一些历史内容，还把维吉尔（Virgil）的《埃涅伊德》（*Aeneid*）也加了进来。

学生们还要继续忍受老师的狂妄和健谈。开普勒的思路会毫无顾忌地飘忽不定、起起落落。他还会喋喋不休地转述在书中谈到的占星术的晦涩之处。

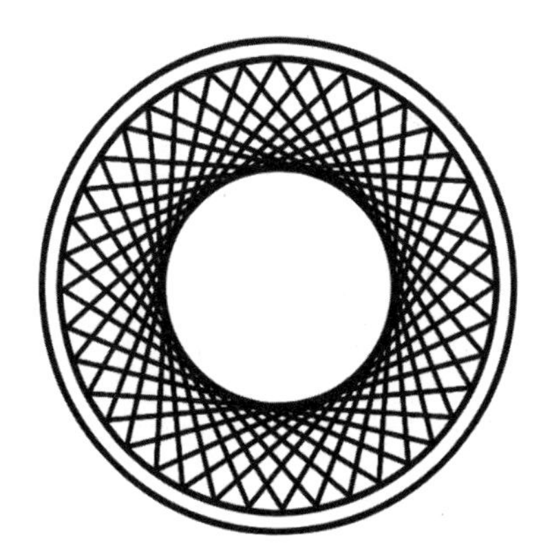

开普勒绘制的大合图。[Great Conjunctions；“合”指的是从地球上看去的太阳系两个天体（通常是太阳和行星）的黄经或赤经相等的现象，而大合一般指木星和土星的合——译注]

> 大约在1595年7月9日或19日，我正在向学生讲解土木大合一次跳过八个标记的过程，以及它们一步步从一个三角转入到另外一个三角的方式。我在同一个圆中画了很多三角形或者准三角形，从而让一个三角形结束的地方成为另一个的开端。因此，三角形的边相交组成的点就构成了一个小圆。[36]

开普勒停了下来：新思想诞生了。这两个圆是成比例的。“这个比例，”他吃惊地说，“看起来几乎与土星和木星的轨道比例一样！”[37]

下课了。开普勒急忙回想自己思路的变化。他顿时被吸引住了。这感觉就像是发现了一整个新世界，就像“克里斯托弗·哥伦布（Christopher Columbus）的鸡蛋一样”。[38]“太神奇了！”开普勒写道，“我不再后悔虚度光阴，我不再厌倦自己的工作，也不再逃避计算，无论多难。”[39]

开普勒先是把这个现象唤作自己的“小文”，接着又称为他的“大象”，然后又把它称为他和梅斯特林的孩子（后者相当不爽）：“没有你作为助产士的帮助，我绝无可能生产。”[40]他的朋友读过这本书。

任何一个天文领域之外的读者都会对《宇宙的奥秘》（下文简称《奥秘》）提不起兴趣。[41]书名实在让人厌倦，而开普勒的宇宙

（与布鲁诺的不同）仍有合理的界限。很明显，宇宙的秘密有三："圆圈的数量、形状和运动方式"[42]，即轨道及其形成的原因。如果不满于其中的荒诞，读者还可能会对书中给出的答案感到失望。

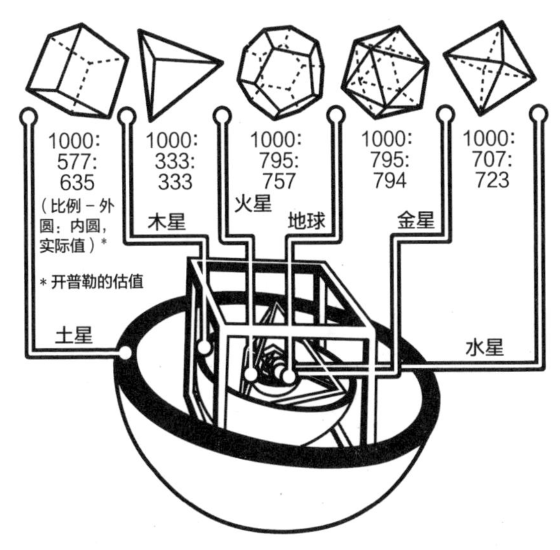

星体轨道由规则的多面体决定，来自《宇宙的奥秘》中的版画。

"最伟大和最善良的造物主，"开普勒在书的开篇写道，"在创造这个运动的宇宙时，以及在排列天体时，心中所想的就是这五种规则且各面一致的多面体。"[43]他再次谈道，这五种规则的多面体是"立方体或六面体，金字塔形或四面体，十二面体、二十面体和八面体"。没有别的可能了——见欧几里得，《卷十三》，命题十八后的注释。[44]

开普勒解释说，每个规则的多面体都可以外接一个球体。而这个球体也可以内接不同的规则多面体，接着，外层的多面体还可以外接一个球体，这个过程可以一直向上直到最后的规则多面体。如果顺序正确，这些球体的周长就决定了每个行星轨道的大小。开普勒说，上帝是故意这样安排的。

开普勒假设的“剖面”，摘自他在1595年9月14日写给梅斯特林的一封信。

思路跟开普勒不一样的人如何才能不被这个荒谬的假设迷惑呢？这的确很荒谬，但人们必须试着相互理解。

首先，大家不能否认，这个荒谬的想法预测了行星轨道大小的数字比率，这与开普勒时代测量的实际比率相当接近。[45]开普勒在信仰层面的奇特跃进在于，他相信这样的关系不仅仅是个有趣的巧合。他曾多次强调这一点。

开普勒在信仰层面做出这样的飞越是其科学方法的基础。猜测事物的由来给他带来了极大的快乐，周围也没人能用更好的解释或更准确的实验数据反对这一点。人类经验的贫乏让他走向信仰。

小时候，因为被认为不具备预言的天赋，开普勒甚至产生过生理的病痛。他最渴望获得关于上帝的私人、直接而神秘的体验，但开普勒认为自己太不道德了，他曾犯下了太多罪行而无法获得这种体验。[46]他从来都不像个神秘主义者，但希望能够通过数学获得神秘的洞察力。

因此，开普勒当然知道，“如果测量结果不一致，那么此前所有工作都是白费”。但这个行星轨道比率的证据是他先得出结论之后才构想出来的，这是一种非常不敬的、近乎宗教的方法。[47]五百年前的圣安瑟伦（Saint Anselm）写道：“信仰寻求理解。”（*Fides quaerens intellectum*）

开普勒并非第一个就行星的数量、形状和运动三方面提出问题的人，而且他的答案也明显。《圣经》上说，上帝本人“按照大小、数量和重量为万物规定秩序”。[48]尽管开普勒通过哥白尼才开始研究古希腊人欧几里得的作品，但他心中最重要的书籍还是《圣经》。如果科学的转变终究要发生，那就不仅仅关乎科学自身。“我希望成为一名神学家，”开普勒笑着说，“因为很长一段时间我都很烦恼，但现在看看我的天文学是如何赞颂上帝的！”[49]

有时候，开普勒甚至会疏远天文学，然后进入纯粹的神学。“上帝这个造物主以数字作为永恒的原型，因为它们是最简单和最神圣的抽象概念”，开普勒写道，这表明他支持这种奇特的信念：上帝和数字同属永恒。就同属永恒这个信念而言，他和另外一名伟大的世俗神学家但丁·阿利吉耶里（Dante Alighieri）是同道中人[50]，后者很早就在自己的《地狱》中写道：“正义把我的造物主推到了高处。”[51]但丁说，正义与第一推动者上帝共存，也正是正义让上帝把但丁从地狱带到天堂。开普勒相信，数字让他摆脱了人类的无知，并让他开始理解上帝的创世。

在理论科学家从事最为必要但又被滥用的信仰方法的时候，只要愿意，他们就可能将这种最反直觉的方法与宗教结合。开普勒之所以怀揣崭新的答案回答这些古老的问题，很大一部分都要归结于他接受的牧师训练、路德宗教会的教育和独特的信仰。当他开始从事经验验证时，宗教和科学就被粉碎并糅合成一个可怕的怪物，似乎只有开普勒会觉得它美丽。

开普勒知道这一点，并且表达了自己的恐惧。“在这些章节中，我会用物理学家的观点反驳我自己，”他写道，“因为我已经从非物质的东西中推断出了行星的物理性质。”[52]这是真的，开普勒用非物质的数学确定了行星轨道的大小。但后来，他又完全倒了过来，结果硬生生地把神学家们信仰的非物质对象当作行星的物理属性。

正如光源来自太阳一样，在这种情况下，宇宙中的生命、运动和灵魂都可归结为这同一个太阳，因此，固定的恒星就处于静止状态，行星属于次等的动因，但太阳则是原初的动因。同样，太阳在外观美感、能量和光线的明亮程度方面都远超其他事物。[53]

这就是开普勒对太阳的看法，其中潜藏着令物理学家感到困惑的礼物。他在图宾根的时候就“已经走到了把地球的运动归结为太阳的地步，但哥白尼是通过数学论证得出这个结论的，而我的论证来自物理学，或者不如说是形而上学”。[54]他并不确定哪种说法是正确的。

《奥秘》被误作宗教、哲学和科学的大杂烩，但其中却充满了数学游戏的乐趣。这一切体现的随意和大胆的确让人想起了一个与众不同的开普勒——不成熟、贫穷且孤独。只是在简短的第一章中，开普勒才费心地为自己相信广受批评的哥白尼理论的理由进行了辩护。由于缺乏经验，开普勒引述哥白尼的学生雷蒂库斯的次数比引述其老师本人都多！他把这本书的第一次出版托付给了梅斯特林，后者甚至把雷蒂库斯的《初释》当作附录放在了书中。[55]至少我们可以认为，开普勒的老师对书的内容有疑问，但依旧支持出版。自己门生的数字表格过于混乱，乃至梅斯特林不得不自行设置印刷机中的活字。[56]

在开普勒的要求下，梅斯特林甚至直接对《奥秘》进行了修改。“您看我现在陷入困境了，”他读道，“我一点儿也不了解哥白尼的天文学知识。您要是能帮我写点这方面的东西，我会永远感激您。如果您不立即回复我，我就要开始纠缠您了。”[57]开普勒究竟为何一定要这样做呢？

尽管他的信仰会跃升，但开普勒总也无法获得毫无疑问的信念。尽管雷蒂库斯曾专门论述过数字6的神性，但开普勒拒绝了这个论证，因为“人不应该从这些数字中得出解释，因为它们已经从宇宙诞生后的事物中获得了一些特殊的意义”。[58]《奥秘》的第九章被完全用于论证数字和人格的关系，这是个可笑但短小的错误。

随着这部小篇幅的著作接近尾声，一位才华横溢——或者是过于激昂——的研究生形象就浮出水面了，他对很多主题都感兴趣，这为他未来的学术生涯奠定了基础。该书以一首虔诚的赞美诗作为结尾，这也是对《圣咏集》的扩展性解释，开普勒在其中的“星空球体的五重图案”上插入了一行诗。[59]

时值世纪之交。布鲁诺拒绝了所有改变信念的要求，此刻的他被剃光了头，被迫骑着驴子前往火刑场。身后的僧侣唱起了灵歌。在圣城罗马，布鲁诺被剥光衣服绑在木桩上。他前方的人举着耶稣被钉在十字架上的画像，他们甚至想要霸占这位被剥光的牧师的最后时刻。

布鲁诺会对基督不屑一顾吗？不太可能——他所不屑一顾的

是教会。[60]

尽管布鲁诺给第谷寄过自己作品的私人抄本[61]，但他并不认识开普勒。当时的思想界方兴未艾，学者们尽情地论证和争辩，直到自己的思想被证实或证伪，开普勒后来也会给大家留下这种印象，在这种情况下，布鲁诺的思想并不出众。“如果你发现了任何围绕固定恒星旋转的行星，”开普勒对未来会成为自己同事的人写道，“那么在布鲁诺的无数星球里就会有锁链和牢狱等着我，或者更确切地说，我会被流放到他那无限的空间之中。”[62]“我从瓦克（Wackher）那儿得知，布鲁诺被烧死在罗马。他说布鲁诺沉着地忍受了严刑拷打。布鲁诺宣称所有宗教都是虚荣的，上帝和世人在他烦恼的世界中兜圈子”。[63]

判断

在这个阶段，开普勒可以而且也会被视为一个既软弱又强大的人。这种印象取决于每个人看待他的角度。诚然，他是社会的上层人士，身居上百万目不识丁的农民之上，后者基本上仍在封建的劳动制度下工作。[64]开普勒偶尔会抱怨那些乡村的“道路和多疑的农民”，[65]但当他们迁移到城市后，他发现这些人整体上都很和蔼可亲。“那些底层阶级，”他如此描述市民说，“总是人数众多，直来直去且思想活跃……我会称他们为我的老师。”[66]

虽然开普勒的名字多少跟贵族沾点儿边，但这点儿关系也没让他上升到看重智力资本胜过金融资本的程度。他只是比那些为数不多的城市居民和工匠地位更高些罢了，而这些人的商业精神正慢慢地渗透到全国各地。也许单身汉开普勒也会像这些小气的资产阶级一样争吵，他们甚至会精明地算计婚姻这种人间最温柔的事情。也许婚姻是人心中最珍贵的无价之宝。“文人喜欢孤独，”开普勒在《奥秘》中宣称，接着他凭记忆引用维吉尔的话说，“女人永远是变化无常的。”[67]

他给梅斯特林写了一封信。“来看我的笑话！我在1596年遇到了我的妻子。”[68]

于是，二人就求婚时的疏忽和缺少财富等大家关心的问题讨价还价后，约翰内斯·开普勒先生便为了更大的利益于1597年4月27日和芭芭拉·穆勒夫人成婚了。一方面，这个姑娘很受追捧：她风姿绰约，且能够继承一笔不小的财富。另一方面，她在二十三岁那年第二次丧偶，身边拖着一个小女儿和一大家子人，期待自己的潜在求婚者家境殷实且能给出彩礼。

“如果可以的话，几年之后我应该就不需要工资了”，开普勒在另外一封写给梅斯特林的长信中指出。但由于他妻子的财产，“除非发生公共或私人的灾祸，否则我不会离开这片土地”。[69]当时的反改革风潮正席卷全国，这样的担忧不无道理。“跟我们相比，鲁道夫国王并不总是那么自由和容易”，他担心“一些愤怒的路德宗信徒找到了战争的理由，并据此公开谴责这个国家”，[70]“德国为何要把自己一分为二？”

几乎与此同时，开普勒夫妇也发生了不快，新生命的诞生也不能解决这些冲突，反而制造了更多的问题。他们的男婴染了病，不到两个月便夭折了。“时间的流逝并不能缓解妻子的悲伤”，年轻的开普勒就快崩溃了，他在梅斯特林面前故作镇定。“啊虚荣，虚荣，一切都是虚荣！如果父亲也跟着倒下，命运就不会出乎意料了……我瞥见我的脚上有个小的十字架，它的颜色从血红色变成了黄色……”[71]开普勒的世界因身体和精神疾病的双重影响而膨胀。

他要扛起自己的小十字架。新婚的开普勒把《奥秘》的出版当作跟那些值得通信的天文学家建立联系的契机，随着交流的加深，这个范围也进一步缩小。尽管这样的群体很大程度上缓解了他的紧张情绪，但他们并不能在工作上达成一致。

梅斯特林曾帮助出版此书，他也欣然赞同弟子这本小书的观点。开普勒告诉梅斯特林：“最近，我往意大利寄了两本我的（我敢说是你的！）小书，收件人是帕多瓦的数学家伽利略·加利莱伊，我的内心实在是开心和满足，他也很喜欢我的作品。他本人已经坚持哥白尼的异端邪说多年了。”[72]开普勒被即将建立的友谊冲昏了头；年纪稍长的伽利略礼貌地回信，透露自己仅大致看了看序言，并且评论说这本书还可以再做修订。开普勒立即又回复了“这位意大利人”，但未再获答复。

开普勒还写信讨好第谷的宿敌“小熊”乌尔苏斯。“德国的骄傲！”开普勒这样称呼他，“我十分重视您的看法。我喜欢您的世界体系。”[73]一时的开心和激动让开普勒几乎忘乎所以。

两年过去了，乌尔苏斯一直没回信，直到他发现开普勒的著作仍在售卖。乌尔苏斯并未批判这本书。“一点也不严肃，”开普勒向梅斯特林抱怨道，但他还是继续说了些乌尔苏斯的好话，“因为他是皇家数学家，既可能是我前进路上的垫脚石，也可能是绊脚石。”[74]

大家对开普勒作品的反应不尽相同。

他给丹麦贵族第谷·布拉赫写了本书116—117页的那封信。[75]这位天文学大法官给出了自己的判断。

寄出的信

致：最优秀和最聪明的人，

约翰内斯·开普勒先生，

生于高贵的施蒂利亚省，

格拉茨学校中出类拔萃的数学家，

及其珍爱的朋友。[76]

最博学多才的人：

你去年12月13日从斯蒂舍（Styria）寄来的信是由黑尔姆施塔特（Helmstadt）的一位信使3月初送达的。你在信中特别谈到了可归结于我的教诲和影响（这能证明我对你的善意），除此以外你对我的样貌一无所知，但我还是要感谢你对我的敬意。我此前就看过你的书。我已经在自己的专业范围内对这本书进行了详细的审阅。让我高兴的是，这本书肯定很有价值，你的洞察力和热情显露无遗，更不用说机智而有力的表达风格了……毫无疑问，宇宙具备某种和谐与比例，它们的交替是神圣且注定的。正是通过数字，形状可以如此简洁地概括这种方式：柏拉图和毕达哥拉斯以某种方式对其做出了预言。因为他们更大胆地表现这种品质；如果你毫不动摇地发现每一个共鸣之处，在我看来，你就跟阿波罗一样伟大。在这项艰苦的事业中，无论我能帮你到什么程度，你都不会遇到麻烦。尤其现在我寄居德国，全家都已离开祖国，如此，我多年来斥重金打造的巨大天文学宝库就不会消失了。你可以随时来访，我愿意跟你愉快地讨论这个崇高的事业。再见……

T. B.（第谷・布拉赫）

第谷的信其实写得很长。信中第一个省略号略去的是很多页的评论，当然，评论的主要意图是让开普勒接受第谷的行星系统。开普勒谨慎地质疑了无根据推测的危险。他在空白处潦草地写下了自己的辩护词："所有人都爱自己！"[77]第二个省略号之后是同样长的补充说明，第谷以异常冷静的口吻补充道："我真的很惊讶你会把我的世界体系归功于乌尔苏斯，但你在你自己的信中和作品中都（相当公正地）将其归结于我。看起来你的写作有点草率。"[78]开普勒被抓了现行！但第谷又是怎样知道的呢？

为什么？因为"小熊"乌尔苏斯在未经允许的情况下让第谷看到了开普勒写给他的信件，他想借此证明自己的才华。乌尔苏斯在给第谷的信中匆忙附上了署名为"回信者约翰内斯先生"的信件[79]，乌尔苏斯的信中满是辱骂，第谷越读越愤怒。开普勒旋即收回了自己对乌尔苏斯的所有称赞，并为自己一开始就卷入这场冲突做了很多辩护。他写给自己信任的梅斯特林的信最让人印象深刻。

> 你看，整件事都是诗意的，出自诗人之口，表达也充满诗意。[80]

我们并不清楚诗人是否得到了原谅，但数学家收到了邀请。第谷·布拉赫敞开了自己的圣所。

渴求和谐

> 最亲爱的教授：和您一起学习的时候我了解了乌拉妮娅，而在这段时间我儿子夭折了。但我们（此处应指开普勒和妻子——译注）之间从没有发生过哪怕一次不快，性生活也一如既往。现在，我的女儿就要出生了。[81]

深陷感情羁绊的时候，开普勒就会写作。他今天正在为梅斯特林起草一部中篇小说。

> ……乌尔苏斯和第谷……乌尔苏斯像一只吱吱叫的老鼠一样背叛了自己，他的言辞暴露了自己……我的母亲和别的消息……我在一次商业交易中看到一个铜烛台。它的油脂中散发着母爱的光芒，我很珍惜这种感觉……关于神的讨论……这是最乏味、最恼人的，你扔来的都是些没用的东西，我会用它们来点缀占星术……[82]

开普勒的脑子辛勤工作的时候比思考艺术的时候转得更快。如果他陷入了前后矛盾，他的处境也会是相应的状况。一年过去了。他还处于挣扎之中。

> ……我私下里……请求您，最温和的教授，用您的忠告来帮助我，不管有什么用，因为我很快就会被赶出这个地区，或者因为诸多不幸而离开：出于这个基本的理由，我不得不忍受自己的灵魂。因为如果我的生活继续下去，我不知道怎样才能继续在这里待下去。我在工作上也不再受到尊重……[83]

书房的窗外已是惬意而温暖的夏日。开普勒回忆起了他长子的葬礼。他在墓地中看到了一些死于监狱的老人。如今他因为拒绝让女儿接受天主教洗礼而被罚款。

> ……无论我在别处遭遇何种命运，我确信，只要目前的政府不停摆，就不会有比我们现在更惨的遭遇了。驱逐平民的运动现在造成了一些闻所未闻的后果：为了表明他们还没有实施抓捕，在公民向王子求情之后，政府的反应放慢了。法庭外，政府不提最严重的威胁。如果他们的声音是预言，则从未发生过如此严重的事情：路德宗信徒是否可以留在这座城市，或者有权自由离开、携带、交换和出售他们的货

物。政府满嘴欺骗，叛国罪将波及所有公民，暴力会玷污正义……[84]

而在屋内，他那活泼的妻子很快就会准备晚餐。她最擅长沙拉和烹饪乌龟。[85]

……我认为，在公共灾难面前，个人是没有希望的。外有暴乱的情况下，小家没法得全……[86]

他们的女儿上个月夭折了。她的头上长了一个大脓包。去世的时候仅35天大。

开普勒绝望得说不出话；他只能写作。

……我的研究和发现……现在是时候回应你对我的研究的评论了。如果我还在图宾根，我会思考一些新的东西，写成一本小书。说实在的，梅斯特林，你也有类似的观点真是太对了，但没有我的话，你什么都写不出来。因为如果我不能在和第谷的初次交锋中坚持下来，我就没办法完成这四章宇宙学的内容。题目是《世界的和谐》。竖起你的耳朵——仔细听！[87]

他心中的慰藉倾泻而出。行星从超越了时间的第五元素（quintessence，即水、火、土、气以外构成宇宙的元素——译注）取出并放回原处，它们又根据人类的心率被重新校准。理性的鼓声响起，苍穹变得越来越浩瀚，固定恒星的代表按照预定的方式发出了光芒，宇宙奏响了管弦乐般空灵的嗡嗡声。在开普勒的和谐理论的指引下，宇宙开始运转。

每颗行星都机械般地守望着其他行星。每一颗行星会从不同的角度发出自己的音符，所有的声音汇聚成了合唱，这是只有数学家才能听明白的和弦。这是人间尘世的音乐，也是天籁之音；战争预示着和平，缺席造就了在场，男人产生了女人，所有这一切从一开始便永远结合在一起，而每颗星星也都从那时起完美地结合在了一起：真是一首清晰、悦耳且永恒的世界之歌。但这个宁静、欣喜而充满光明的理论也充斥着混乱，它过早地诞生了。

> ……我不知道第谷那不可靠的体系是否会在这个恢宏的天体合奏的压力下坍塌。但我并不希望我的话让伟人们不开心……[88]

年轻的开普勒还有很长的路要走，因此和谐的理论只是展现了他的抱负而已。但他也害怕死亡，这让他变得更加沉着。

即便天主教教徒也会被这种关于世界和谐的狂热呓语迷惑，

但开普勒绝不会背道。一位支持他的政府官员礼貌地鼓励了他：

> 第谷·布拉赫周旋于波希米亚君主的宫廷之中，他想要为自己找到能够长期立足的位置，从而能够自由地观测天体。此时他已经因为自己所做的差事获得了3000弗罗林的薪水（如果传言属实的话）。我当然希望你有这样的好条件，但谁知道命运又会怎样呢？[89]

布拉赫先生的另外一封信抵达之际，开普勒已经启程离开了。

“小熊”的眼睛

在德国多个地方辗转停留后，开普勒于一个月后抵达布拉格。他生病了，当地一位男爵热情地接待了他，此人是开普勒和第谷的朋友。[90]第谷本人也从鲁道夫皇帝那里获得了一座位于偏僻的贝纳特基（Benatky）的城堡，皇帝依旧对路德宗信徒持欢迎态度，于是第谷立即尝试修建第二座乌拉尼堡，他拆掉了城堡的外墙，增加了一些新的房间。

但第谷和皇帝卷入到一场政治动荡之中。瘟疫让皇室四分五裂，鲁道夫国王和第谷不得不终年不停地四处奔波。第谷一直忙着为开普勒在帝国中某个职位。开普勒则不确定自己是否要孤注一掷，直到前一年12月梅斯特林一封告知帮不上忙的信件寄来，他才明确了自己的选择。“我真的没什么建议给你了，”梅斯特林平静地说道，“我什么都不能给你。”[91]他简短地谈到了日食、自己的家庭生活和向上帝祈祷等事项，这就是信中的全部内容。

在这场纷乱的迷雾中，开普勒不仅患上了三日热（quartan

fever)，而且他还要挑战“小熊”乌尔苏斯。“我隐去了姓名，怕他知道如果是开普勒亲自提议此事，又会爆发争执。”[92]他以这种口吻告知乌尔苏斯：

> 鉴于他认为违背我——以门徒的身份给他去过信的人——的意愿，把我推上裁判席是合适的，那他就应该让我抛弃作为门徒的谦虚，并在这场言辞之争中充当法官的角色。[93]

言毕，开普勒亮明了身份，平静地结束了对话，然后在男爵的家里等候第谷的回音。他已经选择了自己的阵营。所以开普勒的确可以说：“我当着‘小熊’的面表明了自己的态度。”[94]

而乌尔苏斯此时才刚刚回到布拉格。他此前因为被敌人夺了生计而逃离了这座城市。[95]

两个家族

开普勒此前的计算并不准确，他此时正在努力学习。隆戈蒙塔努斯是第谷最信任的助手。他步第谷的后尘也抵达了布拉格，开普勒还有两周才到。隆戈蒙塔努斯此前已在汶岛工作了八年，他比开普勒大了近十岁，并且用只能从经验中获得的知识让开普勒自愧弗如。

开普勒此前犯下了一个低级错误。在一次计算中，他颠倒了火星和地球的关系，把它们的比例调高而非调低了。凭借自己了解的三角学知识，开普勒把形状分解成了直角三角形，问题也随之更加严重。

此时，开普勒正在给隆戈蒙塔努斯打下手。首选的答案被简单地重写在了书页左侧的空白处。

不久之后，开普勒就掌握了第谷的《三角学实务》（*Triangle Practice*）[96]，这是一本给新入门的几何学者的简明指导手册，其中列举了相关应用场景的系列“教程”。[97]但现在，开普勒的事业才刚刚起步，他还不到三十岁。

自打他抵达后就一直如此。在新世纪的2月初，开普勒最终确认了新任命的皇家数学家第谷对自己的邀请。第谷的两位同僚前去接开普勒，他在乘马车前往贝纳特基的数小时路程中仔细打量了两位未来的同事。[98]

其中一位是第谷十九岁的儿子，他也是这个马车车厢中最年轻的一位，这位布拉赫家族的代表受过良好的教育，但跟第谷不同，他对政治的兴趣超过了科学。这些有抱负的家族很受欢迎，但他们身上的保守主义烙印可能遭到敌视。

坐在二人中间的是时年二十三岁的弗朗茨·腾纳格尔。他跟第谷的儿子差不多，如果他和第谷有血缘关系，就更像了。这位雄心勃勃的贵族一直试图改变这种局面，于是他一直想要跟第谷的一个女儿约会，但他目前的形象相当可怜。[99]这俩人经常感觉自己现在做的差事很平庸。

他们和隆戈蒙塔努斯一道组成了开普勒所谓的"第谷学派"的核心。而在那边的城堡里，第谷已恭候多时。

演员初次登台都会忧心忡忡。"他的机智和言谈举止让我非常满意，"第谷在初次见面后高兴地说，"我认为他会享受并推进所有最好的工作。"[100]他用多年前便已建立的火星观测试探开普勒，后者真是求之不得。

二人本来会以最真诚的方式开展合作，但正如第谷所见，"还是出现了一些困难”。[101]在不断交往的过程中，两人变得熟悉起来。

第谷·布拉赫“过着死后的生活”。[102]他的时间都耗在了遗产上，忙着和“小熊”争夺此前那个发明的专利权。第谷那座传奇的乌拉尼堡已经不复存在，但他热情满满地守护着剩余的观测数据。贝纳特基的城堡徒有其名：观测设备散落在庄园外面；小小的餐厅几乎容不下所有人一起就餐；城堡还在建设中，房间也尚未完全就绪，无法遮风挡雨。

开普勒立刻醒悟了过来。他到这里来是为了让布拉赫先生了解自己的和谐世界理论；直到现在，他才搞明白第谷自己的打算。

就像以前挣扎的岁月一样，开普勒坐下来写了一封长信，但这次他的文字十分清楚明白。信的主题是摆脱贫困。“我考虑得已经很充分了，”他写道，“也许我会为陛下所知，并获得崇高的地位。我曾以为投靠第谷这个丹麦人能有利于我的探索发现，但其实还有更加重要（和更顺手）的事情等着我。第谷有最好的观测数据。如果我继续留在波希米亚，我很容易就能学会他那一套——或者爬到更高的位置。但我的妻子一路上没人照顾，我们一家难以团聚……”[103]

就在信的下一页，开普勒提出了自己跟第谷的合作条款。他意识到，第谷最希望从他那里得到法律和科学方面的支持，从而能够跟乌尔苏斯纠缠下去，但“除了天文学，我不负有其他出版物的出版责任”。“他不能支配我的时间，也不能安排特定的任务，”

开普勒补充道，“他必须信任我。”[104]

无论开普勒把这份私下的条款放在哪里，迟早都会走漏风声。布拉赫勋爵发现了一些奇怪的拉丁语材料并开始读了起来，他老眼昏花地匆忙读毕，颤抖的手紧握着一支羽毛笔。

真是猝不及防的奇耻大辱，这种无意的、即席的、絮絮叨叨的谈话持续了好几天，啃噬着一个人自我形象的全部根基。在整个中年时期，第谷一直都满足于自己经营的是手足情谊，而不是一桩生意——正是忠诚，而非担保铸造了家族的经济。

开普勒曾写道：“第谷必须认可我的哲学自由。”[105]

“我何曾禁止过，”第谷在信件的空白处潦草地写道，“我会把精力浪费在这件事上吗？”[106]

转眼到了4月5日，俩人坐下来达成了一份正式的协议。本来只是朋友间的交谈，但最终成了专业的交易。第谷带了一名抄写员做详细的记录。

开普勒并未做出任何保证，因为第谷没有做出承诺。第谷不再提供自己的资金支持。开普勒是因为自己的家人才想待在布拉格的吗？“我以前从未被如此对待过。如果碰巧陛下真的希望大力支持你，他就能够维持你的这种便利。”[107]开普勒想要一份稳定的收入吗？“关于超出了我给你安排的天文学工作以外的年薪部分，跟往常一样，我同意这一点。但就像我此前的态度一样，我不会做出任何明确的承诺。”[108]

上述这些都是法律用语。开普勒的所有诉求都被驳回。最后，他不情愿地同意绝对保密，于是他让第谷及其秘书详细阅读了备忘录。“他已经垂垂老矣”[109]，开普勒闷闷不乐地说，他准备回到格拉茨。此刻，他唯一的逃避方式便是闭门不出。

门外停着马车。就在这离别时刻，开普勒最终认识到自己错误的全部后果。他开始不停地道歉——此刻的他会不会像人在突然被揭发时常做的那样，开始哭起来？[110]他是否还记得《约翰福音》中“黑夜将至，就没人做工了”这句话？[111]开普勒的心里满是悔恨。

三天后，第谷明确了自己对开普勒的判断：“过于傲慢。”[112]

如果第谷不予回击，那他的假正经可能就显得合理。但最近，他变得易怒和自满，并且做出了不明智的取舍和指控。第谷以为开普勒是在假装发怒；但既然开普勒是乌尔苏斯的代理人，那么一切都说得通了。[113]亲爱的开普勒已经变成了一个“处处与我的好意为敌之人”，但第谷自己显得过于粗鲁，而不再像他自己所声称的那般忠贞。他吼道：“他变得像只得了狂犬病的狗，他经常说他的胃像狗的胃，在我看来是他的脑子或心脏！”[114]

比起女人，开普勒最喜欢的隐喻是狗。他似乎在三年前就在对自己的剖析中预示了这一刻。

他的形象是一只娇嫩的小狗。他的胃口也是一样的：五谷不分，他会抓住任何目光所及的东西，他不怎么喝东西并且很容易满足。他的行为举止也差不多，总是巴结强者（就像一只看家狗），凡事都依靠他们，当他激怒强者后，就会不顾一切地重新获得青睐。哪怕被夺走了一丁点儿东西，他也会像一只小狗一样怒吼。他很固执，总是想惩罚那些潜在的坏人。也就是说，他会“狂吠”，而且时刻准备用尖刻的讽刺伤害他人。因此，很多人都讨厌他，并且避而远之，但他的主人很喜爱他。

他也讨厌洗澡。[115]

这不是一个傲慢之人说的话。回到布拉格，开普勒向上帝祈祷，并且准备赎罪。

啊，这些刽子手来得比风快。他们必须变得礼貌，却不知道如何做才是礼貌。我首先要记住什么？我的放纵？关于它的回忆最为痛苦。而您，高贵的第谷，您的祝福是什么？它们无法被一一列举，也无法被光荣地道出。两个月来，我身无分文，您用自己的方式甘心情愿地支持了我；您的整个家族保护了我，您称赞我的愿望；您把自己珍视的东西给了我；我的一言一行都无意伤害您；总之，没有谁能像您和您妻子那般慷慨地对我了。我早该明白这一切，我现在悔过，并且以这种书面的形式致意。我非常困惑地想起，上帝和圣

灵该有多纵容我的心灵的放纵和病态啊……[116]

第谷了解不确定的未来带来的痛苦。他选择了原谅。主人有爱，他始终是主人。

但这条崎岖之路已不再平坦。9月30日，所有新教教徒都被法律禁止重返格拉茨。尽管如此，当芭芭拉的父亲不久之后去世时，开普勒还是计划秘密回到他被逐出教会的地方，并试图从其岳父（原文为stepfather，中文译为“继父”，但据核实应为“岳父”，后文统一使用此称呼——编者注）拥有的土地上榨取点钱财应急。他翻山越岭抵达了格拉茨，在这里首次涉足光和光学的新研究，但几乎没有筹集到资金。

这对他苦苦挣扎的妻子来说是个坏兆头。“于她有利的事情都被不公正地打破了”，开普勒在前一年就指出过这一点。他现在觉得自己是个“可怜又可鄙之人”[117]，而当这个男人描写妻子的时候，他的口吻也常常充满怜悯而非渴望。[118]他的妻子变得“愚钝而肥胖”“困惑而糊涂”，而妻子则忠诚地以“Diho Prei”或“Brei”——她不确定该用哪个[119]——的名义给自己的“心上人”写信。她曾在第谷的花园里闲逛。散落的尘世乐器（此处应是与第谷的天文学和谐乐章作比——译注）隐约可见。[120]

然而，在仍旧跟开普勒有交集的人里，也仅有家人能给他带来温暖。回到格拉茨，开普勒询问了家人的健康状况和经济状况，还问到第谷的女儿伊丽莎白（Elisabeth）会不会“盛装出嫁”。[121]年轻的腾纳格尔本末倒置了，他理应先融入布拉赫家族再盘算如何站住脚跟。芭芭拉回信答应，两周内准备好婚纱。但自从丈夫离开后，芭芭拉就没有收到过任何资助。开普勒再度陷入不安。

6月13日，第谷收到了这位新下属的来信，此刻的开普勒已经在两天路程以外的地方，信中要求向他的妻子支付报酬。第谷懒得回信。“他女儿伊丽莎白订婚的事让他耽搁了，”一位秘书回信说，“但我真的对你粗鲁而刻薄的措辞感到吃惊”，“你若有求于人，将来就要长记性。”[122]

同样在外流亡的两个人，一开始相处融洽，后来就这样渐行渐远。

“伊丽莎白的婚礼要在庆典的第二天举办，”秘书报告说，“但天气很冷。”[123]这种两难贯穿于生活之中，它“支配着世人的孤独”，就像开普勒对布拉赫的领地的看法一样。[124]他自己的热情也让人捉摸不定。“我渴望在自己最好的岁月里钻研天文学，凭借第谷的财富，”他写道，“本来很早之前，我就能把研究世界和谐的命题与天文学相关联，但第谷的天文学实在吸引人，我已经迷失了……但第谷并不会全力支持我！他仅会在进餐时稍微提及，然后他的注意力又转向别的地方了，这让我回想起了整件事的重要节点。”[125]开普勒提到了最近的磁铁研究，除了他对光和光学的研究之外，还包括他那宏大和谐理论的所有细节。

至此，开普勒已明显不会成为“第谷学派”的一员了。腾纳格尔如今已成为第谷事实上的儿子，即第谷所有财产的继承者。年近四十的隆戈蒙塔努斯则因为结婚和教书之故，从前一年的8月起便不再担任第谷的助手。至少他是一个真正的数学家，精神上也温和得多，他永远在专业上支持第谷。隆戈蒙塔努斯在写给开普勒的一封信中声称，月球理论就快取得重要进展。的确如此，但信中也试图说服开普勒反对任何进一步的理论化。[126]最终，隆戈蒙塔努斯成了个无知的圣人，他整个余生都耗在了宣传化圆为方（squaring a circle）的方法上[127]，而开普勒已经开始稳步赶超他了。他们在此后多年里都一直保持着学术联系。

五十多岁的第谷行动困难之际，衣钵的传承问题也越发被提上了日程。“第谷很伟大，但也是在1597年之前很伟大，”开普勒在写给梅斯特林的信中谈道，“宏大的观念让他误入歧途；他变得孩子气了。”[128]“他看上去总像个迷失了方向的人。”[129]

他们之间的很多次争论都以悲剧结尾。“你许久都没有回音”，开普勒开始写信给梅斯特林，后者已不再回应开普勒一年两次寄来的论文，这些论文一篇比一篇长，水平也越来越高。无论梅斯特林是否愿意，他以前的这位学生都已经找到了新的老师，尽管这位老师的脾气不好。

第谷挚爱的妹妹索菲娅想来探访，但因无法承受长途奔波，甚至她侄女的婚礼都没参加。移居之后，第谷也失去了自己最亲近的家人。奇怪的是，他上次见到索菲娅的情人是在1598年，当时的埃里克·朗厄正在逃债。埃里克对炼金术的痴迷让他负债累累。他不停地逃，空留索菲娅独自牵肠挂肚。第谷从这位破产的炼金术士处得知了敌人“小熊”乌尔苏斯丑恶行径的更多证据。

但就在朗厄举证的两年后，梅斯特林最后一次来信的一个月前，“小熊”病重了，这让局面变得更糟了。当年9月，当两位丑陋而矮小的男人来到乌尔苏斯的床前，他也还记得派他们来的那个人。“得知‘小熊’已经卧病在床后，”第谷高兴地写道，“我就派出了律师。”

> 他们带去了一位公证人，要求“小熊”收回自己充满恶意的言辞，因为我也准备了一份他此前侮辱言论的清单，打算骂回去。他承认了一部分，更多是否认，但拒绝认罪。这让我满心欢喜，因为我谦卑地从皇帝那里得知他派了四位专员依法审理此案，但罪犯死了。[130]

尼古劳斯·赖默斯·乌尔苏斯一生中的所有遗物都在这里，它们证明了人的确可以因为律师而致死。第谷告诉朋友说，乌尔苏斯因梅毒而亡。他还继续以焚毁死者过时书籍的方式要求进一步的审查。这个策略成功了：乌尔苏斯的著作仅有10册幸存下来。[131]

“优先权的争夺最为艰难，”明智的朋友一开始就警告过第谷，“但我肯定知道：无论输赢，杀敌一千，难免自损八百。”[132]

开普勒被告知也要准备一起反对乌尔苏斯，但他只是负责发布材料，而非诉讼事宜。[133]“我负责书写乌尔苏斯的材料，别的就没了”，[134]他曾向梅斯特林抱怨。但不管写的是什么，他心里所想的只是第谷的观测数据。他就像但丁《炼狱》中的饕餮之人，被拴在果树上挨饿。

1601年10月24日，小道消息传来。开普勒绝不会成为“第谷学派”的一员了，但也许，他那充满棱角的形象能够适合——适合、衬托和革新——第谷徒劳地为自己的继任者悬挂的斑驳画像中展现的主题，那是多年前发生在汶岛的往事了。这幅画像已成为它的标签：开普勒是“第谷之子”吗？

疯子

开普勒在第谷的观察日志的最后部分记录了一件事情。在一次晚宴上，第谷“该去小解的时候却一直坐在那儿憋着。尽管他喝得稍微多了点儿，并且感觉到膀胱很胀，但他因为礼节而不顾生病的风险。回到家后，他没有尿出来”。

接下来的五天里，第谷都无法入眠，最后他强忍剧痛勉强排出了一点儿尿，但尿道还是堵住了。接下来就是连续的失眠和肠道发热，并且他开始胡言乱语。第谷还忍不住继续喝酒，这又加重了病情。后来在10月24日，他的呓语症在家人的安慰、祈祷和眼泪中稍微缓和了一阵儿，最后他自然而平静地去世了。

在此期间，他的一系列天体观察也相继中断，38年的观测活动宣告终结。

在他临终前的最后一晚，神情恍惚的第谷眼中的一切都那样美好，他像是在朗诵赞美诗一样地重复着：

我不想看上去白活了一遭。[135]

最后陪在身边的家人肯定还是第谷的妻子和孩子，尽管腾纳格尔和伊丽莎白正在荷兰享受为期一年的蜜月，但他们在那里让第谷当上了外祖父。第谷的妹妹索菲娅·布拉赫也未能前来见他最后一面，身在丹麦的她无法弥补内心的失落。“我害怕听到这个消息，”她写道，“我悲痛万分，不想亲口说起他的名字。”[136]几十年后，她宣称，基尔斯滕“与第谷二人的生活光明正大，她必须被认可为第谷正式的妻子”[137]，但这只是为孩子们好，因为基尔斯滕仅仅寡居了几年便去世了。最后，这位备受歧视的、事实上的妻子终于能像童年一样，在简朴的乡间宅院中安度晚年。[138]第谷盛大葬礼的次年，索菲娅终于和朗厄成亲，朗厄为寻找“哲人石”挥霍了索菲娅的财产，而在家承受相思之苦的索菲娅，则试着创作起了丹麦诗歌。她因为抑郁症复发而请了一位医生治疗。但到最后，索菲娅也未能掌握象征学者身份的拉丁语。

布拉赫家族的其他成员都对索菲娅订婚的消息感到不齿，但索菲娅是个拦不住的人。整个家族中仅有第谷表示理解。尽管他尊重索菲娅的婚约，但在生命的最后几年里，他对朗厄和炼金术的好感急剧下降。1594年，第谷以妹妹的口吻创作了一首史诗，是一封乌拉妮娅写给泰坦的情书，这可能是他送给妹妹的最后一份礼物，信中斥责上帝的缺位："你的科学空洞无物，空出钱包只为装钱/而我，为此空出了自己的婚床！"[139]在一个微妙的转折后，泰坦变成了太阳，这对第谷而言是合适的，对他来说，这颗恒星几乎不是任何东西的宏伟中心。更有趣的是，乌拉妮娅恰好就是月亮。

要想理解这个诗意的隐喻，就要看一看第谷的科学工作。写作这首诗的那年，第谷也投入到了月球理论的研究之中。这也是他对天文学这门艺术最后的实质性贡献。

由于设备精度的提升，第谷几乎在不经意间看到了过去上千年都未能发现的异常现象。他发现了章动（nutation）的证据，这是行星纬度在旋转时发生的摆动现象，就像陀螺一样。他以十分复杂的方式揭示了章动所产生的周年差（annual equation）的影响，即由于地球绕太阳运动而造成的月球轨道的变化。

第谷最重要的发现来自他对月食的细致观察，目的在于改进星表的预测。现有预测的问题就是它自身糟糕的证据，第谷就因为相信星表的预测而错过了半程的月食，月食发生的时候第谷正在吃晚饭，而他以为月食会在一个小时之后发生。[140]第谷悄悄地在自己的日志中记录了这次意外，并且简洁地指出"有必要再次验证"。[141]接下来，他更充分地利用了两年之后的月食现象：在相隔八小时的两次观测中，第谷发现预测会比实际情况滞后十弧分。他把日月相接时发生的迟滞时间与日月正交（quadrature）时的迟滞时间，以及二者之间的迟滞时间进行了比较，最后发现二者存在明显的差异。

月球速度的这种变化被开普勒称为“变奏”（variation），它是由于月球的轨道改变了太阳引力对其造成的影响所导致。就此而言，第谷也提到他的偶像哥白尼“无论如何也解释不通的现象……但我相信自己做到了”[142]，但无论他取得了什么成就，都可能只是表象而已。物理学的解释也触手可及，月球的阴影覆盖了所有已经发现的异常，但他从未从数据中坚定地指出速度变化的方式。作为曾经的学生、同事和朋友，开普勒这位机会主义者总是会提出有意义的质疑。“如果第谷坚持自己对这种变化的假设，”他写道，“月球在朔望（syzygy）位置的速度明显更快，而在方照（quadrature）处的速度更慢些。”[143]

正是这个逐渐明晰的月亮形象，在对话中变得更加丰富和无比机智，这也是索菲娅在第谷心中的形象，正是后者首先绘制了这个宇宙隐喻的新大陆。把太阳比作丈夫，月亮比作妻子，在德国诗歌和文化中十分常见[144]，第谷在年轻时的旅途中已经有所了解，但这些未经审视的诗歌总是千篇一律，且以地球为中心。世人认为月亮的地位比太阳更低，形象上更弱，也暗淡无光，尽管如此，每颗恒星都有自身独立的路径。但在第谷的笔下，月亮妹妹和索菲娅妹妹都跟卫星一样复杂，她们多少都认可这样的形象意味着自己在求知上的被动和被迫服从。如果少了她的男人，索菲娅“就显得无光且暗淡”。第谷写道；“我的技艺胜过你的。”乌拉妮娅对痴迷黄金的泰坦轻声说道："但无论你喜欢什么，我都接受。"[145]灵光一现之际，诗人除了在科学家的经验基础上形成自身懒惰的思想以外，什么也做不了。

一旦真相大白，文学世界便开始广泛接受第谷·布拉赫的思想了。就在第谷去世四年后的1605年，塞万提斯（Cervantes）出版了《堂吉诃德》的第一卷，该书是对没落的中世纪社会习俗的绝妙讽刺，书中的主人公把自己拔擢为骑士，还把自己那些不切实际的理想提升到了虚无缥缈的程度。但把第谷视为堂吉诃德式的人物是个错误。[146]无论他有什么样的野心，通过执着的观测，他已成为实用精神的守护者。

透过喜剧的外壳，我们就看到了一个截然不同的作者：英国人莎士比亚。在第谷生命的尽头，评论家可能认为他就是李尔王，但依我们所见，在他与死亡、疏离和特权不断交锋的过程中，第谷总让人想起莎士比亚笔下的哈姆雷特。这基本属实：根据记录，他们可能是在同一天死去的。第谷的国王腓特烈建造了埃尔西诺（Elsinore）城堡，这也是莎士比亚戏剧的背景。第谷的远亲罗森克兰茨（Rosenkranz）和吉尔登斯蒂尔（Gyldenstierne）在遇到这位有抱负的戏剧作家时，也给其留下了深刻印象。而第谷自己那句念兹在兹的名言"不要看起来，而要真正活过"[147]，跟作家那广为人知的段落又是何其相似？

再来看汶岛，乌拉尼堡很快就废弃了。第谷过世后，城堡的部分砖块被拆掉，用来建造一座小房子。[148]第谷此前的很多仪器都被售卖了。盗墓贼闯进了他的坟墓并且盗走了他的合金鼻子。[149]乌拉尼堡光秃秃的地基后来被奉为圣地，旁边建起了一座博物馆。施泰莱堡内部的东西被发掘出来，外部被重新修整。它现在已变得宏伟，但也只是徒有其表。

然而，第谷一生中从未如此沮丧，他无法完全允许这个“哈姆雷特”肆意妄为；后者只是他的另一个富有攻击性的奇怪自我而已。而在布拉格，酒鬼们去上厕所的时候还是会说：“我不愿像第谷·布拉赫那样死去。”[150]第谷在1592年的一封信中写道，“把酒桶里的酒喝到仅剩残渣”需要高超的技术；“好好生活，为我的健康干杯！”[151]

时来运转

开普勒被自己搞糊涂了："我是应该开心呢，还是应该悲伤呢？"[152]最后，他终于可以按照自己的意愿不再与乌尔苏斯争论，而且拒绝发表相关材料。这场特别的竞争如今已化作历史的尘埃。奇特而乐观的信件纷至沓来。只有思虑更加周全，他才滋生了更加奇怪的矛盾心理。因此，他的这句话就显得很不自然："我听说第谷过世了，不胜悲痛：对我来说，数学的光明前景就在眼前。"[153]

而在另一封未获回复的信中，他对梅斯特林谈起了财富的重要性。

> 你可能已经听说了第谷过世的消息。国王下令，第谷留下的天文仪器、各种文件和未完的研究由我负责。别人建议我继续保持低调，我也开始全心整理皇帝眼中最好、实际上也是第谷最完美的作品，这部伟大的著作以《鲁道夫星表》

之名流传于世。为了完成这部著作，我提出的年薪为第谷的一半，即1500弗罗林……如今，就第谷的全部工作而言，最为突出的就是他耕耘多年的观测数据。他的《序曲》充满了纯粹的欢乐。我希望能为有需要的人出版它。我敢说，自己付出了艰辛的劳动……第谷和喜帕恰斯一样承受了巨大的辛劳，他们的工作奠定了整个建筑的基础。但没人能面面俱到。就像喜帕恰斯需要托勒密一样，后者为苍穹建造了其余的五颗行星……总是免不了再会，我亲爱的教授，如果您还在乎这份情谊，写信让我知道。[154]

开普勒迅速采取行动，没有一丝犹豫。

我不否认，第谷死后，由于他的继承人不在，并且他们也没做什么工作，于是我大胆——或许有些傲慢——地接管了第谷留下的观测数据，尽管这违背了他们的意愿，但我是在执行皇帝的明确命令。因为他让我保管天文仪器，我揣度了这项职权的要求，并特别关照了这些观测资料。[155]

观测资料共计24册[156]，开普勒认为每一册里都藏着宝藏。火星的观测数据更有价值，因为这是第谷在遇到开普勒之前便觉得很有前途的研究。

如今，开普勒已成为皇家天文学家，他手握有史以来最伟大的肉眼观测数据，而且已经小有名气。他已经完成了名为《鲁道夫星表》的伟大作品，这也永久地确立了他的地位。令人称奇的是，五年前，他在一个偏僻小村像个热情的小粉丝一样为现在的自己草拟了一封信件。如今，又有什么能阻止他的步伐？

1602年年中，第谷的女婿（原文为stepson，中文译为“继子”，经核实应为“女婿”，后文同——编者注）在漫长而奢侈的蜜月后回到了家，他发现自己的生活已是一团糟。弗朗茨·腾纳格尔现在已成为这个流亡贵族大家庭事实上的家长，但二十几岁的他完全没准备好。他那失去双亲的妻子把自己的房子让给了四个未出嫁的姐妹；[157]女儿还小的腾纳格尔发现自己带领着一帮挥金如土的女人。新的家长不得不依靠岳父留下的遗产。

腾纳格尔皈依了天主教，把第谷的仪器当作自己的卖掉，并且以皇帝鲁道夫之名命名他的长子[158]，跟开普勒对星表做法类似——总之，为了成功不顾一切。终于在宫廷里抬起头来后，他便主张自己拥有《鲁道夫星表》——确切地说，还包括第谷的整个《天文学剧场》——的所有权利。开普勒开始担心自己的生计了。

而当皇帝鲁道夫意识到他的皇家数学家被剥夺了存在的全部理由后，开普勒便被带进了宫里。“我奉命说出哪些作品会出自我的研究，我将用它们维持生活。”[159]

“你会见证我们这个行业的力量”[160]，他写道，然后几乎带着威胁的口吻讲述了自己遇到的麻烦。

开普勒已经对占星术中的确定性进行了极为理性和公正的研究。（“多数这类册子其实都不值得花费时间，更用不上什么经验”[161]，他的信徒写道。）接下来，他就像表演戏法一样把自己有关光学方面的随笔汇集了起来，它们会在1604年以《天文学中的光学》[162]或者《光学》之名出版，并因此奠定了这个学科的基础。如今，开普勒整理了自己最新的成果，即他给第谷打下手的时候开始记录的有关火星的笔记，“我会称之为《火星理论评注》（*Commentaries on the Theory of Mars*），或者《宇宙天文学枢机》（*The Key to a Universal Astronomy*），或者其他别的名字……”[163]

这是个让开普勒多年来夜不能寐的计划，相关成果也能很好地替代《鲁道夫星表》，他认为，任何人都不能以任何理由剥夺三年前第谷亲自指派给他的任务。

“我和第谷的继承者之间爆发了越来越多的争执”，开普勒叹了口气说道。

> 当我着眼于公共利益时，他们却把第谷的作品视为私人财产。这场争吵真让人羞耻，充满了掠夺的指控，于是我向不公平的协议屈服了。其中规定，我的作品未经第谷继承人的同意不得发表。最终，麻烦的事情出现了，许多观测数据只有在他们自愿许可的情况下，我才能使用。根据协议，我并未主张

自己对第谷的遗稿的保护权，而是爽快地把这个权利交还给一位名为弗朗西斯库斯·甘斯内布（Franciscus Gansneb）的人，此人又被人们唤作威斯特伐利亚人腾纳格尔（Tengnagel the Westphalian），他总是盯着整件事中有利可图的部分。[164]

“他就像占着马槽的狗，”开普勒抱怨道，“吃着干草，不与其他狗分享。”[165]

腾纳格尔现在拥有了第谷所有的财产。这位年轻的保护者赢得了政治斗争，但他很快意识到自己输掉了天文学竞争。

独自面对开普勒的时候，腾纳格尔会喃喃自语说：“我不适合这个工作。”[166]这位开普勒眼中的孩子很快放弃了自己的尊严，然后随意而敷衍地向自己在宫廷里的竞争者寻求观测方面的帮助。[167]开普勒欣然应允。[168]他们一起从第谷留下的论文中整理出了《序曲》的第二部分，但腾纳格尔无法胜任自己的工作：这本书充满了错误，并且十分无礼地忽略了开普勒的贡献。而《序曲》的最后三分之一则永远未能写成。

一直以来，开普勒都在利用腾纳格尔的愚蠢，从而能在私底下继续研究火星。他的旧笔记本正在扩充成为一篇卷帙浩繁的专著，所有的章节都被重写，开普勒也为导论写作了诗歌。但腾纳格尔满心顾虑，不肯审阅此书，他建议修改或者直接批准。而那个要求开普勒做事的皇帝此刻也不再提供出版资助。出版界的形势又令人十分沮丧，开普勒甚至都开始考虑分发自己作品的手抄本了。[169]这个权贵政治的世界并不适合他的天性。

到1604年，开普勒给每一个愿意了解自己成果的人写信，有些人对他无法出版此书感到遗憾。“毫无疑问，”开普勒断言，“做出了那么多新的发现，我们也可以合理地认为，新的天文学出现了。”[170]

开普勒为自己的著作想好了名字。如果此书能出版，那它就会是科学史上最具革新意义的著作之一。他写信给梅斯特林表达了自己的担忧。

“如果你是第谷，你会因为我大胆的打扰而恨我吗？”[171]

天文学之战

约翰内斯·开普勒的《新天文学》[172]是战时的数学史诗。就在他所处的时代，孩子因为瘟疫病死街头；反叛的农民被吊在树上；路德宗信徒会鄙视巡逻的天主教贵族。在公共生活领域，开普勒向来试图化解仇恨和困惑。但奇怪的是，在自己的私人书房工作时，他的天文学研究的基调似乎跟当时的社会环境没那么大差异。开普勒试图提出一个模型来解释第谷的火星观测数据。这就是他的战斗。[173]

如果这听上去有点夸张，但也是开普勒所期待的。他在书的导论中认为，哥白尼并不是一个沉默的天主教教士，而是一位暴力且充满攻击性的天文学家。

有传闻说，雷蒂库斯（哥白尼的门徒，也是第一位敢于设想重建天文学的人）对火星的运动感到惊奇但又无法弄明白的时候，曾向一位智慧的朋友寻求神谕。而残忍且暴躁的赞助者哥白尼则揪住这位纠缠不休的探索者的头发，不停地把他的头往墙上撞，还把他的身体压在地板上说道，这就是火星的运动，你满嘴都是恶毒的谣言。[174]

开普勒回想起了他所有离去的同道。尤其是第谷，他去世之后反而越发变得亲近了。开普勒还写了几首诗歌纪念他。

尊贵的人啊，求您容我，不要蔑视跟随的人：
我的一切都是您的恩赐，我以后的成就也都属于您。
您的丰碑让我得以安宁，不必忧愁：如果没有您，
我会默默无闻；您是父亲，我因您而生。[175]

接着，开普勒转向了"艰难而激烈的战斗"。[176]他反复引用维吉尔关于战争的神秘诗歌。[177]古老的神祇发出警告："开普勒啊，停止与火星作战吧。"[178]这将成为《新天文学》的主旨。每一个角落，每一次明显的成功之后，都有一场新的战斗要打。"胜利显得徒劳，"他悲伤地说，就在最后一刻，"全面的战斗又重新打响。"[179]但他不会退却。

《新天文学》是一本庞杂而没有章法的书[180]，读者无法预见到其内在思路的转折。这是一本数学的《奥德赛》。就像这个古典神话描述的一样，一路上，开普勒也遭遇了数学上各种可怕的野兽、

海妖、独眼巨人和食莲人。有一回，他几乎是碰巧史无前例地画出了第一幅函数图像。开普勒对这个陌生的事物毫无概念，稍费笔墨之后便进入下一个话题了。为了解决前人提出的火星偏心匀速点的问题，开普勒不得不发明了一种耗时费力的办法，他对此做出了解释，并请求读者理解。“如果这个令人不便的方法让你感到厌烦，”他写道，“你应该更加同情我，因为我至少演算了七十次之多，我在这上面耗费了大量时间，读者诸君也不必怀疑，自从我开始研究火星以来，已经过去五年了。”[181]

这番话并非过度谦虚。开普勒为了攻克火星难题耗时经年，乃至他完全没有精力关注此前所有的天文学传统。传统受到诅咒；结束战斗才是最重要之事。在战斗的迷雾中，开普勒放弃了圆形轨道的想法，并开始考虑火星轨道为椭圆的可能性。无数次失败的尝试后，他称自己为“性急的狗，养出来的也是瞎眼的狗崽子”。他还尝试用卵形乃至五角星或者别的任何形状来结束战斗。

但这些奇怪的卵形产生了一个令人困惑的问题，即如何判断行星在轨道上的速度。像以往一样，为了回答这个问题，开普勒再度进行了一次疯狂的信仰跃升。实际上，他已经这样做了好几次。

而第一次信仰跃升无疑步子迈得最大。《新天文学》的副标题是“基于因果律或天体物理学”。而正文中间部分的标题则是“深入天文学内核的关键，及对天体运动之物理原因的大量考察”。开普勒处理几何学问题的一个重要角度被他自己称为“物理方程”。[182]

面对行星运动的问题，开普勒发明了天体物理学。[183]

这项发明完全由他独自完成，其中的想法很独特。他把第谷按照哥白尼天文学理解的观测数据融入自己的和谐世界理论之中。亚里士多德认为，行星是形而上学的存在，它们由天使推动，每颗行星都有独特的灵魂。开普勒对虔敬的看法则全面得多：他认为行星由单一的物理学的力所推动，这种力来自灿烂的太阳。开普勒称这种物理学上的力为种子（species）或推动力（motive power）。

> 太阳内部隐藏着某种神圣的东西，跟我们的灵魂比较类似，这种从太阳内部流出的种子推动着行星旋转，就像扔鹅卵石的人的灵魂释放出的运动种子一样，后者存在于被扔出的鹅卵石中，即便这个人的手已经放开，种子依然存在。[184]

关于“种子”的话题无人问津。除了开普勒，别的物理学家都没有认真对待它。但开普勒的这种观念——用种子这个概念代表行星被物理学的力所驱动——非常严肃。这意味着上千年来，由“托勒密”“本轮”和“偏心匀速点”等关键词拼凑的官样文章主宰的历史的终结。它还意味着，天文学家不再从属于亚里士多德的形而上学，也不再只能对行星运动做些数学运算，他们现在能够把这些运动当作自己的科学主题公开地进行讨论了。换言之，这个观点还意味着，研究永恒原因的形而上学——亚里士多德称之为“神学”和“最高的科学”——在涉及天体时，也成了物理学的组成部分。天体物理学的发明并非宗教和科学斗争的结果，而是它们之间和平、充满爱意和肉欲的结合。它们的结合旨在结束另外一场战争，即人类理智对火星和其他天体运动的反对，开普勒是二者结合的产物。

天体物理学真的是新的天文学。有了它，人们自然会认为，行星在轨道上的速度符合物理学定律。就此，开普勒又一次实现了信仰的跃升。

开普勒说，根据物理学的原因，行星在轨道上的速度跟它与太阳的距离有关。接着，在没有任何证据的情况下，开普勒声称，行星与太阳的距离和它们之间的连线随时间而运动所扫过的面积直接相关。开普勒掌握的几何学和代数学尚不足以证明二者的关系，这需要全新的微积分方法。有一次，开普勒甚至停下了手上的工作，恳求几何学家发明一种新的数学。“众多一流的数学家不断把精力投入到用处可疑的问题上，”他写道，“我呼吁大家帮帮我！”[185]

开普勒又是如何得知行星与太阳的距离与连线扫过面积的关系的呢？他为何总是能够预测未来？

小时候，开普勒就渴望获得预言的能力。他最后一次决定性的信仰跃升最不可思议，也最为著名。火星的卵形轨道有上百种不同的选择，多数都丑陋难看。但所有最为精确的卵形轨道都接近某种优雅而饱满的样式。开普勒意识到，此处的卵形“与椭圆形基本上没区别，”接着又说道，“似乎火星的轨道是个完美的椭圆形……哦哦哦，为何不放弃卵形，为何不……”[186]

“直接假设它为标准的椭圆呢。”[187]

只言片语间，这个奇特但优雅的子嗣便切断了它与祖辈的联系：椭圆形是由卵形演化来的，而卵形是由圆形演化来的，这个圆形被采纳为开普勒的理论基础。战场上没有宗派，没有游行队伍，只有一位凭借自己的理论奋力终结战斗的小男孩儿。开普勒在战斗正酣之时笑着说道：“就好像是从中间的地方挤压油脂四溢的香肠，香肠中填满了碎肉，人要把碎肉从香肠两端挤出。”[188]

椭圆的定义很简单。它有两个焦点：取一节绳子，然后将其绕两个不同的点形成一个圈。现在，用铅笔的端点拖着绳子形成一个绷紧的三角形，接着让铅笔端绕这两点旋转，椭圆就画好了。而在开普勒的作品中，这个椭圆被更合理地理解为圆锥的闭合平面交点。

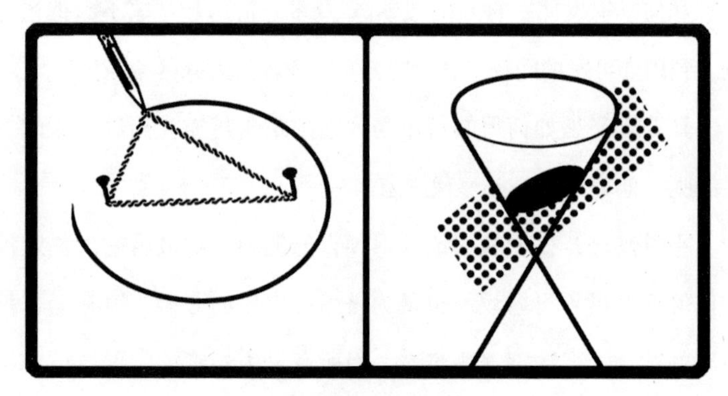

椭圆的两种制作方法。

开普勒发现一个宽度合适的椭圆，并用自己的观测结果做了测试。他回忆起那灵光一现的时刻，“就好像，我从梦中醒来看到了新的光芒”。[189]这个椭圆完全符合观测结果。开普勒找到了椭圆，发明了天体物理学，还发现了主宰行星运动的规律。天文学之战结束了。

云端晨曦初露，照在这纸笔的战场。开普勒胜利了。《新天文学》是他胜利的凯歌，歌里有英雄、恶徒、殉道者和懦夫，共计六十个乐章。

最终，意识到和平已经到来的开普勒用一幅特制的木版画作为全书的结尾。天文学女神乌拉妮娅乘坐战车踏上了最后一个本轮，她手持月桂冠，为和平主义者、火星征服者和战神开普勒加冕。[190]

开普勒第一定律：

行星的轨道为椭圆，太阳位于椭圆的一个焦点上。

开普勒第二定律：

运动中的行星和太阳的连线在相等的时间内扫过的面积相等。

跃升

但丁的《天堂》是其《神曲》三部曲的终结篇，与此前的两篇不同，《天堂》是一首关于天文学的诗歌。[191]但丁曾经上升到了天体之中。如今，这些天体第一次被视为历史的陈迹，但丁遨游了七大天球，并且认为天球掌管着行星和恒星。

> 我就回过头来，让我的眼光
> 经过那七座天体，看到了
> 我们这人寰的可怜模样，我笑了；[192]

科学上的谬误会改变一首诗的优点。但丁并不是很介意。

> 我身处其中，但并未觉到跃升。
> 就像无人能意识到

尚未萌发的念头一样。[193]

尽管出生在破碎的德国的边远地区，但开普勒已经成长为欧洲天文学界最权威的人物。他曾是上一代最著名的天文学家的下属，并且获得了前辈大师的眷顾，但开普勒活得更长，还解开了大师心中的多数难题。1604年，又一颗超新星划破长空，大自然像是在对自己喜爱的守护者表示庆贺。这颗超新星的亮度甚至超过了第谷发现的那颗，它后来被命名为“开普勒超新星”。似乎，余下几十年就剩艰难但乐在其中的研究了，开普勒的耳朵里响起的像是教堂合唱团歌声悠远的回响，但他总感觉不完整。

优势地位并非不可抗拒的喜悦。这意味着你先人一步。就在升入天堂之前，但丁转过身去和诗人维吉尔交谈，那曾是他的领路人。“但维吉尔已经离开，我们无依无靠：维吉尔，最可爱的父亲；维吉尔，我为了获得拯救而听从于您。”[194]

一天，正在书房工作的开普勒已经勾勒好了《新天文学》的核心框架，突然看到了桌子上的一封信，于是他打开信读了起来：

致：最聪明和最优秀之人，

约翰内斯·开普勒先生，

尊敬的国王陛下的天才数学家，

他的师长以及他的坚贞不屈的朋友。[195]

我们特别的救世主基督会让我们得救。几年来，勇敢而著名的先生，信仰坚定且真诚的朋友啊，我一直疏于回信。您已备受崇敬，因此也可能看不上我了，如果您愿意，您坚定的心灵、虔诚而热烈的爱并没有松懈，而是紧紧地站稳了脚跟。我只能猜测你有多坚定。一些顾虑阻止了我的来信，我真的不想细讲，也不想继续为自己辩解，唯有一事除外：您卓越的数学能力让我不知如何回复。

我不得不承认，您研究的问题有时候过于崇高，我仅凭自己的才智和学识已无法企及。因此，我不可避免地会变得无话可说。过去的事，就不必再提。从今以后，上帝为证，我真挚的朋友和先生，我会竭尽所能弥补以前的怠慢。我知道的，就知无不言；我不懂的，就会坦承自己的愚昧和无知。

这颗新星令人惊奇。我清楚地记得在三号或四号那天看见几束强光穿过云层。但接下来让人称奇的是，从我所在的地方看去，它又被别的云层遮住了。

我真是无比开心，因为一直困扰世人的火星运动问题已经被您解决，而且您几乎已经结束了争论。必须坦诚地讲，像我这样愚钝的人并不能完全理解您所写的东西。就我搜集的材料看，您以前的信里也谈到过它们的数量，这些数字向我指出了此项事业的开端和基础。

由于您在那次来信中并未告诉我相关事实，这又让我更加无从开口表达自己的想法了。在其余各方面，我还是赞同您的看法。是时候道声再会了：愿上帝保佑您平安，以及保佑您的研究能够圆满完成。

1605年1月28日于图宾根

您忠诚而真挚的朋友

迈克尔·梅斯特林教授

但丁不是被维吉尔，而是被他童年时挚爱的“天使”比阿特丽斯（Beatrice）领进天堂的，她是一位纯洁且完美的基督教女孩儿。对但丁而言，不是物理学，而是爱——上帝之爱和比阿特丽斯的爱——为行星提供了动力。而构成但丁三部曲中最不可能之形象的，不是上帝的祝福，也不是坐落在山上的伊甸园景象，以及急不可耐的撒旦，而是比阿特丽斯。

芭芭拉·开普勒是个好女人，她艰难的一生充斥着身为母亲的辛劳和心碎。芭芭拉的幼年时期过得还算富足，这是她丈夫所不及的。“约翰内斯是不是在日常用度方面亏待了她？”众人低声议论着这对夫妇，“难道她不知道吃东西吗？”[196]开普勒总是在书房忙碌着；而芭芭拉则被小市民中伤，她因为丈夫特立独行的宗教观念而受到排斥。人称她为“占星师夫人”。开普勒笔下的妻子也蒙上了一层可怕的阴影：那就是——他敢说吗？（是的！他必须永远直面恶魔，面对面！）——阴郁。

他们的婚姻已经成为习惯。“我们俩都清楚彼此的感情”，开普勒写道，但“我并未感受到多少爱意”“她的爱全都倾注到了孩子身上”。[197]现在我们已经有三个孩子，另外还有三个在婴儿时期便夭折。[198]芭芭拉怀孕的时候，有很多女性围着她转。她也曾受人崇拜。

芭芭拉并不是像丈夫那样伟大的神学家，但她更加虔诚。路德派的狂热运动比比皆是；反复无常的鲁道夫皇帝也逐渐衰老，他加强了城市的军事管制，以镇压新教起义。反宗教改革运动已经蔓延至布拉格。芭芭拉走在满是血迹的街头，手持祷告书来安慰那些饱受瘟疫折磨的人。

但她也不幸染上了伤寒。

芭芭拉卧床不起，身上散发着难闻的汗臭，无计可施的医生只好建议为她换上新衣服。她举起双臂，隐约意识到：“这是救赎的装束吗？”[199]丈夫为她而作的短诗集印好了，其中的一首古体诗让芭芭拉很是欣喜。

尽管现在你只感受到阴霾，

忍耐生命：与你同在的灵魂永远能够

感受它炽热的本质。

闭眼无视这道光，你为何颤抖？

放下所有的恐惧，去往更好的地方吧。[200]

另一首诗的开头写道："开普勒，与星辰永结连理。"[201]

几年前的1605年，就在开普勒发现行星椭圆轨道的时候，他也开始怀疑自己命不久矣。童年的回忆涌上心头，他请求自己在图宾根大学的导师协助整理出版《新天文学》手稿。"我说不定就要死了。"[202]"没问题，"开普勒收到导师的正式回复，"如果你在手稿尚未出版时便去世，我们会接着完成后续工作的。我们都希望你能挺过繁重的工作和操劳。"[203]在整个5月和6月期间，开普勒又发了一次高烧，这促使他洗了个热水澡来"净化身体"。这是他第一次这样做，他在热气中感到难以呼吸。"通常来说，我这种人活不长。"[204]

《新天文学》构思于1600年，完成于1605年，到1609年又遭遇出版困难，历经无法言喻的辛劳之后，它终于来到开普勒充满温暖的臂弯。他还要继续歌唱。但也快曲终人散了。

"我想这就是上天的安排"，开普勒笑着说。[205]

我们并无证据表明，开普勒曾阅读过但丁的《神曲》，尽管有这种可能——当时的市面上是能够买到该书的拉丁语译本的。开普勒肯定读过但丁的引路人维吉尔的作品，但这又隔了一层。他们二人并无直接关联。这不过是个隐喻，开普勒的生命不断向上，直到终点，像极了这位意大利作家。

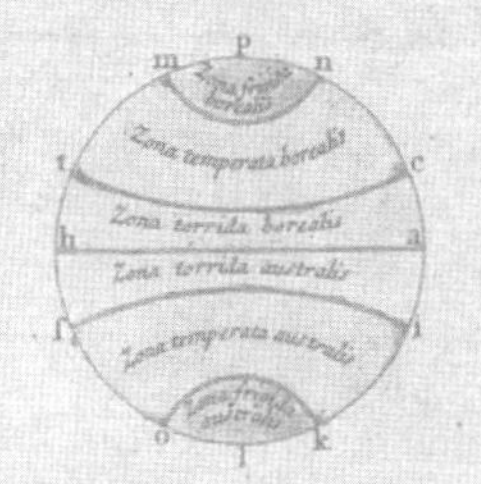

伽利略·加利莱伊

非常拥挤，必定相互交织

剧中人物

约翰内斯·开普勒	皇帝的御用天文学家
罗伯特·贝拉尔米内（Roberto Bellarmino）	彼时占统治地位的神学家（伽利略的对手，反派）
贝内代托·卡斯泰利（Benedetto Castelli）	底层人士
詹弗朗切斯科·萨格雷多（Gianfrancesco Sagredo）	僧侣和贵族
菲利波·萨尔维亚蒂（Filippo Salviati）	人称“伽利略主义者”
费代里科·切西（Federico Cesi）	
托马索·卡奇尼（Tommaso Caccini）	底层人士
尼科洛·洛里尼（Niccolo Lorini）	僧侣和贵族
克里斯托弗·沙伊纳（Christopher Scheiner）	人称“伽利略的反对者”
神圣罗马帝国皇帝鲁道夫二世	年迈的波希米亚国王

马费奥·巴尔贝里尼（Maffeo Barberini）	杰出的教会人士
维尔吉尼娅·加利莱伊（Virginia Galilei）	伽利略的孩子们
温琴佐·加利莱伊（Vincenzo Galilei）	
利维娅·加利莱伊（Livia Galilei）	
弗朗茨·腾纳格尔（Franz Tengnagel）	第谷·布拉赫的女婿
马丁·霍基（Martin Horky）	一位年轻的徒步旅行家
安东尼奥·马吉尼（Antonio Magini）	霍基的能干的博洛涅塞教师
苏珊娜·罗伊特林格（Susanna Reuttinger）	开普勒的新欢
卡塔琳娜·开普勒（Katharina Kepler）	开普勒的母亲
美第奇（Medicis）家族	皇室成员，出身显贵
教皇	他的逝世让时间计算单位细化至秒

主要作品

《星际信使》(*Sidereal Message*)、《试金者》(*The Assayer*)、《关于两大世界体系的对话》(*Dialogue on the Two Chief World Systems*)、《两门新科学》(*Two New Sciences*)

本节涉及年代

1604—1642

下降

1588年，伽利略第一次争取教授职位时，他被要求就但丁《地狱》中地狱的确切大小和形状展开论述。深处地狱的但丁内心满是怜悯，但伽利略成功地不为所动。对冥界的纯粹物理阴间恐怖以新的方式表达出来，即封住他的冰的厚度。地狱每一层都是呈线性递减的圆周，整个地狱看上去就像个底朝上的圆锥，深度为3 245英里（约5 222千米），刚好位于耶路撒冷下方。“下地狱是件容易的事，”伽利略警告说，“几乎不可能逃脱。”[1]

到1604年，伽利略在著名的帕多瓦大学获得了他梦寐以求的全职职位。至此，他开始为人师表。他是位优秀的老师。“跟随伽利略先生，”一位学生担保道，“我三个月里学到的东西比多年来从其他人身上学到的还多！”[2]“就我目前掌握的知识而言，”另一位学生感叹道，“我已经成为您的门徒。”[3]他关于新星的讲座非常受欢迎，甚至学校里都没有能够容纳来听讲座的全部听众的大厅了。伽利略果断地决定在室外举办讲座，上千名学生摩肩接踵前来一睹为快。[4]

伽利略的教学风格犀利、富有挑战，甚至还有点咄咄逼人，整个教学过程的视觉表达倾向很重。刚踏上学术道路的时候，伽利略用一个机智而神秘的图表解决了某个关于重心的问题，他把书面的解决方案寄给了几位学者。其中一位表示困惑，伽利略直接以别的方式再将图表画了一遍，然后寄了回去。“于是，我看明白了先生的思路”，[5]二人终成朋友。一位诗人和伽利略短暂接触后，回忆道：

> 我经历的事情刚好也是被小动物咬伤之人所经历的。刚刚被叮上去的时候，人并不会感觉疼痛，只有叮进去了才意识到受了伤。我也一样，我都没有感觉到自己在接受教育，只是在我们讨论之后才发现自己有点儿哲学头脑。[6]

亚里士多德曾与学生们在学园柱廊下散步时讨论哲学，他们的学派也因此被称为“逍遥学派”，又称“漫步学派”。早期的一位学生成为一名教师后，伽利略也会在课后与年轻的数学家们在阿尔诺河河畔散步、聊天。[7]我们不难想象他是跟谁一起养成这个习惯的。伽利略身后留下的学生自称“伽利略主义者”。“他的谈话中充满了智慧和自负，”一位学生写道，“富有严肃的智慧和敏锐的洞察力。他关心的主题不仅包括精确的科学，还包括音乐、散文和诗歌。他对维吉尔、奥维德、贺拉斯（Horace）、塞涅卡（Seneca）都记忆犹新，了如指掌，在托斯卡纳（Tuscany）人中，他几乎了解彼得拉克（Petrarch）的全部作品，而诗人阿里奥斯托（Ariosto）的诗歌更是他的心头爱。”[8]

尽管身体日衰，但这位四十岁的长者从未休过病假。[9]相反，他还会在周末乘船前往威尼斯（Venice）饮酒作乐。“真是上帝保佑，让我生在了一个如此美丽的地方，”一位刚认识的朋友带着他游览城市的时候说道，“我们的自由感染着所有人的心灵。这真是世界上独一无二的事情。”[10]此人正是高贵而勇敢的詹弗朗切斯科·萨格雷多。他留着浅浅的胡子，堪称世上最逍遥之人。他很高兴地带着自己的朋友前往威尼斯的“赌场”。待伽利略发觉一位妓女怀上了他的孩子后，便带着她回到了家。[11]

这位女子名叫玛丽娜·甘巴（Marina Gamba），就住在距离伽利略的家步行五分钟路程的地方，这也是作为仰慕者的伽利略所喜闻乐见的事情。伽利略此时的工资已经涨到了最初的五倍。就在女儿快出生的时候，他搬进了市区内一处不算小的别墅。而在二女儿出生的两年后，他又在附近购置了一块土地作为更大的后院。[12]利维娅和维尔吉尼娅姐妹俩可以在这个后院里玩耍，此时她们分别为三岁和四岁，黑色和黄褐色的头发迎着帕多瓦凉爽的微风飘动着。不过，她们多数时候在室内活动，以方便佣工照顾她们，而伽利略意外遇到的情人也会参与其中，而她很快就会怀上他的第三个孩子，一个男孩儿。是的，伽利略热爱他那与众不同的小家庭，的确如此；他甚至会罕见地求助于占星术预测女孩们的性格。[13]这是“我生命中最好的十八年”。[14]

及至中年，伽利略已变得十分忙碌，但他总能抽出时间打理花园。他穿上皮质工作服，在大黄、菠菜、芦荟和玫瑰的沟床旁的一块块空地上，种上了哈密瓜、甜瓜、木瓜以及他最爱的酸柠檬。[15]这里种下的是生命之诗；他开始记诵意大利歌唱家阿里奥斯托的作品[16]，后者在八十年前创造了“人文主义”一词。伽利略认为阿里奥斯托对一处花园的描述十分动人。

> 你会看到，就在其他任何地方，一天之内
> 花朵如何诞生，盛放和凋谢，
> 以及它又是如何掉落在枝干旁的，
> 它要遵循季节的变换。
> 但这里的一切都还是翠绿的。[17]

“他会亲手修剪和捆绑藤蔓，”一位崇拜的学生回忆道，“农活成了他的哲学的来源。”[18]

伽利略的耕耘越发深入了。

向上离开穹顶

东西为何会掉落？当然，这个过程一开始是缓慢的，然后越来越快，但我们根本不清楚掉落发生的具体时刻，更别提掉落的实际轨迹及其原因。但在任何一种情况下，下降都以上升为前提。

伽利略的一生都致力于回答上述问题。他在书房中想出了答案，这里离制图师的工作室很近。工作室里面放了一些小木块和他全部的木工工具，比如一端系有重物的测量长度的羊肠线、小巧的黄铜球和成卷的羊皮纸，最重要的则是用于记录和分析的羽毛笔和墨水。

伽利略是一位极度细致的研究者，甚至有点儿过了头。及至中年，他还几乎没发表什么作品。朋友间流传着一个玩笑，他与人合写了一部描写新星的垃圾书斋剧，但选择了匿名发表。“我意识到自己的论据十分勉强，”他道歉说，“它们不值得示人。”[19]他还写了深入论述运动的文章，以及关于哥白尼天文学的小册子，但这些论著都没有达到他严苛的行文和科学标准。

缓慢的研究未必不好，宁静的生活也不比嘈杂的生活更糟。就在我们的故事发生的这天，他回忆道："实验并未被忽视。"

> 取一块长约12腕尺（约5.32米）、宽半腕尺（约22.2厘米）、厚三指的木模；木模边上凿出一条一指出头宽的槽。我们把这个沟槽做得十分笔直和平顺，然后还用砂纸进行打磨，接着，我们在沟槽内侧衬上了牛皮纸，尽可能让它保持光滑，然后用一个坚硬、抛过光且十分圆的铜球从上面滚下。在这个过程中，木模需要倾斜放置才能完成实验，可以设置一端比另外一端高出1 ~ 2肘（约44.37 ~ 88.74厘米）。按照目前描述的方式，我们记录了铜球落下的时间，并且为了保证准确而多次重复实验。[20]

生活在机械钟尚未得到改进的时代，对任何物理学研究者而言，计时会成为实验的软肋。伽利略按照自己的方式把时间变成了一个物理量。"我们用到了一个大水罐，"他解释道，"其底部焊接了一个直径很小的管子，小股水流从中流出，铜球每次下降的时候，我们会用小杯子收集铜球下落期间流出的水量并称重。"[21]

在公众心中，这种基础而严谨的研究难以获得关注。人们都渴望新奇的东西：有趣、让人眼前一亮的有用之物——他们向来都称这种东西为“自然的魔法”。[22]

> 接下来，我们让铜球滚完四分之一长的通道，并测量用去的时间。然后，我们又试了别的长度，以及别的倾斜度，乃至于在重复一百次之后，铜球滚下距离与倾斜度的比率都没出现差异。我们发现，铜球滚过的空间距离总是与所用时间的平方成正比。[23]

现在，伽利略又有了新的发现。[24]作为一位严谨的数学家，伽利略总是对自己的实验感到不安。“就观察到的意外情况而言，我并没有用完全不容置疑的规范来得出什么公理”[25]，他如此主张道，然后开始尝试合理的理论证明。

在他的一生中，这些内在的不一致就像杂草一样不断生长。他想要更多的资金；萨格雷多试图凭借自己的贵族身份为伽利略争取另一笔加薪，但未能成功，于是他很沮丧，后来也再没想过此事。维尔吉尼娅和利维娅的生活也只能说过得去。与此同时，伽利略的公开教学活动还受到大学法规的监管，这让他必须恪守经典：一年讲托勒密，隔年再讲欧几里得。但私底下，他的研究不断地超出书本的范围，闲来无事，他会摆弄一个原始的温度计，也会在阅读了磁学资料后把玩磁石。[26]但除了他最喜爱的、最优秀的学生，威尼斯的绅士和贵族们也对这些东西反响热烈。

到这年年中，伽利略与一位公爵取得联系，并表达了自己想成为一名“宫廷人物”的愿望。公爵向伽利略问起一位医生，他需要这位医生开的药物。伽利略认识这位医生的儿子巴尔达萨·卡普拉（Baldassar Capra），后者“大约二十四岁，也像父亲一样研究医学，并且还研究天文学和神断占星术（judicious astrology）。他有丰富的实践经验，具备敏锐的判断力。这是我能为那位阁下提供的全部信息。他若要我更加深入地了解，我会听从他的吩咐”。[27]这件事体现了伽利略的能力，但还不够。

宫廷无法支付与他教书所得同样的薪酬。但他也难以回绝皇家的慷慨：“如果陛下在意我精神的完整，我相信只有最真诚之人才能认识到这一点，但由于自己的盲目，我并未认识到那些心明眼亮的人看到的缺点。愿他赦免我，并原谅我的软弱。”[28]

宫廷生活能够带来恩宠和名声。伽利略是一个文人，名下没有作品，也没有需要挂念的家庭。也许他最近的实验中有一些值得一提的东西，于是，他为自己的发现提出了实际的应用。垂直运动的平方，与均匀的水平运动结合时……正如宫廷里的一位朋友建议的那样。

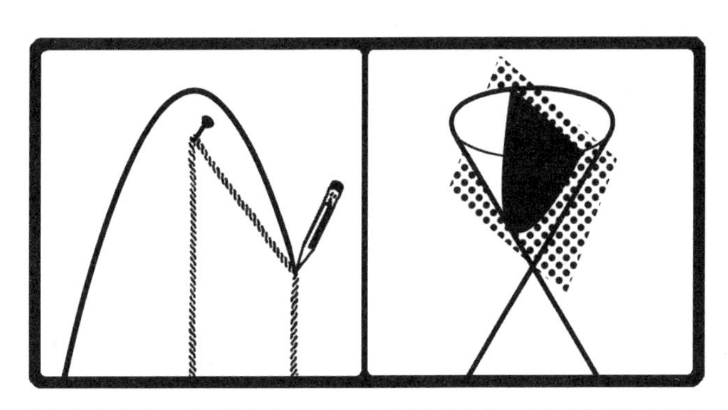

抛物线是圆锥的一种开放的平面交点。它可以被认为是一个焦点无限远的椭圆。

如果人用弹射器、大炮、徒手或者用任何别的办法投掷一个球体，球体在下落时的轨迹会与其在上升时相同；这是一条类似抛物线的轨迹。[29]

尽管并未发表，但以上描述是伽利略的第一个重大物理学发现——自由落体定律。

自由落体定律

物体下落所经过的距离与其下落时间的平方成正比。

学生

并不是所有的学生都心怀感恩。1604年4月21日，伽利略雇用了18个月的抄写员觉得，有必要让当地调查官行使一下职责了，但结果非常尴尬。“伽利略从未忏悔过，也没有参加过圣餐，”这位学生表示，“而在周末，他也没参加弥撒，而是去了威尼斯妓女的家……还称自己的母亲为巫婆。”“不过，在信仰方面，我相信他是个信徒。”[30]威尼斯的官员们听到这种抱怨时，在庭外笑出了声：伽利略为什么这么做？如果他在照看家人方面如此困难的话，也许他们应该多给他发些工资。[31]

不管身价几何，伽利略一直都受到很好的保护，他甚至从未听闻过这些指控。他可以在教学、辅导、育儿和研究之间实现巧妙的平衡。

私底下，学生们对他最为了解；伽利略也因此了解到自己祖国新出现的多样性。萨伏依人、斯拉夫人、无法确定身份的混血儿，以及大量波希米亚人都像意大利人一样出钱让伽利略讲授个人课程，其内容涵盖宇宙学、光学、算术以及他能教的所有内容。[32]多数学生都是军人，他们试图掌握田野调查所需的基础几何学知识，但其中一些人在学术上很有造诣。

十七岁时，贝内代托·卡斯泰利就成了本笃会的修士；十年后，他会在工作之余帮助伽利略做实验。此人有些矮胖，额头很宽，没有一丝高贵可言。但伽利略回忆说："他让所有的科学熠熠生辉，在德行、宗教和虔诚方面也都很完满。"[33]其他修士则只是坐着静听伽利略的讲座。

卡斯泰利是伽利略所能想到的最好的那类朋友。多数学生都比较疏远；伽利略曾教授第谷·布拉赫的侄子设置防御工事[34]，但他早早地离开了课堂。在前往意大利寻找出众的天文学家为已故伟人作传的过程中，第谷的女婿弗朗茨·腾纳格尔也面见了伽利略。但腾纳格尔意识到，伽利略不是他要找的人：他是一个"嫉妒的讼棍，一个不知名的小毛孩儿，更是一位因为无知而浅陋的数学家，至死也发表不了什么作品"。[35]第谷是一位物理学知识停留在古代的近代天文学家。伽利略本来就研究物理学，他还仔细研究了第谷的天文学。

1597年，年轻的约翰内斯·开普勒给伽利略寄来了一本名为《奥秘》的著作。伽利略回信说：

> 几个小时（而非几天）前，我收到了您的大作。因为送

书的信使要回德国，我想，如果不对您的礼物说几句感谢的话会显得很没礼貌。于是，为了证明我值得您的青睐，我向您表示莫大的感谢。我只看了序言，但已经明白您的意图，我庆幸自己遇到了一位志同道合的真理探索者和真理之友。可悲的是，真理的门徒是如此稀缺，也很少有人不去遵循那些有缺陷的哲学。但此刻为我们身处世界的苦难扼腕还不合时宜。我为您在证明真理的过程中发现的美感到欢喜，我保证自己会认真阅读您的著作，因为我确信其中很多地方都会让我眼前一亮。我以前也急不可耐地做过同样的事，多年前读到哥白尼的想法后，我用它思索出了许多自然现象的原因，当时我怀疑寻常的假设无法做出解释。如今，我已经做了很多计算，也推翻了许多对立的论点，然而，我不敢将其公之于众，因为哥白尼——我们的导师——的命运让我退却。尽管他在少数人眼中获得了不朽的名声，但圈子外还有无数人（因为愚者无数）嘲笑他。我应该宣传自己的想法，就跟您一样，但是并没有，唉。我拒绝痛苦。[36]

天文学的意义如此之大。在私人教师这个身份上，伽利略讲授占星术不如他作为欧几里得几何学中一个特别有用的工具的仲裁者名声大，这个工具叫作比例规（sector）。它是伽利略搞的家庭手工业的产物，为此他雇用了住家的手工艺人和抄写员来复制说明手册。1602年，他遇到了年轻有为的巴尔达萨·卡普拉，后者解释了这个工具的工作原理。

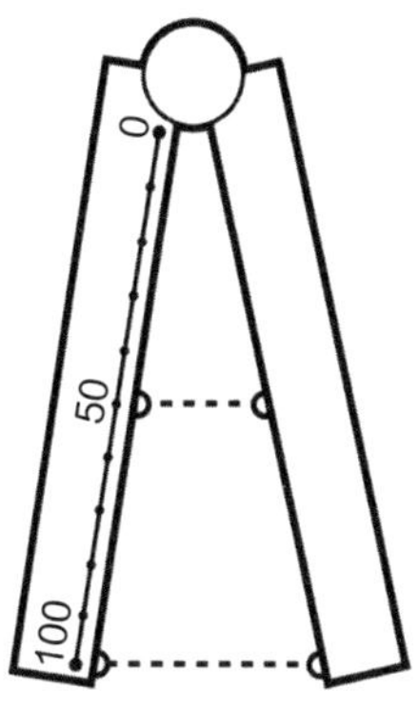

用比例规平分线段。

大量应用几何学都可以用两个概念表述：尺度（magnitude）和比例（proportion）。[37]将一个普通的圆规（compass）两只“脚”张开并放至截线段的两端，就能很容易地测量其长度，但没有明确的办法来测量比值，因为这样会丢失原来的尺度。比例规改变了这一切，它就像第二个圆规；它为比例赋予了实际的意义，即某种空间中的物理存在。

取两块较宽的金属板，一端用铰链连接，平放在纸面上。金属板正面刻有各种数字刻度。把这个比例规朝一个线段打开，并将线段与象限仪上的某个刻度对应，我们只需在象限仪上查找刻度的相同变化，就能找到与这条线段成比例的长度变化。通过读取新线段的长度，相关测量就可以代替原来的计算。

这些刻度不仅是算术的，而且是几何的，这让计算平方根变得容易。我们还可以进一步校准刻度以测量固体的体积、金属的重量，甚至可以化圆为方。这个装置有助于军事行动中的侧翼攻击，也有助于确定铸币的交易汇率，它还能帮助测算火炮的火药用量。伽利略一生中从未与人对战，但他并不反对战争。

卡普拉离开课堂时，留下了一个比例规及其使用手册，这本意大利语手册清楚易懂，其中还为那些“没怎么受过教育的人”增加了平实的说明。[38]“要快乐！”[39]这句话成为导言的基调。

卡普拉两年来一直如此，直到他发表了自己的第一部作品之后才变了个人，他的这本讨论新星的小册子旨在批判伽利略的相关讲座。[40]他在书中称伽利略“最优秀，教导有方”，但“似乎对数学问题不甚关注”。[41]这本书是献给卡普拉的叔叔的；卡普拉是一位高贵的青年，家人对他寄予了厚望。

收到这本书后，愤怒的伽利略开始了人身攻击。“他的父母是野兽”，伽利略在页边写道，卡普拉则被伽利略称作“我的阉牛”。[42]但伽利略拒绝正面回应——因为他认为世上愚人甚众。

1605年，伽利略在教学方面的口碑已广为流传，甚至骄奢淫逸的美第奇家族也宴请他私下辅导家中的孩子。“阁下，我到现在才回复，”伽利略写道，“是出于羞耻的恭敬，而没有半点儿的鲁莽和傲慢”“我渴望成为您忠诚的仆人！”[43]五年后，比例规的使用说明手册首次顺利印刷，他把这本小巧精致的说明书献给了自己那著名的新学生。伽利略终归还是以自己的名义发表了作品。这个特点也许能让他成功。

如此缓慢地向着成功迈进二十年之后，伽利略于1607年发现，自己制作的比例规说明书出现了拉丁语版本，而且正在威尼斯以外的地方被售卖。这个版本的说明书增加了构造细节，制作者正是卡普拉。这真是让人又气愤又心碎。“我默许卡普拉参与其中，”伽利略哀叹道，“因为我绝口不提他此前对我的诽谤和欺骗。”[44]“这让我们撕破了脸；正直的人余生中不仅显得残缺不整、贫贱不堪，而且还会成为一具臭烘烘的腐尸，被人鄙视和唾弃。”[45]伽利略第一次选择不再沉默。

美第奇家族收到了伽利略针对这位愣头青的长达三万字的诉苦信，“虚荣的愚蠢让他膨胀，傲慢让他目中无人，胆大到让人无语，他已经完全不知所以，更是巧舌如簧”。[46]人不能无知到这种程度。卡普拉被带到一个特别委员会面前，一番审查、复审、盘问之后便迅速被大学除名了。他的作品被禁；前途也就此终结。

并非所有学生都心怀感激。

这个新世纪的局势也不是那么乐观。1606年，因为威尼斯的军队和船只过于不受约束，天主教会封锁了这座自由之城。更重要的是，教皇保罗五世（Paul V）把整个威尼斯元老院逐出了教会。当晚，伽利略在场目睹了被迫离开的教友们，所有人都在暗夜中手持短小的蜡烛登上了客船。[47]而他那温和的威尼斯朋友詹弗朗切斯科·萨格雷多也开始对天主教秩序产生严重的敌意，尽管他不在国内。在意大利北部担任代理司库两年后，萨格雷多又被升调至一个没什么威尼斯人的地方——叙利亚（Syria）的阿勒颇（Aleppo）——担任领事。哪怕最轻率的公子哥也无法永远拒绝工作。[48]伽利略最忠诚的学生贝内代托·卡斯泰利也离开了，他去往了南部数小时路程之外的卡瓦（Cava）。卡斯泰利在这里给伽利略写了第一封信，这封信不仅很长，而且显得很有学识。

尽管如此，伽利略还是在没有好友做伴的情况下找了借口前往威尼斯度假。他在自己身处的整个知识分子小圈子中交友甚广。1609年6月，伽利略再次徜徉在威尼斯舒缓的水道上，喝着美酒，谈笑风生；好消息就在这个月传来。根据伽利略的记载，他在当地“听到一个说法，说有个荷兰人造了一块玻璃，用它就能清楚地看到距离观察者很远的物体，看上去好像近在咫尺”。[49]

整个下午，伽利略都在琢磨这件事。第二天早晨，他就想到了好的点子。到了周末，他在书房工作，身边放着一根长短合宜的木管。伽利略几乎保存了以前所有的通信。其中有一封来自约翰内斯·开普勒的回信至今还没回复，这封信放在信堆里距今已十二年，都发霉了。

我多么希望，才智过人的您能察觉到时局的变化。尽管您大智若愚，但正如您所言，您会在大众的无知面前退却，

> 从不轻率地斥责或反对通常教义所产生的疯狂，也不会轻易遵循柏拉图和毕达哥拉斯等祖师爷教导的办法，这种形象的当代榜样就是哥白尼！在他之后，包括最聪明的数学家在内的许多人都开始了推动地球的艰巨任务。这项任务现在已经不那么怪异了。也许在学者们的支持下，这项工作会成功地促使疾驰的历史车轮转向。如此，即便少数人会出于各种理由而摇摆不定，但我们这边越来越多的人会开始推翻固有的观念。……伽利略，自信点，站出来吧！[50]

伽利略把木管拿到室外测试它对月球的放大倍数。在他的花园里，圣安东尼大教堂的尖顶耸立在其视线之外。

普通的眼镜片不够结实，伽利略得自己打磨。他最喜欢的一个小技巧就是教学生如何把粗糙的表面打磨得反光，然后只要再进行抛光处理就能改变光线的入射角。在凸面镜中，伽利略可以看到自己的映像明显发生了畸变：光秃秃的脑门，胡须变成红色，体形变高，耳朵变大。[51]这体现了尺度。他的右眼变得和左眼不协调。[52]这体现了比例感。

霍基的奥德赛

马丁·霍基是一位非常德国化的人，换句话说，他出生和成长的地方有所不同，尽管他早早离开德国，但不管去往何处，他身上都保留了小时候在德国养成的习惯。“我在1608年去过图宾根”，他回忆道，当时才十八岁。

> 我先去了斯特拉斯堡（Strasbourg）、海德堡（Heidelberg）、阿尔特多夫（Altdorf）、巴塞尔（Basel）和弗赖堡（Freiburg），后来，我在一位西里西亚贵族的陪同下前往参观法国美丽的首都巴黎。在这里生活一年后，我继续启程，途经有着“海上夫人”之称的威尼斯，或者我应该称它为“维纳斯的闺房”，那里的一切都美得让人嫉妒，我也尽可能地沉浸其中——我在这里足足停留了三个月。但她和我的精神不合，这里更崇尚商业而不是知识。于是我去了帕多瓦，结果还是一样。怀着坚定的信念，我找到了学习的殿堂：博洛尼亚。我会在这

里停留几年学习医学和数学。[53]

霍基很快就精通了拉丁语和希腊语，他有很多东西要推荐给安东尼奥·马吉尼。此人是受人尊敬的大学教授，后来把霍基聘为自己的私人秘书。二十年前，马吉尼不是为了博洛尼亚的教职打败了羽翼未丰的伽利略·加利莱伊吗？[54]他不是多梅尼科·玛丽亚·达诺瓦拉的占星学发现的唯一继承者吗？[55]后者难道不是有史以来第二伟大的天文学家哥白尼的最伟大导师吗？难道伟大的第谷·布拉赫没有亲自问过他是否愿意为自己写传记吗？[56]是的，是的，这一切都确切无疑：马吉尼的名字在人类历史上不可磨灭。他和霍基一起坐下来阅读在世最著名的天文学家开普勒的最新作品：《新天文学》。

霍基是数学大师开普勒的忠实粉丝；他为马吉尼带来了自己私人所藏的开普勒的处女作《奥秘》。[57]仔细研读之后，他准备写信给这位传奇的作者。

这是一封颇费思量的信，很正式，但融合了霍基和开普勒共同的德国传统：信中充满赞扬，但始终掺杂着足够多的批评，以便体现写信人的独立思想。霍基仅在一处地方表现得过于激动："开普勒，只有您才是我们的祖国之光和领袖。"[58]他还在信中暗示，如果自己能去布拉格面见鲁道夫皇帝会是何等荣幸。

一个月后，霍基又给开普勒写了一封信，信中谈道："我十分享受在博洛尼亚的学习氛围，我望着辽阔的苍穹，希望它有朝一日能够触手可及。"[59]他的雇主也跟开普勒建立了信件往来，但措辞要超然得多。马吉尼对开普勒的《新天文学》震撼不已，但他并未被完全说服，而是继续按照第谷的思路制作星表。[60]开普勒的数学证明实在令人刮目相看。开普勒很快回信邀请马吉尼前往布拉格，并附言："我会尽快回复温塞斯劳斯·霍基（Wenceslaus Horky）。代我向他问好。"[61]马丁·霍基生气了。他的英雄甚至都记不住自己的名字。

霍基是个手不释卷的读者。博洛尼亚大学建有一座大型图书馆。[62]教师们则有更好的私人藏书，而且都有各自领域中最新的作品。当听说受挫的伽利略教授最终出版了一本大众普及类著作后，霍基愤怒了；而当全部550本（不是虚数）库存到周末就售罄时，他又懊恼不已；[63]拿到这本书后——他着实震惊了。[64]他认为这个老头子已然疯了。

这本小册子的标题为《星际信使》。该书扉页上骄傲地写着：

夜空宣言

书中详细阐述了**壮观、辽远而惊人**的画卷，

也许适合所有人阅读，但尤其适合哲学家和天文学家，

作者：

伽利略·加利莱伊

佛罗伦萨（Florence）贵族

帕多瓦大学数学家，

作者凭借自己近期重新发明的装置，

望远镜，

观察到了

月亮的形状，无数的恒星，银河，星云，

以及最为重要的

四大卫星。

它们以不同的间隔和周期绕**木星**旋转，

其速度难以想象，直到如今才为人所知，

刚刚发现它们的第一人决定将其

命名为

美第奇星。[65]

此外，书内还有些无关紧要的话。

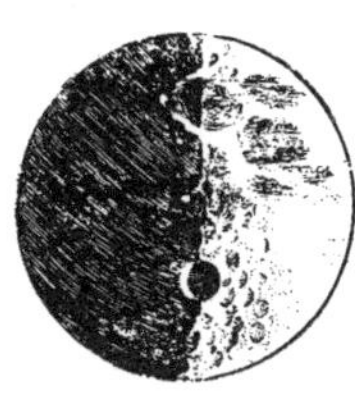

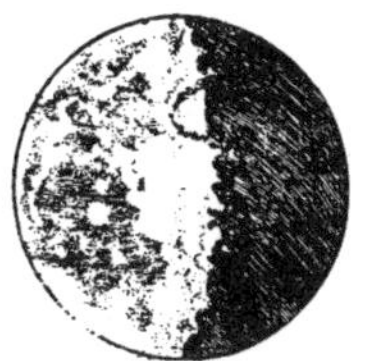

伽利略观察到的月球。

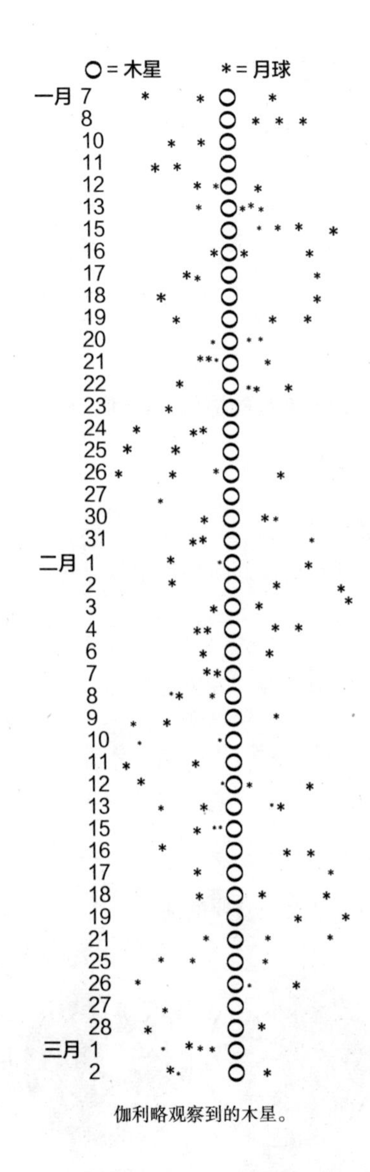

伽利略观察到的木星。

即便一个文盲也能跳过前几页直接看懂伽利略画的图片。这些图片很大，每一张都占了半页纸，画的明显是月球，但与人类所见的完全不同。伽利略声称，“月球看上去就像地球表面一样”，[66]的确如此。

几页之后，就到了马吉尼和霍基熟悉的昴宿星团和猎户座星云，但它们被淹没在了一堆圆点中，如果不借助说明基本认不出来。“凭借望远镜，”伽利略介绍说，“你会发现肉眼无法看见的大量星体，实在令人难以置信。”[67]古老的星球换了新颜。

“现在，我们会看到就目前的观察而言最重要的现象：从混沌初开到现在都从未被发现的四大卫星。”[68]该书近一半的篇幅都花在了介绍这些卫星的简单图片上，它们被冠以美第奇家族的名字，以获得他们的支持。伽利略用一个晚上的多次观测证明，每个卫星的轨道周期都很短，不到一周。这种做法似乎在暗示，任何欺诈行为都不可能编造如此丰富的细节。

确切地说，伽利略的《星际信使》就是一本漫画书，如果不考虑书中最重要的特征的话。这个特点让该书显得过于严肃。

“我们从这些卫星上得出了一个极好的论据，从而可以消除那些一边坚持哥白尼天体运行体系，一边又因地球多了一个卫星而不安之人的顾虑，他们认为宇宙的构造不可能如此。”[69]伽利略在公然为哥白尼体系辩护。这可不是开玩笑的事。

霍基吓了一跳。跟所有读者一样，他也没有一台可证实这些说法的望远镜。霍基只好求助于他眼中最为权威之人的看法。

开普勒阁下，我总是给您写信，但从未收到过回信。如果您已经听说了《星际信使》一书，希望您尽可能地回信谈谈此书。如果您还没听说，我必须告诉您这件事。真是太神奇了，简直不可思议。是真是假，我无从判断……[70]

马吉尼教授则认为伽利略的《星际信使》只是个“花招”，一种由“月亮的反射”造成的自欺欺人的现象[71]，他也这样告诉自己的抄写员霍基。但霍基遇到的每一位天文学家都被伽利略的著作彻底征服。在霍基眼中，这些人就是“号叫的狼群”，[72]势力虽小却非常凶狠。作为生活在天主教大本营的新教教徒，霍基很害怕，学院的氛围也让他疑神疑鬼。这本新书让一切都变得神秘而不安。因此，为了让自己保持神志正常，霍基直接得出了一个激进的结论。他私底下说伽利略杜撰了“四颗虚构的卫星”，[73]还声称与其当抄写员，“我更愿意研究它们的真相”。

1610年4月20日，霍基收到了大师开普勒的回信，他欣喜若狂地亲吻了来信。“爱死了，亲一口”，[74]霍基大声喊道，但他一开始没空回信。因为那个首屈一指的江湖骗子要来博洛尼亚为自己的著作造势，并且会下榻在他好客的对手马吉尼家中。霍基暗自为这次活动做着准备。他也会参加这次活动，并跟伽利略共处一室。

“尊贵的马吉尼极为隆重地款待了伽利略”，霍基回忆道。意大利菜是欧洲大陆唯一偏清淡的菜系，饭桌上摆满了甜食和鱼类；毫不意外，他们也喝了酒。当晚来了二十多位客人，但霍基可以在桌子对面的角落里轻松地辨认出伽利略。他看上去完全不像意大利学术的救世主。“他看起来不正常，”霍基写道，“脑子糊涂了。”

> 他已经开始秃了；皮肤上长满了梅毒一样的脓疮；眼睛因为痴迷木星而黯淡无光；听觉、味觉和触觉都迟钝了；双手也因为败坏了数学和哲学的宝藏而红肿；他的心脏则因为向所有人兜售天文小说而狂跳不已；而他的内脏很可能会气到爆裂，因为杰出的人会认为他的把戏不值一提；他的双脚因为痛风而哆嗦，因为他永远都是个流浪者。愿上帝保佑任何医生都可以让这位虚弱的信使恢复健康。[75]

当晚，霍基把玩了伽利略的望远镜。“4月24日到25日我都没睡觉，用各种方式测试了这个仪器，”他写信告诉开普勒，“这玩意儿在地上创造了奇迹，但在天堂玩起了把戏。”[76]次日晚的第二次晚宴上，伽利略打算演示他的仪器，但“所有人都承认，仪器欺骗了大家。他一言不发，直到第二天早晨，伽利略才闷闷不乐地与马吉尼教授作别。可怜的伽利略没有感谢主人的款待”。[77]

一切都清楚了。霍基秘密地准备好了自己的第一本学术作品，他准备揭开那个世纪最大的科学骗局。大约在6月初，他告诉马吉尼，他想跟一位旅伴前往摩德纳（Modena），并把自己的书籍带到那里出版。这本书的书名是《反驳〈星际信使〉的短途旅行》（*A Brief Peregrination Against the Sidereal Message*，下文简称《短途旅行》），这本书就像他的一生——四处游荡，有点儿呆板，而且不长。开普勒偶尔会给他回信，称赞他对真理的探索精神，但也暗示说，望远镜造成的所有难题可能都出自他自己的眼睛。但这个警告来得太晚了。

也许，霍基在《短途旅行》中的最后一个抱怨也包含了一些事实，他指出，"木星周围的这四颗卫星毫无用处，只会给伽利略脸上贴金"。[78]在此前几个月的游历中，他的确提出了一些合理的批判，但总体来看，它们并不足以坐实伽利略首次遭受到的公开谴责。

伽利略没有直接回应霍基的攻讦。他当然想回应，但写作的速度又显得不紧不慢，而且他的确没空。[79]他的一位不知名的学生接下了这个任务。在给霍基的一封信的开头，亲爱的开普勒大师便直言不讳地说道："我读了您的《短途旅行》。我不能一边跟您维持友谊，一边还能保持名誉的清白。"[80]

如果在那里就收到这些信件，霍基会非常难过。但当他回到博洛尼亚（传言说就在当天早晨），马吉尼教授把他叫到跟前，说了些态度强硬的话，并且告诉他收拾好行囊离开小镇。[81]马吉尼对伽利略的任何质疑都仅仅是质疑，而不是拒绝。只有傻瓜才把对峙当作决斗。

伽利略的信箱里塞满了众人寄来的安慰信，信中说霍基变成了一只可怜虫，一只迷失在博洛尼亚、摩德纳、帕维亚（Pavia）、米兰（Milan）街头的可怜虫。谁也不知道他现在怎样了。近三个月后，以开普勒给伽利略写信为标志，二人又再次成为朋友，而作为美第奇家族宫廷哲学家的伽利略，已不再是一位谦卑的教授了。

> 昨天来找我的是刚从意大利回来的马丁·霍基，他此前因为在旅途中东逛西逛耽搁了。神奇而令人印象深刻的事情在于：他脸上挂着喜悦的表情，言谈中好像我认为他战胜了伽利略一样。于是，我就像给他的信中那样做出了回应，我说已经放弃了跟他的友谊。这让他越发困惑；他并不知道我已和他决裂，也不知道其他的事情。经过多次辩驳，他最终面对了自己犯下的双重错误。
>
> 他的观点遭到了严厉驳斥。[82]

就在这一年年终之前，霍基告诉开普勒，他在追求一个“小美人儿”。[83]霍基决定安定下来并结婚。他的流浪癖没有了，学问也长进了。霍基接受了教训。其实到头来，所有人都会长进。

友谊重燃

1609年秋，法兰克福书展开幕，这是世界上最古老且规模最大的书展，《新天文学》也在书展上开始发售。“从那时起，”开普勒回忆说，“我就像一个将军，身经百战之后载誉归来，终于可以停下来休息一下了。我想，伽利略也会像其他人一样，跟我讨论一下我此前发表的新天体物理学作品吧？这应该会恢复此前我们中断的通信，那都是十二年前的事了。”[84]

当开普勒发现有作者将在下一季书展中掀起风暴时，他深深地被生活中的巧合所打动。“我亲爱的伽利略没有看不相干的东西，而是在忙于写一篇非常不同寻常的论文！”[85]

伽利略把这篇论文寄给了开普勒，并且力劝后者给出自己的不凡见解，但他并未料到回信会跟自己的《星际信使》一般长。开普勒仅用五天便写好了回信。“也许我这么轻易地就接受您的要求会显得鲁莽，”开普勒坦言，“但我为什么不相信呢？他不是为了哗众取宠。他热爱真理，并且能够平静地忍受大众的嘲讽。”[86]

次月，许多人都恳求皇家数学家开普勒就伽利略的论文发表意见，于是他编辑了自己此前的回信准备出版。开普勒的《与星际信使的对话》(*Conversation with the Sidereal Messenger*)一书即刻售罄，接着又被盗版，并再次售罄。这是他一生中销量最大的作品。[87]

尽管伽利略的写作风格很呆板，但开普勒写道，自己“认为幽默更讨喜”。[88]“我要设计一款形状像乳头的镜片”，他决定以这种方式改进伽利略的望远镜。“所有的光线都汇聚到一个共同的焦点上；这就是双曲线乳头镜片的作用。”[89]

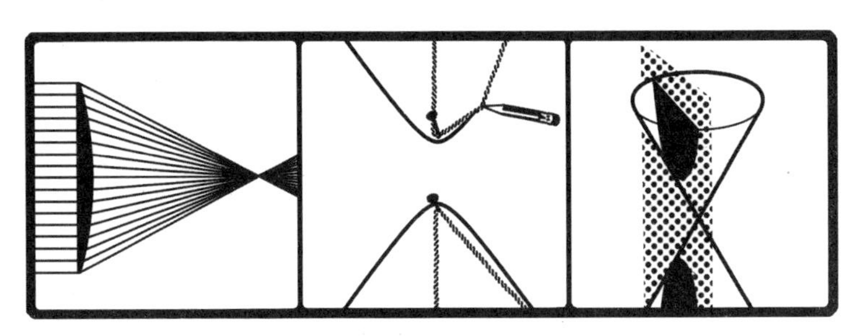

双曲线是最后一种类型的圆锥曲线。它可被视为某种椭圆，其中一个焦点“绕过”无穷远一直到“另一边”。它将平行的入射光折射到一个点上。开普勒认为它看起来像个乳头。

这个玩笑拉开了一场短暂而热烈的交流的序幕，其中既包含政治的维度，也包含知识的维度，其影响就像个神话：伽利略和开普勒，二人都对恒星充满了浪漫的想象。“毫无疑问，那些通过解释来预测感觉的人称得上伟大”[90]，开普勒写道。“让伽利略站在开普勒一边。派个人观测月球，抬头看着天空的景象，另外一人研究太阳，低头看着他的写字台（以免望远镜灼伤他的眼睛）。”[91]

“你是第一个，”伽利略泪流满面地对开普勒说，“第一个，也可能是唯一一个只要稍做观察就相信我的人。您是如此高尚和才华横溢，对我的主张抱有完全的信心。”[92]

为万物命名

“Tnisoidohversesoagarowtivtonovmbullse.”[93]

开普勒盯着面前那卷整齐的纸。上面有一段极其重要但又莫名其妙的文字。第谷·布拉赫勋爵曾说这类密码可用于炼金术。[94]这是一段变位词—— 一段变位词！开普勒真是可怜，他还特别执着地想解开每一个变位词的含义。

开普勒和他的皇帝鲁道夫都有这种品质，皇帝从美第奇家族那里收到了伽利略的晦涩著作。他凭自己的理解阅读了《星际信使》，然后十分痴迷，甚至会召见开普勒来讲解这本书的内容。就在同一个月，鲁道夫得到摆弄伽利略望远镜的机会，但并不知道这个望远镜已经属于另一位神职人员。望远镜被拿走后，他勃然大怒。“这些牧师什么都想要！”[95]皇帝抱怨道。新教教徒密谋暗杀他，天主教当局则在边境招兵买马，但他一心只想要属于自己的望远镜。皇帝要求自己听说的所有神奇玩意儿都有个说法，或者能够拿到手。仅仅阅读还显得不够，他必须拿到手。

鲁道夫的奢华“奇物柜”占据了他在布拉格的城堡底层的四个房间，里面摆满了大量天文学仪器。它就像一部实物百科全书和一座原型博物馆：挂在墙上的土耳其军刀、短弯刀和刺刀，它们都是在跟奥斯曼帝国的武士们作战时缴获的；殖民贸易者们从奇异市场中带回的印度香料、干燥的海岛浆果、陶器、金属器物，以及各种宝石；埃及的花瓶、闪闪发光的波斯盘子和各式贵重的家具；镶铜陶器、银盘、金豆、黄玉、玛瑙、碧玉、水晶、各式珍珠；充满异域情调的乐器，比如鲁特琴、七弦竖琴、西塔尔琴、用作打击乐器的勺子；出自大师之手的版画、大理石雕刻、鸟类标本、异域的动物、各种角制品，甚至驴子（独角兽）。其他则是一些新奇玩意儿：雕刻了人脸的曼陀罗根，召唤神灵的铃铛，婆娑石，神奇的钟表，经常走时不准、大小不一、造型惊恐的怀表；异域的著作，移民的著作，写有各种语言文字、镶有各式框架的玻璃制品，内嵌各色填充物的凸透镜、凹透镜，它们都能用来阅读，看得一清二楚。愿国王也能得民心！[96]

他宠幸的天文学家开普勒也算是一个奇人和奇迹制造者。当开普勒终于从一位路过的外交官处借来难得一见的望远镜后，他就确切无疑地验证了自己朋友的各种发现。于是，开普勒立即写作了另外一本小书（他在其中还发明了“卫星”一词），并且得意地宣称，“真理是时间的女儿，我无愧于助产士的角色。因此，我对子宫做了检查，确认没有流产”。[97]但他落后意大利人一步。

开普勒承认，自己对伽利略那段变位词的最佳解法“有些摸不着头脑”。

“结论下得太早了：查看火星，双子旋转。”[98]

也许伽利略在开普勒最喜欢的火星周围发现了新的卫星？非也，伽利略心知肚明，他调皮地用每个字母开着玩笑。“我不至于被玩笑话激怒”，[99]他在后来的某天说道，就像开普勒也曾开过玩笑一样，伽利略现在也找到了自己的乐趣。

“开普勒先生已经精疲力竭，”美第奇家族的信使写道，“他天马行空地想着无数事情，并说自己无法停止思考。”[100]这位难以捉摸的伽利略又是谁？他有何计划，又在思考什么呢？

但伽利略并未思考什么，并不像他自己意识到的那样。他迷失在了浮华、诱人的名望迷梦中。

这位新晋天文学家在整个大陆都备受追捧，同时也遭人嫉恨和引人深思。甚至在《星际信使》出版之前，伽利略就被要求向威尼斯元老院递呈自己的望远镜。[101]年迈的总督陪他一道登上台阶。伽利略和总督交谈，检察官和他拥抱。他被委以终身职务。

他睡觉的时候兴奋不已，醒来又很迷糊。伽利略的病态与日俱增，他把这归结为“冬季最好的时节都在户外度过，从而暴露在露天的空气中所致”。[102]根据伽利略自己的描述，他会工作到凌晨四点，哪怕在威尼斯也一样，“贡多拉（gondola，威尼斯特色的平底小船——译注）难寻，到处都很阴冷潮湿”。[103]

伽利略亲手制作了一百多架望远镜，但仅有十件达到了他的严苛标准。他决定，这些望远镜必须专门寄送给皇室成员和高级教士。伽利略显然有计划重印《星际信使》，“用托斯卡纳语重印，因为这里的人很喜欢它。我非常希望这第二版能够更加配得上美第奇家族的卓越，并摆脱他们仆人的软弱”。[104]但这次重印并未完成；时光飞逝，不曾片刻停留。伽利略曾在全国各地巡回演讲，稍有些地位的人都争相邀请他一起用餐，他在席间只是面带微笑地静静坐着，但会为了朋友而打扮一番。伽利略脸色苍白，背部隐隐作痛。

此时，他唯一的安慰来自一封长长的信件，伽利略很快就骄傲地说道：“开普勒，这位皇家数学家在信中证实了我所写的一切，一字不差。这封信正在威尼斯印刷，你很快就能见到。”[105]两个月后，美第奇大公亲自给伽利略来信了。

> 您的学识渊博，胆识过人，再加上您的数学和哲学才能，以及您一直表现出来的最可宝贵的服从和忠诚等品质，我们渴望能够延揽您……在您踏上佛罗伦萨为我们服务的那一刻起，我们就会为你开出1000斯库多（当时意大利的一种银币单位——译注）的薪水。[106]

总算有个宫廷能开出他目前水平的薪水了。伽利略辞去了教职，毫不犹豫地准备前往佛罗伦萨。“关于工作，”他曾写信跟朋友谈道，“除了色情业，我不歧视任何工作，也不会因为哪个顾客随便开个价就为他工作。现在，我正在某位王公贵族手下工作，这正是我一直渴望的。”[107]离开帕多瓦不到一年，伽利略就得知，法国王后骑着一匹矮马收到他的望远镜后，就像个寻常妇女一样掉到了地上。[108]实际上，是伽利略让皇室屈服了。

伽利略从帕多瓦寄出的最后一封私人信件是他终于得空亲自写给开普勒的，他们俩现在的社会地位相当。[109]伽利略两次提到自己的薪水，并且还谨慎地把自己的新头衔（这是他主动要求授予的）附在了信尾：“光荣的伊特鲁里亚（Etruria）王子的数学家和哲学家。”

“我多么希望，”伽利略悲伤地说，“我们能够一起嘲笑众人的愚蠢。亲爱的开普勒，您听说了那些反对我的话吗？您会因此哈哈大笑吗？”“啊！为何我不能陪您笑一辈子？”[110]

抵达佛罗伦萨后，伽利略终于向美第奇家族透露了他自己对那段变位词的解读，当然，鲁道夫国王也要求伽利略能让他开开眼界。

我观测到了两颗卫星，看，它们是土星的守夜星。[111]

伽利略认为自己在这颗遥远而模糊的行星周围发现了两颗卫星。但他实际上看到的是土星的星环。

骑在马背上前往佛罗伦萨的路程十分磨人。伽利略花了整整两个月的时间来安排房间的布局（单身汉的缺点在此时就体现得十分明显了）。[112]房子的楼上有一处阁楼式的露台，可以看星星。在这里，他甚至有时间给一些此前怠慢了的朋友写信，于是，在最终倒下之前，伽利略打破了自己长久以来的沉默。

新人

乡间宅院的柏树井然有序；橄榄木的芬芳也从郁郁葱葱的小树林中飘来。如果有人拿一个窥镜（spyglass），他就可以沿着乡间宅院斜坡处的小树林一直向下看到港口：渡轮会进港休整，马儿载着货物进城，河流对面房子里的男男女女们慵懒地看着窗外的风景，整个画面就像是大自然中上演的电视节目。[113]伽利略深吸一口气，感觉自己又振作起来了。“我立马感觉到了清新的空气，也意识到了城市的弊病，如此一来，我就想到了自己可以搬到山上住。”[114]“而此刻我正在菲利波·萨尔维亚蒂先生位于拉塞尔沃（Le Selve）的别墅里。”[115]

萨尔维亚蒂先生是伽利略在宫廷里结交的第一个朋友。[116]此人从小就被以完美的绅士标准培养，在射箭、击剑、马术、驯鹰、打猎和歌唱等方面都受过严格的训练。他知道如何跳交际舞，但也只是引导，他和自己年轻的新娘在一起的第一个夜晚就引导她在地板上跳舞，那时他才二十岁。[117]第二年，他就当上了父亲；[118]

七年后，他失去了自己的孩子。参加完年幼女儿的葬礼，回到拉塞尔沃后，萨尔维亚蒂经过四名卫兵身旁，见到了前来迎接自己的二十三个仆人——他们负责照顾这一家两口的生活起居。[119]与其说因为孤独而需要陪伴，不如说是为了表现善意，萨尔维亚蒂邀请所有志趣相投的贵族到他的乡间庄园度假。

这些志趣相投的贵族人数并不多，因为在萨尔维亚蒂二十四岁时，发生了一件十分奇怪的事情。[120]后来，他开始读书。三年后，他精通拉丁语，并且熟读亚里士多德的著作。研究欧几里得之后，他不再单纯地认为哲学只是一种交谈的工具。他变成了一位与众不同且充满好奇心的朝臣。萨尔维亚蒂听说著名的伽利略已经搬到佛罗伦萨后，自然想当面请教。而当他发现伽利略因旅途劳顿而卧病在床后，又毫不犹豫地让他在拉塞尔沃的宅院里休养。

十三岁那年，萨尔维亚蒂的父亲就去世了。伽利略比他年长十八岁。二人接下来的漫长对话就像发生在家庭成员之间一样，但也因为其亲密性而未能留下历史记载。萨尔维亚蒂最近一直在看别人对亚里士多德的评论，尤其是一位名叫辛普里丘斯（Simplicius）的希腊人的评论，此人也是最后一位“异教哲学家”。[121]二人讨论了相关评论后，伽利略向萨尔维亚蒂介绍了自己最喜欢的哲学家——“神圣的”“超人”阿基米德（Archimedes）——的作品，后者很早以前就用毕生精力弥合数学抽象和生活经验之间的裂缝。[122]萨尔维亚蒂先是完全相信托勒密的观点，不久之后，他就投入到了哥白尼的怀抱。二人开始一起开展实验。

一年后，萨尔维亚蒂谈论了自己变化后的世界观，这个世界观的名字跟相信它的人一样多——他称之为自由主义的哲学。[123]自由主义的哲学家向来出手大方，这只是有利于他们养成德行；他们很善于交际，在同仁面前尤其如此；这些哲学家都是天主教教徒，但都对天主教教徒克己的利他主义十分厌恶。慈善和知识对他们来说不是利他的，而是利己的，几乎是肉体上的享受。自由主义哲学家们会邀请女性在自己的学院内演讲（有些甚至还有听众）。[124]他们还为每一种思想贴上“新的”（new，或者novus、nuovo）标签，就好像心灵的蜜饯一样。[125]这些人多数时候也会公然反抗自己的父母。

伽利略的多数好朋友均是如此。他想跟詹弗朗切斯科·萨格雷多取得联系的打算也因为后者移居叙利亚而受阻，但在一封不期然收到的信中，伽利略得知他已在1612年年初回到了意大利。终其余生，萨格雷多都会不断回忆起他的异域见闻。[126]在他们重逢后，萨格雷多向伽利略讲述了这一切。

> 抵达叙利亚后，靠着上帝的恩典，我过上了非常幸福的生活。那里没人能对我发号施令。除了嘘寒问暖和讲讲故事之外，我和父亲就没什么可说的了。[127]
>
> 如果阁下能去我工作的地方看看，您一定会笑话我，因

为我手上正在翻阅一本书的时候，内心又好奇另外一本书的内容。因为担心自己很快就会离开这里，满脑子想的都是尽可能多地带走些东西，到最后就像个拉满了行李的蠢驴。[128]

我的养生法则是：八九分饱的时候就下桌，适量饮酒，吃一些嫩的、脆的、有营养的和美味的食物。平时不喝陈酿葡萄酒，但在吃了少许水果之后喝点儿也是不错的。食物哪怕有一丁点儿变质，我也不会用它来招待朋友。我会用一切美好的东西来款待他们……我已经确信，世界是为了我而存在的，而不是相反。[129]

萨格雷多称自己的生活方式为真正的哲学。[130]伽利略年长他七岁。

而伽利略以前的学生贝内代托·卡斯泰利（伽利略年长他十四岁）则有所不同。他并非出身贵族，而且有着十分狂热的宗教信仰。在给伽利略的信中，卡斯泰利会谈到自己对读书和治学生活的沉思。二人都能感受到来自对方的友爱，而且都没有超越学识的进一步要求，他们身上也体现了不容否认的人性光辉。只要没有偏见，任何人都能看出这一点。

伽利略出版《星际信使》的时候，卡斯泰利也是第一批读到这本书的人，他说道："我带着绝对的惊奇和愉悦的心情反复阅读了十几遍。在充分理解其中深刻的学说、深邃的思想和富有学识的推测后，我会视之如珍宝。我感谢您认为我配得上这样的宝藏。如今，每当我看到这本充满奇思妙想的精美作品时，我就会笑逐颜开，径直从书架上取下翻阅起来，不用支付一分钱。”[131]后来，卡斯泰利申请调往佛罗伦萨，希望能回到伽利略身边工作。但他所属的本笃会并未批准。

1610年12月5日，正当伽利略启程前往拉塞尔沃之际，卡斯泰利带着一个特别有见地的信息找到了他。

> 因为（我相信）哥白尼的学说为真，如此，金星便绕着太阳转。因此，它的相位有时看上去像个喇叭，有时则不是。我很想知道，拥有神奇望远镜的先生您是否也注意到了这种情况。[132]

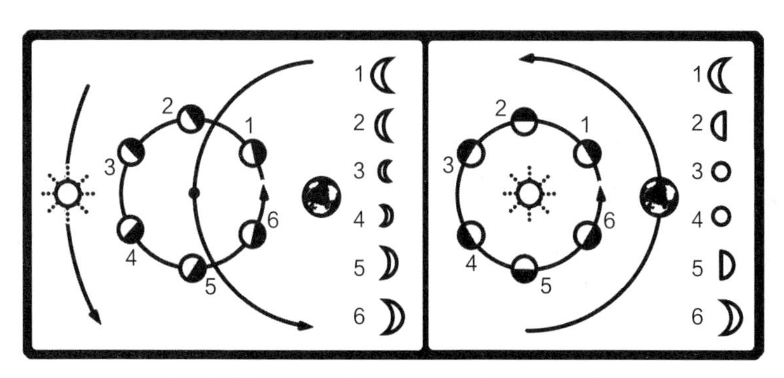

左图为托勒密的金星相位图，右图为哥白尼的金星相位图。
在托勒密的体系中，金星的相位总是位于地球和太阳的连线上。

低等行星也有像月球一样的相位，这是个十分高明的假设。[133] 伽利略对金星的观测已经有一段时间了。他有一些非常聪明的朋友。

约翰内斯·开普勒就是其中之一。在前往山间休养之前，伽利略就已经订购了一本开普勒的《光学》，[134]这本书也体现了他的这位德国同行的奇特之处。开普勒此前的大学校长已经把这个问题说得很清楚了："在数学领域，甚至可以说在整个哲学领域，我这辈子就没遇到过如此艰深的问题。我不能说自己是否对您描述的内容已经略知一二。"[135]

而此时，在相关新观点的启发下，开普勒正忙于写作自己的《光学》续集。这项麻烦的工作被又一个哑谜打断后，他变得十分焦躁。

> 就像我经常徒劳地收集这些不成熟的观点一样，
> 人是粗鄙的……天啊，不要这样！[136]

"我期待着开普勒会说点什么"[137]，伽利略奚落道。他很快就收到了回信。

> 我恳求您，不要继续隐瞒，无论是什么事情：因为如您所见，这是兄弟之间的事情。我已经没心思仔细去猜您的那

些秘密了。我也从未成功猜出过。

太阳外部的五大行星拖出了一抹忧郁的红晕。[138]

其他字谜更是残缺不全：

我见过一个沸腾的太阳逐渐卷曲……

太阳母亲红得炽热而灼眼，它不停地转……

土星和木星把其他劣等星排除出局……

水星依附于火焰……

恒星剧场在旋转，一座喷泉……

太阳在旋转，等等。

您看您的沉默给我徒增多少麻烦？

该死的意大利人！"到时候，"伽利略在三周后写道，"我讲清楚了来龙去脉，就没有什么疑问了。"他后来也的确是这样做的。

你好。肉欲之母维纳斯（Venus）模仿着
月亮女神辛西娅（Cynthia）的形象。[139]

卡斯泰利的假设是对的：金星的相位跟月亮相似。托勒密体系遭到了重大挫折。开普勒匆忙把这封信翻译成拉丁语，并且在他研究光学的新书的序言中增加了相关内容。

1611年1月底，伽利略结束了第一次拉塞尔沃之旅，他的状态恢复得很好。截至那时，他已经度过了有生以来最辉煌的一年。在承受了各种毁誉之后，这位高大但虚弱的老人又重新振作了起来。3月19日，伽利略给美第奇家族的秘书去信，重提了去年的一个要求。

> 我焦急地等着载我去罗马的马车，可它到现在都没来，我也没收到任何音信。时间过得真快，真让人不安。这意味着我无法（如果再推迟的话）赶在复活节的圣周之前抵达罗马，我已经等不及，并且出于其他原因，我还是要去一趟。看起来，我非常有必要让那些希望我病倒的人闭嘴。[140]

二人垂死的友谊

在伽利略看来，罗马是世界的古老中心。两千年来，它一直都是全部已知世界的政治中心。伽利略在神圣的星期二以“身体健康”的状态抵达了罗马，这也让他的精神面貌焕然一新。[141]每天晚上，伽利略都睡在距离历史最为悠久的赛马场一个街区远的地方，众人以前会在赛马场附近用餐和消遣。从这里出发往左去万神殿很近，往右去罗马广场也不远。城里到处都是纪念碑，而且还有很多正在修建之中。伽利略几乎在每个街角都能看到崭新的大教堂。即便是古罗马的文物，相比之下，也烙上了天主教统治的印记（除了罗马圆形大剧场，这个角斗士之环让所有教堂都相形见绌）。教皇保罗五世每晚的作息与常人无异。1 000英尺（约304.8米）外的西斯廷教堂里，米开朗琪罗（Michelangelo）的画作已经风干了百年之久，重要的人物进进出出，谈天说地。[142]

伽利略现在也身居重要人物之列。罗马是他的圣地。他收到的一封信上说，连俄国的小孩儿都知道他的大名。对外行而言，伽利略无疑是在世最重要的天文学家。而在内行看来，开普勒也同样重要，而且他刚刚出版了一本受自己的著名朋友影响的新书。

开普勒在其《折射光学》（*Diopter*）的开篇至少完整地引用了四封来自伽利略的信件，[143]每封信都附有完整的拉丁文译文，如此，所有人都能清楚地了解书信的内容。[144]该书封面对此进行了宣传，看起来像是个卖点。

“折射光学”是观测仪器方面的老式用语，照例，开普勒为了自己的目的而对其重新进行了定义。[145]在《星际信使》中，伽利略几乎没有对望远镜做出讲解；但开普勒则试图对所有疑难问题进行解释，“凭借数学的内在威力，开辟出这个新的领域”。[146]他的偶像是欧几里得，后者完全凭借定义、公理、命题和不定命题定理开展自己的研究。“这不是一本容易理解的书”[147]，开普勒坦言道。

在《光学》中，开普勒建立了一个以眼睛为工具的模型，就像眼镜一样，光线经由模型中的一个固定点射出。开普勒在这些定义的基础上迅速建立了“折射”“凸面”和“凹面”等概念。到书中第八十六条命题时，他就完全引入了多透镜系统，并以此解释伽利略的窥镜。

让我们先设想一个单一的双凸透镜。为了简便起见，我们以开普勒的想法为例，这个装置每一侧都是一个双曲线，它们能把光线完美地聚焦在一个点上。

当光线偏离太多，或者聚焦太集中时，人眼看到的物体就会变得模糊不清。当我们尝试将目光聚焦在离眼睛很近的地方时就很容易发现这一点。

如果眼睛正好在焦点之前，影像会显得模糊，因为光线太强导致眼睛无法承受。但如果眼睛正好位于焦点稍后一点儿的位置，影像就会成为模糊的倒影，因为光束相互交叉，并且呈强烈的发散状态。如果眼睛位于焦点前的适当位置，其效果就像是放大镜。

开普勒漫不经心地指出，“通过让光线朝近处且相反的方向汇聚，过度的发散是可以得到缓解的”，因此，“两个凸透镜放大并确定了影像，却让它颠倒了”。[148]有了这句简单的评论，再加上一些健康方面的讲解，现代版本的眼镜（perspicillum）就诞生了。

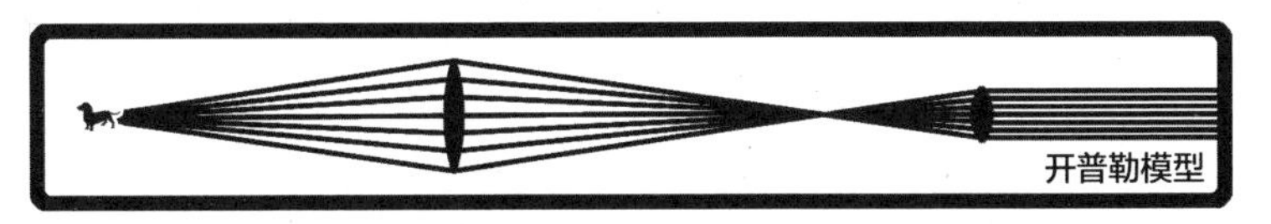

开普勒模型中有两个双凸透镜。平凸透镜也可以用来对准无穷远的某个点。

伽利略并未向世人过多讲解自己的望远镜的设计细节，但他的确也提供了一切真正必要的信息。“首先，我准备了一根铅管，它的两端分别装有两个透镜，其中一个是平凸透镜，另外一个是平凹透镜。”[149]光学透镜位于焦点之前，因为光线仍在汇聚。这能让图像保持直立，但透镜的视野会变得很小，这让伽利略对月球的观测变得困难重重。开普勒发明了一种使用三个透镜的办法，这个办法也能让影像保持直立。

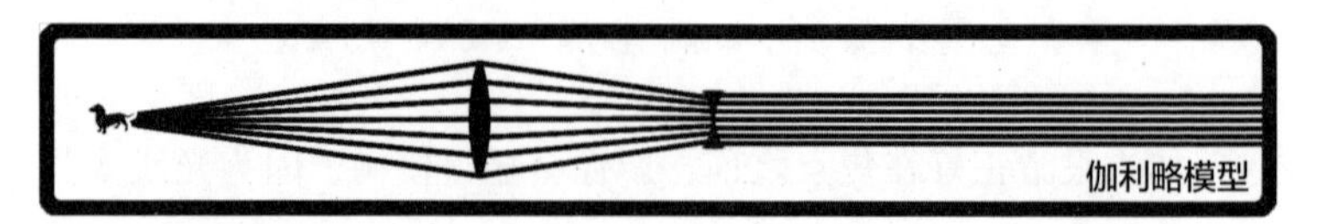

使用双凸透镜和双凹透镜的伽利略模型。伽利略使用平面凸透镜和平面凹透镜观测位于近乎无限远处的物体（如恒星）也产生了类似的效果。

而开普勒在《折射光学》中的任务并不是对伽利略的望远镜加以改进，而是理解它。对望远镜做出改造后，开普勒花了更长的时间思考伽利略的设计。他不止一次写信让伽利略了解自己的工作，信中还谈到“如果能从源头加以证明，我认为自己并未遗漏任何东西”。[150]

伽利略的其他朋友也热情地向他推荐了几次开普勒的著作，但他从未直接对开普勒做过任何评论。二人曾经相互砥砺前行——事业发展、理论创新，以及为彼此的著作造势等——但也就到此为止。开普勒曾明确表达过想进一步与伽利略建立真诚而持久的友谊，但这个努力付诸东流，就像一个圆圈舞者与一位不情愿的舞伴跳舞一样，后者只会转身投向更多玩伴的怀抱。

将近四年后的1614年底，一位坚持哥白尼学说的法国年轻人来到佛罗伦萨游玩。他是一位狂热的日记作家。“周三早晨，我见到了著名的哲学家和占星家加利莱伊先生，他因为身体有些不适而卧病在床。我不希望在尚未看到他并与之讨论新现象之前就走得那么近。”

> 一番交谈后，我向他请教了光的折射，还有如何打磨镜片，以便按人的需要将物体放大和拉近等问题。对此，他回答说，世人尚未完全掌握这方面的知识，除了皇家数学家让开普勒专门写了一本透视学方面的著作讨论这个问题，至今没人做过相关研究。但开普勒的著作过于晦涩难懂，甚至连他本人都未必能真正理解。[151]

为万物重新命名

自从开普勒的《与星际信使的对话》出版后，世人便以其自我吹嘘的称号来称呼伽利略和他的小书：星际信使。生活总是充满了意想不到的变化，这个称呼也是伽利略无法拒绝的荣誉。大约在1613年10月，开普勒在一个小镇研讨会上与一位天文学同行聊天时（他有邀请同事外出聚餐的习惯[152]）建议，所有以美第奇家族命名的卫星都应该以朱庇特（Jupiter，即木星）情人的名字命名：伊奥（Io，即木卫一）、欧罗巴（Europa，即木卫二）、盖尼米得（Ganymede，即木卫三）和卡利斯托（Callisto，即木卫四）。[153]这些名字被保留了下来。在很短的时间内，这些新的发现就已经深入人心了。

伽利略在罗马做的第一件事就是投靠圣人。刚刚抵达那天，他就径直去见了教会的一位大人物，并且亲切而详细地解释了自己的工作。“红衣主教热情地拥抱了我，认真地听着，充满了期待。”[154]最初几周，伽利略都是在高级教士的住所和罗马学院之间奔波，所有最聪明的天主教男孩儿都要去这个学院学习文学、数学和《圣经》。

> 众人待我很是热情，他们想看到我观察到的现象。我也都一一满足。我跟这些人聚会的时候看到了令人赞叹的雕像、绘画、装潢精美的房间和宫殿等等。[155]
>
> 今天早晨，我被带去见了教皇。我正准备亲吻他的脚的时候，大使告诉我，因为受到格外的恩宠，教皇陛下不会让我在下跪的时候说一句话，哪怕一个字也不行。

两天后，伽利略所有的观测结果都得到了罗马学院的首席天文学家的正式验证。[156]他们也在相互传阅最近出版的谴责伽利略的书，但这只是徒增笑料罢了。[157]这个月早些时候，伽利略被一位有感召力的传道者的讲道会吸引，这位传道者警告世人不要骄傲自大。

来罗马时，伽利略很明智地带来了一些自己新发现的成果以取悦当权者。他是在直接观察太阳的时候获得相关发现的。伽利略发现太阳表面有一些小而暗的斑点。这倒是没什么值得注意的，因为中国人和欧洲人早在上千年前就已经知道这些太阳黑子了——但相关发现都不是通过望远镜获得的。[158]太阳底下都是新事物；[159]太阳本身就是个新东西。伽利略试图向罗马学院的一些天文学家证明这一点，这些人相信伽利略，但拒绝观看，因为他们怕太阳灼伤眼睛。[160]伽利略没有这种担心。

罗马城的老教士跟外表看上去有些不一样。他们吵吵闹闹，充满了活力，经常举办世界上最好的聚会。伽利略忙于应酬，他告诉萨尔维亚蒂说，“我没时间给朋友们写信，尤其没时间写给赞助者们。因此，您要帮我应付他们，”接着，伽利略和蔼地说，“我不在乎那些在某个地方，甚至在整个世界面前唾弃我的人。我更在乎收获一个朋友。”[161]他无法在罗马表现出自己的愤怒和怨恨，因为每天都会有以他的名义举办的庆祝活动。

1614年4月14日，接连两周无休止的赞美之后，大家在一处高地葡萄园中为伽利略举办了最为奢侈的庆祝活动。当时正值晚祷，天空也显得格外悦目。院子的一边可以眺望整个罗马的壮阔全景。就在晚饭前，众人的话题转移到了自然哲学，而伽利略也应大家的要求，拿出了自己的望远镜来即兴展示。当时在场的至多二十人，这就意味着每个人都有机会试一试：一位主教带来了他的全部随从；其他人中还包括来自各地的植物学教授和数学教授；一位著名的逍遥学派成员默默地看着这一切。但没人会像主教的侄子费代里科·切西那样深受伽利略的影响，整晚的庆祝活动都是他赞助的。

生性害羞的切西长着一张娃娃脸，脸上的胡须梳理得非常精致。他很有钱。跟伽利略的众多朋友一样，切西讨厌自己的父亲；

但与伽利略的朋友们不同的是，切西的父亲也讨厌他。连教皇都知道，切西的父亲残忍地剥夺了他的长子继承权，而且大概也知道是他的父亲散布了儿子是同性恋的流言。[162]

这些流言并非空穴来风。实话说，青少年时期的切西就是个十足的怪胎。[163]他对花朵有一种奇怪的热情，喜欢把花朵切开、贴上标签，并进行临摹，还会给花的各部分起一些花哨的名字。他对女性过于冷漠，乃至于超出了正常的范围而成了蔑视。“对女性的爱是不圣洁的，”[164]他写道，“它是知识的敌人。”婚姻是“一张温床，一个阉割男性的温柔乡”。[165]他在同龄人中没有朋友。

相反，切西与三位年长他十岁而且比他穷得多的男人为伍，他带着他们在树林里四处闲逛，采集花草和标本。切西为三人分别起了梦幻般的名字：其中一位自称是切西情人的人被他称作“闪光者”；另外两人分别叫作“日食”和“塔迪先生”（Mr. Tardy）。他们则一致地称呼切西为“天空漫游者”。[166]四人同意组建一个知识分子小群体，切西的身份是资助者，他把这个群体称为“猞猁学社”。塔迪先生写道，因为他们试图“洞悉事物的内在，了解其成因和内部运作机制。就像人们所说的那样，猞猁的眼睛不仅能看到眼前的现象，而且还能洞悉事物的内在本质”。[167]在森林里的时候，他们会相互夸赞对方的“猞猁味儿”，或者在他们相处特别融洽的时候提到的“兄弟之爱”和“兄弟情义”。[168]其中一位成员认为这个集体就是某种宗教组织。[169]每个人都戴着刻有猞猁形象的翡翠戒指来彰显其纯洁性。切西坚持在学社的准入规则中加入守贞的宣誓。

毫不意外，切西的父亲在听到这个消息之后的第二天就取缔了这个组织。切西受到非常严厉的训斥。“我讨厌朝臣，”他抱怨道，“他们全都是叛徒。我不相信任何人。我也一点儿都不在乎。我只会放声嘲笑他们。”[170]

这个神秘组织的影响之广，可谓有些夸张。那位被切西的父亲赶出意大利的超凡之人后来去了布拉格，他在那里遇到了开普勒和腾纳格尔，二人也都差点儿成了猞猁学社的成员。就在伽利略前往罗马的九个月前，开普勒在自己众多奇特的预言中写道：“我清楚无疑地知道：伽利略有一双猞猁的眼睛。”[171]

切西要求面见伽利略。这位男孩儿已经二十五岁了，虽然依旧拘谨，但少了几分乖张。职业哲学家们为讨论大自然而组建的学社并不显得荒唐；意大利当时已经出现了几个类似的学社，名字也都很吸引人，比如“酒鬼”和“懒鬼”。[172]而切西手上的资源比这些人都要多。为什么不选择猞猁呢?

切西向伽利略提出这个想法的时候，还回顾了一下五年前他们被迫分开的时候起草的章程。而“守贞”也不再被列入其中。

猞猁除了探求事物本身的知识以外，还要研究大自然，尤其要以数学为手段。同时，他们不能无视诗歌，也不能忽略语言的修辞，它们就像美丽的衣服，装饰着所有的知识。

猞猁必须对政治上的争论保持沉默，最低程度的争论也不行。他们崇尚和平，并且渴求安静地学习，无论内容是什么。

猞猁必须全身心地永远投入到对基督的信仰中，尤其要把自己奉献给教会。赞美上帝。[173]

然后，切西问伽利略是否要加入。很明显，伽利略答应了。罗马只会发生好事。这一切都发生在晚宴之后。而此时此刻，少数权贵正排着队想试一试伽利略的望远镜。这个仪器也被他称为窥镜、新式眼镜、透视筒、屈光瘘管（fistula dioptrica）、远视管、玩具喇叭和透视镜等等。意大利人称之为眼镜，法国人称它为“望远镜”，英国人把它叫作“树干”，荷兰人则称之为“看得远”（om verre te sien）。而在伽利略年老多病的时候——背部有病，手上患有关节炎，但头脑敏捷——他又称这个仪器为“长者观察器”。[174]

人群中传来一个声音——正是那个男孩儿，切西。[175]

“望远镜！”

夜幕初降

“我知道自己就快死了，被诅咒了，”鲁道夫国王颤抖着说，“我是个被魔鬼附身的人。”五年多来，他一直在预言自己的命运；他会在宫廷里大声说出这些预言，以此说明自己的处境。新教教徒背叛了王室。国王处死了反叛的新教教徒。但国王也让出了自己的权力。他开始大肆宣传天主教。但新教教徒们仍在反叛。如今，正在不断巩固自己权势的匈牙利国王（鲁道夫的亲兄弟）也听从了新教教徒的召唤。战争即将打响，鲁道夫也知道自己会输。他已身陷迷途，每一条路都是死胡同，于是鲁道夫转而寻求疯狂的解决办法，最终他尝试了谋杀的咒语和巫术。[176]神圣罗马帝国的皇帝已经丧失了心智。

“1611年是个充满了悲伤的年份，”开普勒绝望地写道，“相信仍有一线希望和解的鲁道夫国王不希望我离开宫廷。”没有报酬，饱受单相思之苦，开普勒无法放下自己垂死而年迈的主人。“我消耗了大量时间和金钱。”[177]

新皇帝对挽留开普勒继续留任皇家天文学家一事漠不关心。因为处决家人在皇室圈子里被认为是一种高尚的行为，于是鲁道夫被囚禁在布拉格的城堡中，除了彻底无法干政，他的生活方式几乎没有任何改变。有趣的是，这恰好是他一直以来的愿望。他从未收到过天文望远镜，但他仍拥有自己的奇物柜。他最喜爱的一幅画作仍然挂在墙上。

这幅肖像画非常有名。不起眼的黑色背景中，鲁道夫二世向外伸出的脑袋显得十分夸张。这幅作品因为一个小小的噱头而显得平庸，而这个噱头让它在欧洲名声大噪。甚至伽利略都听说过这幅画。他认为，如果它试图形成某种可取的风格的话，“重要的画家都会哑然失笑”。“心血来潮的画家们用农产品——不同季节的果实和花朵——来装饰人脸。这种新奇的表现方式非常不错，也令人赏心悦目，但同时它们也是笑话。”[178]

真的是笑话吗？这幅画上的可是皇帝，他光着身子，用一根萝卜当气管，他的左胸上开出了一颗洋蓟，鼻子是颗大鸭梨，胡子是糠秕，王冠则可能是任何一种酿酒用的水果。鲁道夫的眼睛是未去掉茎秆的黑色樱桃，看起来黯淡无光。他的右肩上披着一条漂亮的花带：鲁道夫就是威尔图努斯（Vertumnus），四季之神，秋季之神。如果这是个玩笑，那它的笑点也是真的。

新年过后三周，鲁道夫去世。膝下三个孩子的单亲父亲开普勒失去了能够让他继续留在布拉格的皇帝朋友。开普勒把孩子们寄养在一位专门以看管别人孩子为生的年迈的寡妇家，然后永远地离开了这个令人悲伤的首都，他要去寻找新的家园。

因为“布拉赫王朝”的一个继承者逃跑了，这个家族的其余成员就被困住了。而自从腾纳格尔在鲁道夫的表弟手下找到一份战时大使的工作后，他就不再关心天文学了。腾纳格尔去过巴黎和西班牙的宫廷，但他在这些地方总是遭人猜忌，被说成是个“土包子”“吹牛皮的人”和“胆小鬼”，但腾纳格尔总是有办法获得这些人的信任。[179]他已经积弊成习了。

新皇帝的士兵们抵达布拉格烧杀抢掠之际，腾纳格尔试图逃跑，然而——呜呼哀哉——他被截住了。得知俘获了鲁道夫的高级政治代理人后，士兵们就把他带回了城内，腾纳格尔怀着恐惧的心情被带到了刑讯室。

酷刑架和大多数病毒一样，起源不明，而且在特定的国家样式也有所不同。自然也有从酷刑中幸存之人。它会用超乎人们想象的一切方式让人开口说话，让我们读一段亲历者的证词。

> 现在用的拷问台由三块木板组成，放在墙边，细绳从一块块木板中交叉穿过……它比人的个头还长。
>
> 我被行刑者剥光了衣服，然后被他架在了拷问台顶部。不久之后，我就被光着膀子吊了起来。以这个姿势吊到指定的高度后，行刑者就到了我身下，他把我的双腿往下拉，然后又爬上拷问台往上拉绳索。我的腿筋被拉断了，膝盖骨也

碎了。绳索勒得很紧，我就这样悲惨地被吊了一小时左右。

我的眼神开始迷离，口中泛着白沫，牙齿颤抖地咯咯作响。哎，一群残暴之人，一群怪物和杀人犯！啊，上帝啊，我是无辜的。上帝的羔羊啊，求你怜悯我。我颤抖的身体被倒挂着，身上六处地方遭受了几次类似的折磨：小腿肚子、大腿中部和手臂。我的左手已经残废了，永远废了。

接着，行刑者端来一盆水，盆底有一个凿开的洞，他一直用大拇指挡住这个洞，直到水流进我的嘴里。他的确把水灌进了我的肚子里，第一次和第二次我都欣然接受了，这是因为煎熬的痛苦让我极度口渴，就像三天没喝水一样。但就在他第三次端水过来时，我意识到这是用水来折磨我——啊，真是让人窒息的折磨！——我闭上了嘴。

于是，牢头一怒之下，用一对铁质的牵引器掰开了我的牙齿；就这样，我饥饿的肚子越胀越大，越来越撑。真是令人窒息的痛苦，因为我是头向下吊着的，水从喉咙里猛地吐了出来；我的哀号和呻吟也被呛了回去。

就这样，我从下午四点到晚上十点一直躺在拷问台上，全身皮开肉绽，鲜血淋漓。事实上，我所承受的无法形容的精神焦虑和身体摧残远超任何人的想象，也远非语言所能表达。[180]

腾纳格尔知道这些酷刑的效果。他主动交代了自己知道的一切。行刑者想了一下，然后还是把他绑在了拷问台上。

据说行刑者把腾纳格尔的身体拉长了十厘米，他在这段时间内念了一段《主祷文》。[181]

> 我们在天上的父啊，愿人都尊你的名为圣。愿你的国降临，愿你的旨意行在地上，如同行在天上。我们日用的饮食，今日赐给我们。免我们的债，如同我们免了人的债。不叫我们遇见试探。救我们脱离凶恶。因为国度、权柄、荣耀，全是你的，直到永远。阿门。

弗朗斯·甘斯内布·腾纳格尔·范德坎普（Frans Gansneb Tengnagel van der Camp）那天并没死去，但他的荣誉和人格尊严已丧失殆尽。他在余生中都只能带着伤痛一瘸一拐地走路，这也是他政治生活永久的标志。

伽利略·加利莱伊已经逃离了罗马的政治生活。他回到了佛罗伦萨，享受着艺术作品的乐趣。这里有一种让他无条件赞赏的绘画风格：他本人的肖像画。

这幅画是萨尔维亚蒂托人画的，这明显是为了感谢伽利略推荐他进入猞猁学社。[182]这样的互惠让伽利略非常高兴。他非常喜欢这种观念：一幅艺术作品可能是一段友谊永久的见证。

切西接纳了萨尔维亚蒂为猞猁学社的成员，“他的心智、理解和能力都不错”。[183]这位学社社长经常与自己的长辈伽利略讨论发展潜在成员的事宜。切西严苛的自我克制也在松动；他已经在伽利略的影响下动摇了。[184]尽管他从来都拒绝宗教团体的成员加入学社，但对回到佛罗伦萨为伽利略工作的贝内代托·卡斯泰利，切西还是愿意为他赠送一个特殊的“猞猁学社之友”的称号。[185]就连萨格雷多这个顽固不化的流氓也回到了意大利。这些人相互交流科学和艺术：切西给伽利略写信讨论开普勒的椭圆轨道；萨格雷多在研究如何制造望远镜的玻璃镜片；萨尔维亚蒂则劝伽利略回到拉塞尔沃，共同讨论后者此前看过的一部戏剧。[186]

伽利略甚至在罗马还遇到一位重要的红衣主教，这位名叫马费奥·巴尔贝里尼的主教深深地被伽利略吸引，想去佛罗伦萨看看他。[187]伽利略也让主教迷上了天文学，还给他寄了一封长信讲述自己近期对太阳黑子的研究。“我很高兴看到，”马费奥写道，“我们的观点很相似。我对这封信上的内容和您的其他工作都很钦佩，我认为它们体现了罕见的智慧。”[188]

伽利略让所有人聚到了一起。这场景真是令人瞩目。

萨尔维亚蒂是第一个意识到不能满足于现状的人。他还不到三十岁，决定是时候出去探索世界了。他来到了巴塞罗那（Barcelona）。

1614年4月26日，切西给伽利略写了一封信。

我无法形容失去萨尔维亚蒂先生给我们带来的痛苦。所有我们共同的伙伴——我今天把部分人聚到了一起——都无法停止内心的难过，我们爱他，对他敬重有加，也很清楚这个世界现在缺少什么。我们要感谢您让大家走到了一起。[189]

萨尔维亚蒂突然生了一场怪病。没人知道是什么病。按照惯例，猞猁学社的成员安排了一场葬礼致辞。切西亲自在一群学者面前朗读了这份致辞，朗读了一小时左右。[190]

……亲爱的听众，我们仍然能看到他保存的亚里士多德著作，其中的空白处写满了注释和批注，有些是赞美某个伟大的思想，有些是表达自己的不满，另外一些则是详细的解读，还包括一些自己的发现，其中的部分推理似乎不是很清楚。我们很容易被说服，这些笔记体现了一颗异常深刻的心灵，一个毫无畏惧的头脑。它使作品的意义一览无余，会一直流传下去。

这样的头脑可能不同意常人的观念，后者要么不会细致地研究，要么想象力过于贫瘠，他们甚至无法驾驭几何学，对三角形和圆形也不屑一顾。他很清楚，唯有理性才能满足自己，也知道理性是何等美丽。更清楚自己多么真切地被自然哲学所吸引，因为它似乎符合只有几何学才能揭示的理想状况。

接着，我们发现他的思想跟我们敬重的学社成员伽利略一致……[191]

动物

一位教皇的支持者走进了伽利略的威尼斯出版商的店里。这些人在宗教改革的历史上总是被迎头痛击。[192]一些笑话应运而生。

伽利略的对手各式各样。按照不同标准，这些人可以分为哲学家、数学家和传教士，也可以分为德国人、法国人和意大利人，还可以分为智者和愚者、长者和年轻人、天主教教徒和新教教徒，等等，他们全都奇怪地围绕在这位名人周围。整个世界似乎都在进步，各种新的生物不断被发现。

1612年11月1日，像所有人偶尔会遇到的情况一样，在一次对话中，一位名叫尼科洛·洛里尼的上了年纪的多明我会修士没插上嘴。老人沉吟片刻后，深思熟虑地说道："这位名叫伊普尼克斯（Ipernicus）的家伙的观点似乎与经文相悖。"

这段对话最终还是传到了二人谈论的主角伽利略的耳朵里。洛里尼吞吞吐吐地想为自己辩解。"我相信，我们所有的贵族都笃信天主教，"他写信给伽利略谈道，"我渴望讨好您，也愿意把您当作主人来侍奉。”[193]

洛里尼是一位特别教条的多明我会修士，这种人会为自己起一个令人反感的名字——“上帝的猎犬”。[194]你要是听说一个这样的人，就明白什么意思了。

佛罗伦萨大教堂的教友们就遇到过一只“上帝的猎犬”，从某个看不清楚的角落跑了出来。这位新的传教士代表了来自另一个世界的声音：炽热、响亮，能背出半本《圣经》——而且十分年轻！“我很高兴听到托马索在一个合适的大教堂中布道，”他的兄弟写道，“如果这给了他想要的满足感，我就更高兴了。”[195]年仅十五岁的时候，托马索·卡奇尼就像洛里尼一样加入了宗教兄弟会。他的兄长们一致认为，弟弟拥有成为圣人的潜质，并且认为自己有责任为其提供建议和支持。他们提供了世俗的智慧；长子进入了政坛，次子则搬到了罗马这个有文化的城市，平时生活在马费奥·巴尔贝里尼的宫廷中。

《星际信使》出版之后，托马索便开始四处散布伽利略的坏话，多数是在信中，也有在公开场合谈论的。他的兄弟们都很担心：“有时候，修士们的脾气太大了点儿。”[196]但伽利略一点也不担心。“他们忙着施展阴谋诡计，”他写道，“更何况敌人还近在咫尺。但是他们人数如此之少，而且从他们的作品中可以看出，他们结成了帮派，所以我嘲笑他们。”[197]

伽利略谈到的“帮派”的确存在。这是个非正式的组织，其成员会不定期聚会，就像郊区家庭主妇的读书会一样，讨论新的发现会对哲学产生何种影响。在这方面，他们与伽利略派并无特别的不同之处。他们甚至并不一定相互对立，这些人还偶尔会在拉塞尔沃与伽利略会面，并参与一些严肃的学术研究工作。伽利略回忆起了自己和这些人的一次对话，他认为这次讨论的主题实在有趣。

> 这是一次绅士圈子内的讨论，主题与热、冷、潮湿和干燥有关。一位哲学教授说了些逍遥学派的常见观点，即冷的作用是凝结，他举例说冰是凝结的水。我对此提出质疑，说冰应该被称为稀释的水，如果凝结真会导致稠密或稀释之后的光泽，那么鉴于我们看到冰会漂浮在水上，那就必须把它看成比水更轻和密度更低的物质。说罢，我立即听到反驳说，冰之所以浮在水面，并非因为它没那么重，而是因为它的形状宽大而平坦。[198]

这次交锋迅速升级为一场对抗性的“博弈”。对方的一名成员在镇上跑来跑去，向众人展示他的实验——一块乌木片飘在了水面上，其他乌木模型则沉了下去。这个结果真令人费解，但伽利略认为这个实验不合常理。他抱怨说：“按照我们一致的看法，如果你把乌木放进水里，哪怕它比纸薄，还是会沉底。”[199]

这是伽利略的学术生涯中第一个未能解决的重大争议。双方始终没有达成一致的看法——他们都不清楚冰的性质，也不理解张力，事物的表面性质与它们表面之下的性质有所不同。

这个派别的成员宣布自己为“反伽利略主义者，其宗旨在于捍卫亚里士多德”。[200]但他们反过来又成为伽利略几位追随者嘲笑的对象。反伽利略主义者的主要组织者姓“科隆贝”（Colombe），听上去很像“鸽笼”（columbary），于是为了好玩，伽利略主义者便笑着称他们为“鸽子”。

笑声可能令人十分享受和愉悦，这是一种完全属于感官的乐趣——但真正的笑声超越了玩笑、嘲笑和讥讽。[201]笑声本身并无所指。

而在罗马，有一个人正在撰写反对伽利略的文章，他不能被嘲笑，因为他不愿意被提到。此人是一个严肃程度超乎前人的知识分子。

这位知识分子以对话者的身份发表意见，他先是用了“我的某个朋友”的身份，而后来得知自己的信件会被发表，就用了“画像背后的阿佩莱斯”的身份。[202]而在古希腊，阿佩莱斯（Apelles）是一位技艺高超的艺术家，他会蹲在画布后聆听路人毫无偏私的评价。伽利略也是一位路人，但他难以做到不偏不倚。

阿佩莱斯追求的是一种老式的东西，他想要“把太阳的身体彻底从黑子的侮辱中解放出来”，[203]但他用的是现代实验方法。黑子至多在十五天内就能掠过太阳可见部分的一半范围，因此，它们应该需要十五天后才会再次出现。仔细观察后，他发现情况并非如此。由于这些黑子并未显示出额外的视差，阿佩莱斯认为它们不过是新的行星的影子，来自“太阳所在的天堂”。[204]

但创造新卫星的做法一点也不老套。伽利略回应道：“在我看来，这位阿佩莱斯被新奇的力量打动，开始听从真正的哲学的教导，但还没有从曾经沉浸的幻象中解脱出来。”[205]这里所谓的“真正的哲学”自然是伽利略自己的哲学，即“太阳上的黑子并不在距离其表面很远的地方，而是位于表面附近……有些会出现，有些会消失”。[206]“我希望，根据我指出的情况，这件事可以到此为止了。”[207]

在卡斯泰利向伽利略展示了开普勒的《光学》中谈到的新技术后[208]，伽利略也能够开始长时间地观测太阳黑子了。这项技术使用针孔相机原理把太阳投影到暗室中，而不用通过望远镜观看。这种新方法基本上让伽利略确信了自己的观点，他做好了进一步回应阿佩莱斯的准备。切西同意资助论文发表所需的费用。

对伽利略而言，说话语气的拿捏是宫廷生活中最让人感到麻烦的事情。这让他的写作陷入停滞。他曾尝试从礼仪书籍中学习优雅和社交礼仪方面的知识，但这些远远不够。[209]他有属于自己的完美绅士做派。

接下来，阿佩莱斯又发表了几封信件以强化自己的论点。伽利略询问朋友们应该如何回应。切西建议，“淡然处之，有理有据比反唇相讥更能打击对方”，[210]但另外一位朋友激动地呼吁他正面回应。这位朋友写道：“伽利略先生，人预见到恶意并逃避的行为可被恰当地称为‘审慎’。但如果对方如此肆无忌惮地亮明自己的立场，就势必要做出回应了。你必须直面一场风暴。”[211]

伽利略会抽出时间回应。他就太阳黑子写了几封措辞严厉的批评信件，尽管很直接，但绝无恶意。这些信件还总会在结尾时小心翼翼地呼吁对方成为“追求真理”路上的同道。

一年后，切西查出了阿佩莱斯的真实身份。此人名叫克里斯托弗·沙伊纳，是一位受人尊重的德国天主教牧师。身份曝光后，克里斯托弗还客套地给伽利略写了几封信。二人显然都不喜欢对方，但他们早先的争论也并非针对个人。从旁人的角度看，当时的争论还保持着几分礼貌。克里斯托弗也有自己的过人之处，他在研究并理解了开普勒的《折射光学》后，制作出了胜过伽利略的望远镜。而为了证明自己才是更了不起的学者，克里斯托弗还构思了一本讨论太阳黑子的巨著。他为这本书起名为《红熊》（*The Red Bear*）。

时值1614年冬末，世事终变迁，季节会交替，但上了年纪的老人已逐渐无法承受岁月的风霜了。鸟儿们正在向内陆迁徙，沿阿尔诺河顺流而下，一只飞鸟刚刚吞下了一条鲤鱼，红彤彤的胸脯高高鼓起，仿佛刚刚赢得了大自然的战斗一般。

葡萄酒和女人

德国人有一个形容过量饮酒的词叫“saufen”［指狂饮、酗酒（贬义）；牲口饮水等——译注］[212]，他们认为这种行为是一种罪过。可是，即便最优秀的人也不一定能克制自己。开普勒回忆说，最常见的是“从意大利阿尔卑斯山进口的桶装葡萄酒”，[213]这一年，奥地利的葡萄产量颇丰，于是他看到多瑙河沿岸满是酒桶。他准备亲自尝一尝这些美酒。

开普勒向来是有节制的，他说自己只会像一个他所谓的“顾家好男人”那样买点儿酒而已，以此“尽一尽婚姻的义务”。一个女人激发他这样做。

逃离布拉格后，开普勒直接去了林茨（Linz）。他在和结发妻子一起生活时，曾专门为带她到这里疗养而打听过此地的教职。[214]如今妻子已故，但邀约仍旧有效。开普勒再次回到了学校。他又一次回到了二十五岁时那个寻找上帝的单身汉的状态，真是恍若隔世，而这个所谓的上帝在不同的时间段分别意味着第谷·布拉赫和伽利略。他的继女在1597年就七岁了；如今，二十五岁的她已经出嫁了。接着，开普勒的其余几个孩子也过来团聚，此时他也意识到了自己的缺憾。他成为一位皇家数学家，也是一位颇受欢迎的鳏夫。

当时有十一位合适的对象对开普勒表达了好感。他到底哪里变了？

第一个女人在六年前与开普勒短暂相识，当时的情况完全不同。如今她成了寡妇，但当他们再次见面后，没能碰撞出火花（开普勒还补充说她身上有“味道”）。出人意料的是，这个女人想把自己两个女儿中的一位介绍给开普勒。开普勒说道：“于是，我就把注意力从寡妇身上转移到了少女身上。”

此后，开普勒又和各种身份的女人有过接触。这些人当中有贵族、农家女孩儿、形容枯槁的老妇、慈爱的母亲、不识字的女人、博览群书的夫人、节俭的姑娘、拜金女、想跟他生孩子的处女，以及强壮如牛的妇女等等——无论如何，这些描述都只是开普勒的第一印象。由于年事已高且神学观点颇受争议，开普勒也被拒绝过几次。他已经完全败给了自己的性欲：“究竟是上帝的意旨，还是我自己的罪孽，才让我在过去的两年中陷入无止境的约会里一无所获？”[215]

明确了自己想找的人后，开普勒派人去找了一位酒商。虽然快四十五岁了，但他似乎从来没有跟这种人打过交道。

我家的几个大酒桶做好的四天后，一位商贩带着一把量尺到了家里，他用这把量尺检查了每个酒桶，压根不看形状，没给出这样做的理由，也没有计算。[216]

这种商业惯例做法让开普勒看到了改进的空间。他专门为此写了一本书。“你看，这不是没有理由的：新的婚姻，新的数学。”

《酒桶的新计量学》（*The New Measurement of Wine Barrels*，下文简称《酒桶》）成了整个十七世纪最优秀的数学著作。[217]它涉及所有重要的相关主题。当他年少无知的时候，开普勒的写作还显得不知所云；跟第谷·布拉赫一起工作多年后，他的文字清晰多了。像《光学》和《新天文学》等作品的多数内容还显得很不连贯，给人的感觉就像是写满了微言大义的手抄本魔法书。[218]但《酒桶》一上来就很清晰易懂。这本书和《折射光学》一起标志着开普勒开始形成成熟的写作风格。

自此以后，开普勒就用清楚而纯粹的数学语言写作自己的全部作品，直到他遇到前人从未解决的问题为止，这一点倒是没变过。从科学到艺术的转变显而易见。他变得愚钝了，开始编造问题。

正是伽利略的英雄阿基米德，为开普勒此时的工作建立了基础。甚至开普勒的椭圆轨道也受到了阿基米德的启发。在《酒桶》中，阿基米德的贡献更是体现得淋漓尽致；该书第一部分的标题就是“阿基米德”。这些都标志着伟大复兴的开端；阿基米德被重新塑造成一个传奇[219]，也成了亚里士多德的对手，更代表了不同的科学路线。

开普勒评论说，阿基米德证明了一些令人着迷的事实。他证明了圆的周长与半径之比为22∶7（但阿基米德和开普勒都没有称之为“π”）。他研究了圆锥截面绕轴线的旋转——球形和卵形——还证明了更多晦涩难懂的事实，比如一个球体和外接最小的圆柱体的面积之比为2∶3。

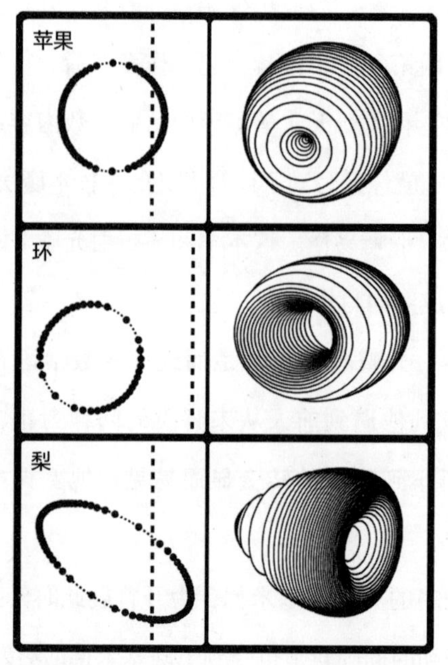

左侧图形绕虚线旋转就能在三维空间中产生右边的形状。

“到此为止，阿基米德和古人的几何学已经走到了尽头。”开普勒写道，但“我们要找的是真正的酒桶的形状”[220]，它既不是圆柱体也不是球体。正寻思间，开普勒就得出了要找的图形，他的办法是让圆锥截面绕随便一条直线旋转，而非绕其轴线旋转。

开普勒也不知道自己在做什么。没人知道。他开始为自己得出的形状命名并做出描述：“类圆锥体”被归结分类为不少于92组。因为缺乏任何简便的定义，于是他尝试把每一组形状与生活中常见的物体联系起来，其中一些被称为“苹果、大李子、梨和橄榄”。开普勒指出，旋转的双曲线和抛物线的面积为无限大，但有的形状看起来“就像埃特纳火山”，或者“像肚脐”，有些形状“一部分像巨大的山洞，另一部分则显得薄而锋利，就像犹太人对我们德国人膀胱的描述一样——隐藏在包皮包裹的阴茎下面”。[221]

某些圆锥体的面积仍可用演绎几何学的方式得出，比如环形就可以“拉直”成一个简单的圆柱体，但这种简化处理忽略了真正重要的问题。开普勒没能找到一个通用的解决方案。而开普勒对酒贩测量方式的认可，则建立在另外一个相当粗糙的近似估计上，这个办法以两个圆锥体的下半部分作为酒桶的容量。与开普勒学术生涯中的其他作品很不一样的是，他一头扎进了注定属于未来的数学问题中，尽管他好几次使用了“积分”（integral）一词，但也只是将其用作形容词来表示图形的完整和统一。

尽管如此，这却成为一段非正式但诚实而坚定的婚姻的开端。婚礼的一周前，开普勒从布拉格的一位朋友那儿收到了一首类似于《酒桶》写作风格的诗歌。

开普勒的来信收悉，寄自雷根斯堡（Regensburg），

我最亲爱的朋友和兄弟迷上了

处女苏珊娜，就在不久前

匆忙间奔向奥地利修缮

家徒四壁的闺房。

婚礼会照常举行

这不过是生命尽头的一个片段

闪电会在午后降临

雷声也会从远处传来

但我们并不在乎！欢愉未减分毫。

愿您的朋客悉数到场

欢呼苏珊娜的名字，如此悦耳动听的苏珊娜

苏珊娜，融化人心的苏珊娜

花团锦簇，生活美满

没了花儿，生活就会充满怨恨和悲伤。

但首当其冲的孩子们，您并不在意的孩子们
最虔诚的母亲挂念着他们的命运
您现在已是众星拱月；伽利略曾做出过预言
（或者说，我认为您是魔鬼派来的）
——真是解脱啊！

我们寄去了美酒和书籍……苏珊娜会喜欢的。[222]

苏珊娜实在年轻，太年轻了。开普勒的继女责骂他道。[223]开普勒刚当上外公，就娶了这么一位和她同龄的女人。不管怎样，开普勒选择了身为孤儿的妻子，放弃了有钱有势的贵妇，因为她漂亮、主动示爱，同时还喜欢孩子——她也放弃了另外六位追求者，选择了开普勒。间接证据表明，苏珊娜很享受性生活[224]，开普勒的晚年对子女变得十分宠溺，家庭规模也扩大了三倍。开普勒从未留下过关于苏珊娜的文字。似乎她过得很幸福。

无论苏珊娜事先是否已经完全知晓（几乎可以肯定不知道），她已经加入开普勒家难以相处的女性圈子中了。在公开场合，她们慢慢结成了姐妹关系，一起承担家庭负担。开普勒的继女不幸离世后，给他留下了三个外孙，他曾带着当时最大的亲生女儿（十五岁）前往多瑙河欣赏美景，她在这里待了几个月学习如何做母亲。开普勒有一个可爱的小妹妹，她的一只耳朵是聋的，开普勒对她十分照顾。妹妹偶尔会写信过来，也来探望过开普勒几次，但她婚后定居在靠近母亲卡塔琳娜的西部地区，母女俩在生活上相互照应。[225]

卡塔琳娜·开普勒当时大约六十五岁（虽然连她自己都不确定），生命中三分之一以上的时间都在守寡。卡塔琳娜一辈子多数时间都生活在同一个小镇[226]，尽管她的确出过一次国，前往布拉格城堡看望自己最成功的孩子——大名鼎鼎的占星家约翰内斯·开普勒。开普勒则更多是站在一个知书达理的儿子的立场看待自己的母亲。对他而言，母亲是个“聪明的女人”[227]，一个全凭自己的能力积累和传播知识的老人。卡塔琳娜成年后一直都是一名药水制造师，这也是乡下妇女们凭借自己的厨艺就能胜任的技艺。她曾尝试把已故父亲的头骨做成酒杯，因为她从当地牧师那里得知，这是古人的葬礼仪式。卡塔琳娜晚年爱好社交，喜欢请人吃饭，可以想象，她会把那些真真假假的道听途说讲给客人听：珍稀的橘子皮的最佳用法，牛奶的正确熬制时间，如何让小母牛挺过冬天等等。“原始的经验，”开普勒写道，“或者医生所谓的经验主义是科学之母。”[228]他明确地写出了自己的这个观点。

卡塔琳娜对开普勒产生的最后一个重要影响始于家庭内部，当时另一个不怎么感恩的儿子散布了她为撒旦做食物的恶毒谣言。但这个儿子不久之后就死了，没留下任何忏悔，开普勒也对兄弟辱没家门的行为毫不知情。不过，这个流言很快就传开了——一场大火烧起来只需要有人点燃火柴。

纵火者是老城的一个妓女。根据卡塔琳娜事后的心酸证词，这个妓女名叫乌尔苏拉·赖因伯尔德（Ursula Reinbold）。她已经结婚，但一生都没能获得世人的些许尊重。从法庭证词可以看出，开普勒的母亲对这种放荡的女人并不宽容。她习惯道德说教，但在白兰地的作用下，两位女士尚能在同一个屋檐下快乐地相处。开普勒夫人邀请乌尔苏拉同饮，但她却不胜酒力，一直睡到第二天早上醒来头还是晕的。后来和镇长（这个镇上所有人都彼此认识）喝酒的时候，乌尔苏拉气急败坏地说："那个开普勒夫人必须在我死之前收回她的咒语！"[229]于是，当局开始介入调查。

开普勒夫人有个习惯，她会为众多来访者免费提供酒水。现在她却要眼看着喝掉酒水的人在眼前慢慢消失。一位艺术教师的妻子和开普勒夫人喝了酒，后来死了——这是被施了咒；镇上的玻璃匠痛饮了一番，后来变瘸了——又一个咒语。[230]很快，她的巫术就从饮酒变成了触摸、诅咒，后来就变成了单纯的指责，不需要特别的手段。她前一周杀了一头猪，三位人妻因此瘫痪。而对于身为母亲的卡塔琳娜而言，最难以启齿的事情则是：她会杀小孩儿。

此类特殊的残忍行为——专门针对无助的老妪——对接受它的人来说有一种特殊的吸引力。就好像它是解决世人痛苦的简单方法。在一个长期处于战争和宗教纷争的年代，如果当局能够以烧死女巫的方式阻止世界末日的到来，众人一定会感到欣慰。开普勒夫人走在乡间的小路上，无力之感顿起。当一位骑士把她拉到一边，并且拿刀子威胁后，她的女儿再也无法默默忍受这一切了。她给家里出人头地的约翰内斯·开普勒写信说明了情况。

开普勒收到信后写道："我的心都要炸出来了。"[231]

开普勒在第谷·布拉赫身上学到的另外一个教训（即第谷被削掉鼻子的教训——译注）让他转而诉诸法律。他成了母亲的案子的主要辩护人。为了躲过一场私刑，卡塔琳娜前往林茨与开普勒一起度过了整个1616年。当她再次往西返乡时，开普勒也驾着马车一同前往。返程路上，开普勒阅读了伽利略的父亲写的一本关于音乐创作的书——在伽利略还是个孩子的时候，他父亲就已经是一位受人尊重的鲁特琴演奏家了。伽利略因此对开普勒最宏伟的计划——他的世界的和谐——产生兴趣，近二十年后，开普勒终于又开始关注这个主题了。但为了把从小体弱多病的自己一手拉扯长大的母亲，他放下了手上的事情。在很长的一段时间里，开普勒都彻底放弃了科学研究。有些真理总是比其他真理更重要些。

开普勒在法庭上几个月的表现很好地体现在了公诉人的总结里，后者写道："被告在她的儿子约翰内斯·开普勒的陪同下出庭。真是令人感慨！"[232]

证据的可靠性逐渐减弱，并未终止的审判也逐渐成了过场。毫无疑问，在儿子的帮助下，对卡塔琳娜的作秀审判逐渐成真。但同样毋庸置疑的是，她在审讯中的表现最终在六年后拯救了自己。

女巫审判中的最后一步往往伴随着酷刑。但在本案中，被诉者因为年事已高，加之有力的辩护，这最后的环节就变成了“单纯的”“威吓”，即在酷刑威胁下的审讯。开普勒夫人只是面对着拷问台而已。

众人把女人的分娩视为与邪灵的斗争。开普勒的母亲曾和邪灵斗争了七次。她在更年期的时候卖过干草，为的是赚钱养活自己。父亲在1595年病重后，她也连续五年在病榻前照顾父亲的饮食，并负责清理便盆。她的丈夫在世时还曾虐待她。

卡塔琳娜看了一眼刽子手。“要杀要剐随你吧”，这句话保证了她能获得自由。“哪怕你要一根接一根地拔出我的血管，我也没什么好忏悔的。”[233]

她跪在地上祈祷期间念了一遍《主祷文》。在没有任何刑讯逼供的情况下，即便是最不足以让人相信的法律程序也不得不让卡塔琳娜获得自由。她变得越发衰老，不到半年之后就去世了，这个可憎的世界成了压倒她的最后一根稻草。

当时，伽利略的母亲茱莉娅（Giulia）也在世，相比之下，她真的就是一个糟老太婆。茱莉娅盗取伽利略的东西，监视他，经常跟他的妻子玛丽娜发生争吵，但伽利略并不会因此从内心深处拒绝母亲。茱莉娅把他从小拉扯大，为他上了人生的第一堂课。

婚姻和子女都没能给她带来任何幸福，唯有宗教可以。

1612年，玛丽娜·甘巴去世。伽利略不是那种会谈起此事的人。他没有任何情感上的反应，似乎妻子的离去对他来说完全是个麻烦。玛丽娜生前一直在照顾伽利略的小儿子温琴佐[234]，原本小儿子是要送到佛罗伦萨的父亲那里的。而那两个正值豆蔻年华的女儿则早就来到了父亲身边，伽利略一直在谋划着她们的未来。

过了阿尔诺河，往城南方向步行一小时有个只有女性居住的小型居留地。那里的居民有很多复杂的仪式。每天，她们都身着同样风格的朴素黑袍和头饰。这里的病人都被照顾有加，主要的治疗药物为桂皮水或白酒（可以看出，酒主要是一种麻醉剂）。除了告解神父，她们不跟任何男人交谈，神父和她们都会宣誓保持贞洁，某些已婚的雇员和访客只能在用于忏悔的“等候室”与她们共进晚餐。[235]尽管富家千金在这里过得最好，但整个居留地的女孩儿普遍都很贫穷，因此这里大部分物品都是公有的。天主教教徒们认为，来到这个虚拟之岛甚至是比婚姻更高的召唤。但对岛上的居民而言，情况并不一定如此。女同性恋现象在当时还不常见，但世人也对此有所耳闻；[236]一些贫穷的居民会因为歇斯底里，或者单纯的不开心而从厨房中偷出刀子，然后蜷缩在石墙角落结束生命。[237]

伽利略把女儿们送进了女修道院，但他也因此永远失去了一个女儿。利维娅·加利莱伊在搬去修道院的时候才十二岁，她还没体会过与父亲分别的感觉。利维娅跟其他女生在一起时体会不到家的感觉，后来到二十多岁时甚至得了饮食失调病。[238]伽利略向来都认为自己做的事情是最正确的，但他难以从同理心的角度做出选择。伽利略从未站在利维娅的角度考虑问题。如果他是自己的女儿，他宁愿选择修道院的生活。

但他的另外一个女儿却能适应生活方式的巨大转变。维尔吉尼娅知道如何与父亲相处。她对新环境的清晰而理性的看法与伽利略期待的一致，他们冷静地讨论过自杀、泻药和瘟疫等问题。他人死亡和婚姻的消息总是体现在她对自己情绪状态的反复叙述中，她会明确地告诉父亲自己渴望得到什么样的关爱。维尔吉尼娅得到的爱主要是些具体的东西，寄来的食物、美酒、金钱、商品，以及父女之间习惯的相互问候。待到成年后，她也会以同样的方式回报父亲，为他穿袜子、熨衣领、做糖果等。这些东西都能当天送达，基本上，她每周都能收到一个装有各种东西和一封信件的精致柳条篮。

伽利略和他的朋友们与其他女性的关系都没这么好，但这肯定不是因为他们不愿意尝试。

1614年，费代里科·切西终于变成了少年时的自己所鄙视的人，他爱上了一个名叫阿尔泰米西娅·科隆纳（Artemisia Colonna）的美丽女人。他让科隆纳怀孕了[239]，但这害死了科隆纳和肚子里的孩子。转眼间，在已故的萨尔维亚蒂的表妹中，他找到了一位更合适的生活伴侣[240]——伊莎贝拉（Isabella），从法律上讲，这几乎就是他和猞猁学社成员结成的婚姻。年轻时的克制至此终结，这位具有远见卓识的人越发强烈地呼吁猞猁学社成为自己的“哲学民兵”（philosophical militia）。[241]

切西并非唯一一个结识伽利略之后改变性情的人。卡斯泰利简直就是在复制伽利略的人生轨迹，他接替了自己导师的大学教职。[242]卡斯泰利喜欢教书，更喜欢做家教，每个月都会给伽利略写四五封信表达自己的感激之情。通过伽利略，他的名气也传到了美第奇大公的耳朵里，后者还于1613年12月9日邀请他在皇宫里共进早餐。

按照惯例，富人们都会在晨间的基安蒂酒中浸泡一块饼干。葡萄酒对这些人就像咖啡一样。这位禁欲的本笃会胖修士继续跟伽利略身边的一位女性谈论着一些至关重要的事情，伽利略甚至都没有在场。他只能听别人讲述谈话的内容。

> 大公问我关于学校的事情，我就跟他详细地谈了谈。然后，他问我是否有望远镜；我说有，并向他介绍了昨晚对美第奇卫星的一些观测结果。大公夫人问起卫星的情况，并且开始喃喃自语，说它们最好是真的。于是这位皇室成员问了身边的一位朋友，那人回答说不能否认它们的存在。我趁机根据自己了解的情况介绍了您的精彩发明。另外一位美第奇

家族成员十分优雅地向我微笑，他一定很开心。在此期间还发生了很多别的事情，气氛很真挚。最后，饭吃完了，我也起身离开皇宫。但还没走出宫殿，看门人就把我叫了回去。

现在，我要开始讲述后来发生的事情了，请您务必要理解我的意思。一直以来，公主殿下的朋友都在她耳边说，虽然承认您发现了新的天体，但地球的运动仍让人难以置信，因为这与《圣经》相悖。

不管怎样，我们言归正传。我进入到公主殿下的寝宫，在场的除了之前早餐时见到的人，还包括另外一些人。询问了我的观点后，公主殿下开始用《圣经》上的观点反驳我。于是，在适当的免责声明下，我以神学家的身份十分娴熟地做出了回应，相信您也会表示满意。美第奇家族的一位成员站在我一边，因此我并未被在场贵族的威严吓到，而是像个角斗士一样慷慨激昂！大公也站在我一边，另外一位贵族还恰当地引述了《圣经》中的经文来助阵。只有大公夫人反对我……[243]

卡斯泰利就像伽利略的养子。他们的关系就像伽利略跟他的大女儿一样，彼此交流起来直接而坦诚。大家都知道，卡斯泰利的一番话是在为伽利略辩护。在神学问题上，卡斯泰利比伽利略更有发言权，他的老师能有这样善辩的支持者实属幸运。伽利略在一封思虑周全的长信中向卡斯泰利表达了感谢，其中还附上了自己的观点供他日后参考。

> 解经者是否认为，在关于自然界的争论中，正确的人比错的人更有优势呢？我知道他们会说是的，因为真理的一方可以给出无数证据，而错误的一方除了诡辩和谬误，什么都没有。然而，如果解经者们知道只有借助哲学的武器才有这样的优势，那他们为何还要拿出像《圣经》这种令人忌惮且无可反驳的武器呢？稍微提起经文就足以令最优秀的强者闻风丧胆。但如果必须用事实说话，我相信解经者才是被吓破胆的那一方。他们无法回应对手的攻击，并努力想办法阻止这种进攻。然而，请想一想我说过的话。站在真理一边的人有着更大（或许是最大）的优势。[244]

整个回复都很有说服力，通篇重复着这种真诚的困惑，但伽利略的观点是有道理的。为什么大家不按照他的方式讨论呢？

> “我写得太多了，对我的病体不利，那就到此为止吧。圣诞快乐。”

冬去春来又一冬

他们聚集的时候，问耶稣说："主啊，你复兴以色列国就在这时候吗？"耶稣对他们说："父凭着自己的权柄所定的时候、日期，不是你们可以知道的。但圣灵降临在你们身上，你们就必得着能力；并要在耶路撒冷、犹太全地和撒马利亚，直到地极，做我的见证。"

耶稣说完这话，就在他们眼前被举起，有一朵云彩把他接去，他们便看不见他了。

当他往上去，他们定睛望天的时候，忽然有两个人身穿白衣，站在旁边，说："加利利人哪，你们为什么站着望天呢？离开你们被接升天的耶稣，你们见他怎样往天上去，他还要怎样来。"……

五旬节到了，门徒都聚集在一处。忽然，有响声从天上下来，好像一阵大风吹过，充斥在了他们所坐的屋子里；又有像火舌一样的东西撕裂开来，落在他们各人头上。他们就都被圣灵充满，按着圣灵所赐的口才，说起别国的话来。

那时，有虔诚的犹太人从天下各国而来，住在耶路撒冷。这声音一响，众人都来聚集，每个人都听见了自己的母语，很是困惑，都惊讶地说："看，这说话的不都是加利利人吗？我们怎么听见他们说我们的母语呢？这意味着什么呢？"还有人讥诮说："他们喝醉了。"

这段摘自《使徒行传》中的经文并非1614年12月21日托马索·卡奇尼在讲道坛上引用的最令人震惊的一段话。[245]最让人震撼的是他从《约书亚记》中引述的一首简单的圣诗。

于是日头停留，
月亮止住，
直等国民向敌人报仇。

托马索在气势汹汹的布道辞中用诗歌谴责伽利略、哥白尼，以及（据说）所有与数学有关的东西。[246]上面这首诗是大公夫人在辩论中用来反驳卡斯泰利的。但伽利略曾试图从逻辑上解读出这首诗于他有利的内容。伽利略用到了复杂的天文学论证，其中涉及"太阴月""第一推动者""托勒密世界体系"等会众们根本不关心的内容。他们对诗歌倒是有着切身的体会。

托马索的布道辞和伽利略的信中都有这段诗，前者说这真是个意外之喜。[247]无论怎样，文人之间不仅写信，而且还互相交换信件。[248]卡斯泰利把伽利略的信件给了朋友，朋友又转给了朋友的朋友，如此往复……这种情况几乎持续了整整一年。作者们想保守秘密时，他们通常会指示收信人毁掉自己的文字。托马索便是如此。这是他回到家两周后发生的事。当时的他依旧面色红润精神矍铄。但在此时，他那见多识广的兄弟从红衣主教马费奥·巴尔贝里尼的宫廷里寄来了一封信。

> 致最令人尊敬的先生：
>
> 您的怪诞行为让我厌恶到无法形容。听清楚，如果再听到这些鬼话，我就会毫不客气，到时候您甚至会后悔自己学会了读书识字。您要知道，您所做的一切都会被上面的人视为糟糕透顶。祈求上帝，别让您在审讯的时候才学到这个教训！
>
> 您也别用宗教狂热来装扮自己。我们在罗马知道您们这些修士是如何用这种方式来掩盖自己的肮脏思想的。唉！您实在是无知，把自己摆在这些鸽子、猪猡（不管它们被称作什么玩意儿）中间。
>
> 我们想帮您，但您把事情搞砸了。
>
> 汤米兄弟，您要知道，名声在这个世界上很重要。名声

坏了，就没有了。我请求您停止布道。如果您不顾兄弟之谊而我行我素，那还有别的路可走。也许我能帮您找到这条路。我已经警告过您了。望好自为之。[249]

“洛里尼神父就在这里，”卡斯泰利对伽利略说，“他为自己没有劝阻善良的托马索·卡奇尼做出如此恶劣的事情感到后悔。”[250]的确，洛里尼更喜欢通过官方渠道解决问题。这位年届七十的老人和反宗教改革派共同成长，他们在后者特设的法庭罗马宗教裁判所共事。

2月7日，洛里尼给反宗教改革派写了一封信。

除了所有善良的基督徒都应承担的责任，我们多明我会成员还受一份永恒义务的约束，因为我们生来就是圣所（即宗教法庭）的猎犬。我收到一封大家都在传阅的信件，这封信来自那些被称为“伽利略派”的人。他们认可哥白尼的观点。根据你们中间众多神父的判断，这封信中包含了许多看似可疑或者轻率的命题：例如，在关于自然界的争论中，《圣经》被排在了最后，解经者也往往是错误的，等等。您会看到，我已经在随信寄来的抄本中画出了这些命题。我本可以在信中多谈些看法，但出于谦虚而放弃了，因为在罗马城中，神圣信仰本来就有猞猁般的眼睛。

我相信伽利略派都是好人，也是善良的基督徒，他们只不过有点自负罢了。我向你们保证，我只是出于宗教热情才这样做的。我请求你们这些卓越的大人们，请你们为我的信件保密，我相信你们一定会的。[251]

“去年那个满腹牢骚的神父又来烦我了！”[252]伽利略在接下来的一周时间里都念兹在兹。这一次，洛里尼并未向反宗教改革派道歉。他回到了自己的修道院，回到了与世无争的状态，他要在绝对的平静中度过最后的晚年生活。

“我赶紧写了这封信，”伽利略对梵蒂冈一位官员说。实际上，他的写作速度难以跟上复兴的反对派的脚步。“从《圣经》中摘取一个可能被反驳的教理实在是有害！”感觉自己的行动太快了，伽利略意识到需要一个后记。

注：虽然我很难相信，有人会如此草率地决定禁止哥白尼的观点，但从过去的经验看，我知道自己的运气实在差得很。我有理由怀疑那些做出最终决定的人缺乏审慎和圣洁。他们可能被骗了。然而，我不会反对自己的上级。我的教养是，除非瞎了，我才会犯罪。[253]

“我不希望与任何人争吵。”[254]伽利略写道。他不想把时间耗在这上面。迄今为止，伽利略并未把精力放在他所谓的“灵魂的救赎”上，于他而言，这种救赎是天主教的基本教义。如今，他拼命地从圣奥古斯丁（St. Augustine）、圣哲罗姆（St. Jerome）和圣阿奎纳（St. Aquinas）等人的巨著中寻章摘句，尝试学习。伽利略的正直同道多姆·贝内代托（Dom Benedetto）则为他提供了重量级的神学学术支持。[255]一些写满了伽利略研究的笔记厚达上百页，但似乎没有一本能够出版。[256]为了公正地了结此事，伽利略意识到自己不得不返回罗马。

伽利略有所不知，谋划了整件事的传教士会在罗马将他打败。就在这个冬季的最后几天里，为了证明自己的清白，托马索·卡奇尼去拜访了自己的兄弟，但他抵达后发现这个城市与他兄弟说的完全不同。罗马最隐秘的真相恰好是他的兄弟说得最空洞的部分："所有东西都不能写出来。"[257]

托马索很快意识到，天主教教会永远不会驳回任何佛罗伦萨卫道者的诉求。相反，他们吸收所有教派、阶层和个体的抱怨和关切，这个教会就像是一个笨重的、长有千万条肢体的百年独眼巨人。

他拜会了一位友好的多明我会红衣主教以寻求安慰，后者告诉他，必须立即向罗马宗教裁判所报告。

裁判所所在之处像个三层的大洞穴，里面有装饰华丽的人造拱门和巴洛克式的尖顶，天花板上画有壁画，雕像有真人大小，前台有一个小个子负责听取所有的自愿证词。[258]此人十分挑剔，他严格地审问了托马索，而且还做了详细的记录。

托马索正在思考如何表达自己的想法。他刚才被问到是否和伽利略有宿怨。

我对那个叫伽利略的人没有任何敌意。相反，我会在上帝面前为他祈祷……

终于松了一口气。托马索不是异教徒。他在教会里也是安全的。这真是一场危险的懦夫游戏（game of chicken）。他认为，这一切过后，如果能在当地的女修道院中当个告解神父也是个不错的结局。[259]

……我甚至都不知道他长什么样。[260]

转眼间，春天到了。

3月初，伽利略派一直在跟罗马的盟友们打听消息，以评估当时的局势。“祈祷吧，别担心，”伽利略收到的信里写道，“一切顺利。”

您也知道，红衣主教巴尔贝里尼向来很欣赏您，他昨晚告诉我说希望您更谨慎一些，而不是把战场引向物理和数学之外。因为，哪怕是天纵之才，在神学上做出的创新也不能被所有人理智地对待。一旦传开，就会走样；流传开的文字会变得连作者都认不出。[261]

夹竹桃的花蕾盛开在佛罗伦萨城外，树林也都被染成了粉红色。3月7日，切西为伽利略带来了一个关于教会内部一位皈依者的消息。

> 我给先生寄来一本刚刚面世的书，里面有一位加尔默罗派修士为哥白尼的观点辩护的内容……这本书来得正是时候。他现在正在罗马传教。[262]

这本书是个福音，但也揭示出当时的形势发生了巨大的变化。该书的作者是一位神学家，面向的读者也是神学家。书中认为，把日心说确立为丰富文化传承和漫长历史传统的一部分，比任何人从科学的角度给出的卓绝论证都更为重要。作者甚至用一首古老的拉丁语诗句提醒自己。

> 绝不谴责流行的观点
> 这样做不会取悦任何人，而且会树敌无数。[263]

该书其中一章讨论了日心说如何改变地狱的位置。这一章有个晦涩的标题："地狱是地球的中心，而非世界的中心。"[264]

1615年，伽利略熬过了五十一岁的生日——这一年大部分时间里，他都因为生病而无法外出。这一年春，他顺利地把以前做的神学笔记整理成一部简短的作品，赠送给了大公夫人。

当然，随书寄去的信件并不是写给大公夫人看的。她不过是伽利略以恰当的方式让整个罗马了解自己观点的幌子。很快，这封信就被天主教高层看到了。他们写道：

> 绝对不能让异教徒听到基督教教徒在这些事情上的叫嚣，这些内容看上去跟《圣经》一致，但实际上错得离谱且令人耻笑。问题不在于嘲笑，而在于经文竟然被无知地认为是错误的而遭到拒绝，从而毁掉了我们所强调的救赎。[265]

多么高尚的宣言啊！科学的表述要么无关紧要，要么是既定的事实。整个事件关乎人类的命运。

伽利略为这项艰巨的任务带来了一种怪异的不平衡感。他病了、累了，心力交瘁。厌世情绪逐渐在伽利略心中滋生。

> 从根本上讲，无法理解神学和其他科学的人数远远超过了知识分子的数量……[266]
>
> 有必要让太阳动起来，并且让地球静止，免得迷惑大众愚笨的头脑……[267]

人类本性上更倾向于（不公正地）以邻为壑，而非与邻为善。[268]

尽管如此，“我还是最看重普通人对我的评价”。个人与社会之间的矛盾甚至让那些不断进取的人都会在岁月中留下疤痕：眼袋长了出来、指甲逐渐变少、皱纹渐深、毛发早早脱落等都是明证。他们不是受虐狂，因为其中没有乐趣；这也不是殉道，因为他们并不接受这样的结果。他们违背自己的意愿卷入其中，但又遵从自己的天性拼命挣扎，就像卡律布狄斯（Charybdis）面前失败的奥德修斯（Odysseus）一样，失去了树木的支撑，眼睁睁地看着她那大大张开、不停旋转的血盆大口。在日常意义上，这就是最为平凡且不屈不挠的英雄主义。

冬季再次降临。

12月初，伽利略的状态好了一些，终于可以出门了。这是他最后一次来到罗马。一位红衣主教提议，众人应该竖立一座雕像纪念伽利略的荣耀。五年过去了，局面已天翻地覆。伽利略已经树敌太多。即便住在朋友的家里，对手也会找上门（一次大约十五、二十或者二十五人），伽利略会用自己卓越的论辩能力击退他们。多明我会修士则会散布谣言，说伽利略和美第奇家族闹翻了。伽利略意识到自己一时半会儿是离不开了。

我的对手已经花了数周乃至数月的时间散布针对我的谣言，我也需要同样的时间来做出回应。我希望我的时间不会被缩短……我从来信中没有看到令人宽慰的消息。我请求您，请您救我于这饱受猜忌的困境，我实在不想名声扫地地离开。[269]

等待伽利略的是无尽的消耗。美第奇家族为此专门在罗马的宫廷中腾出了两个房间，以便“让生活更加清净和隐秘”。[270]伽利略可以暂时在这里躲避风头，从而熬过此生最漫长的冬季。伽利略的眼睛一天天变坏，他报告说：眼前的火光周围，出现了一圈假的光晕。[271]空气中弥漫着一股凄凉的寒意。

时值星期四。伽利略来到罗马已两个月了。当晚，他收到消息说，当时最著名、神学观点最有争议的红衣主教罗伯特・贝拉尔米内想要他前去讨论天文学和经文如何相互调和的问题。

出城的主要通道是一个由特殊形状的木头组成的黑色拱门，木头从中间分成两半，每一半都是三倍于人的大小。但这两扇门就像雅努斯（Janus）这个两面神一样逐渐显露出自己不为人知的一面。[272]

城门的另一边

凌晨一点到凌晨三点间，一缕照明光线出现在年轻的罗伯特的宅邸入口处。他和家中关系第二好的长姐达成一个协议，即如果姐姐每晚睡前给他一支蜡烛，他会点燃这根蜡烛来读书，并且在第二天给姐姐讲书中的故事。假设罗伯特一夜无眠，看书到了天亮，突然困意袭来睡着了，他只需抬起手臂就能抓住太阳，让它回到原来的轨道。[273]

这就是罗伯特·贝拉尔米内不幸的童年时代。一开始，他在年轻的母亲怀里摇头晃脑地吮吸着乳汁，好像通过母亲的乳汁，吸收到了与母亲一样温顺的性格。后来温顺的性格让她生下12个孩子[274]，但在同样的时间里，男性可能会实现天主教历史上最奇特且顺理成章的权力跃升。

罗伯特在还没记事的时候就已经爱上了诗歌。他在青春期前就写了一首诗歌歌颂自己的童贞（V.I.R.G.I.N.I.T.Y.），但在懂得羞耻之后，罗伯特就将之付之一炬。没人知道这首诗歌有何寓意。

他一直保持着孩提时期无故哭泣的习惯。尽管教会的兴盛让他陶醉，但他厌恶一切肉体的愉悦。六岁那年，小罗伯特打翻了客厅里的一个旧肥皂台，然后赤身裸体地爬上去讲道——后来就再也没下来过。[275]

1570年，年近三十岁的罗伯特在一次布道中说：

> 神性之光被这无足轻重的肉体遮蔽了。就像我们知道如何躲避太阳一样：如果我们毫无防护，就无法正视它，因为太阳的光芒会摧毁我们的感官。于是，我们就有了文字。[276]

而在1574年左右的一次布道中，他又谈道：

> 别的人把酗酒视为一种严重而可鄙的罪行，但在酒鬼的眼中，真正的罪行是往酒里掺水。水成了他们的仇敌。[277]

罗伯特最为著名和惊人的一次布道发生在1576年左右，其主题是“最后四件事”（死亡、审判、天国和地狱），其中谈道：

> 所有的基督徒都被教导说，那些因违背神的律法而戴罪离开的人，若不在死之前诚心悔改，就会像囚犯一样被永恒的锁链捆绑，遭受无尽的折磨。然而，我们每天都看到，太

多人毫无缘由地凭借自己的自由意志得罪神。我们该说这是什么原因造成的呢？亲爱的众人，在我看来有以下三个主要原因：缺乏考虑、无知和利己。……

但愿我们能够稍微理解一下惩罚的永恒性。想一想，一个人在十字架上受苦，仅仅一晚上的时间就被折磨得死去活来。这一晚对他而言会是多么漫长？他又会多么渴望黎明的到来？又会多少次询问，黑夜已经过去了多久，是否开始出现曙光？如果这样的悲哀在我们看来无法承受，那些被在烈焰上炙烤而非躺在柔软床上的人又该是何等悲痛？他们在这里的夜晚等不来黎明，也等不到天亮。啊，至暗的深渊！……

无知的人没有意识到，我们在死后会有不同的眼光和不同的观点，对事物的看法也会跟现在不一样。[278]

罗伯特的母亲很疼他，疼爱的程度远超其他孩子。但母亲沉溺于自我牺牲。当罗伯特还在蹒跚学步的时候，一位中年传教者找上门来，宣传一种专门致力于教育、智力和天主教护教学说的全新宗教。[279]这是权威教给罗伯特的第一件事，从此他一做就是一辈子。当他十八岁离家，去加入这个新的宗教组织时，母亲却开始哭哭啼啼："知道他把自己献给了上帝，我比以往任何时候都开心。但我无法抑制心中的痛楚。"[280]

很少有人会经历小罗伯特这样的超越性失败，但耶稣会士们会。他们的世界是他们唯一想去的地方。

我们必须认为，就学术界内部而言，耶稣会把天主教教会从一些细枝末节的问题中拯救了出来。随着反天主教热潮在欧洲蔓延，政客和国君们试图反击。耶稣会士们则宁愿与之周旋——或者说得更难听点儿，他们想与之媾和。路德派教会的教育让底层阶级第一次尝到教育民主化的滋味。耶稣会对此的反应，则称得上是反宗教改革运动中最激进的积极革新。他们为小孩子们建立了数以百计的免费学校——免费的！——从而把教会的腐败资金转移到教友的手中。[281]此外，他们的教育质量也逐渐有了提升。

耶稣会改革的问题在于，对那些极端保守的人而言，真正的教育可能会挑战既定的教条。像伽利略这样的狂人，也在罗马学院这样的耶稣会机构中收获了大部分早期支持者。他的笔友马费奥·巴尔贝里尼也在这个学院读书。伽利略最值得尊敬的对手克里斯托弗·沙伊纳也是个纯粹的耶稣会士，此人因自己的可耻行为而不断地受到批判。即便像开普勒这样远离此地的外国人，也跟耶稣会中的天文学家有过联系。[282]罗马学院的少数人甚至还敢冒充哥白尼主义者。[283]

然而，罗伯特跟这些人有所不同。他有选择的自由，却选择了顺从。他读过亚里士多德的著作，也大概了解一些托勒密的学说，然后就又回到了《圣经》及其注释者中间。罗伯特已不再会被新奇的辞藻所迷惑，他认为文辞是为《圣经》服务的。三年后，罗伯特以优异的成绩毕业，随后被派往佛罗伦萨做耶稣会的教师。

罗伯特·贝拉尔米内教士早已完全放弃了自己的私欲，似乎他注定是当中层管理者的料。在佛罗伦萨的时候，他被派去讲授希腊语。虽然他不懂希腊语，但他并未建议另寻高明，而是在学生面前摆出一副不屑一顾的样子，并解释说，自己要从基础知识学起，一年之内达到完全掌握的程度。在后来的布道中，每当他不得不给出一个语词的真正定义时，他就会从希腊语词源学中寻找答案。

罗伯特在经过一系列晋升之后，获得了罗马神学院的教授职位，大家都称他为"神学家"。他也学过希伯来语，因此可以阅读《旧约》原文。对罗伯特来说，语词是最重要的东西。单纯就教师的身份而言，他对翻译这件事甚是苦恼，甚至还给一位红衣主教上级写信询问，接纳希腊语和希伯来语文本的拉丁语译本对教会究竟有何意义。罗伯特担忧地写道："如果说几个世纪以来，教会误解了经文，从而把某位译者的误读当作上帝之言来尊崇，情况岂不是变得更加荒诞了吗？"[284]

罗伯特已经完全认清了身边的世界。这个世界荒诞不经。

让罗伯特感觉非常困惑的是，他发现这种争论非常受欢迎。越来越多的人来听他的讲座，甚至他的导师们都敦促他出版一本教科书。"出书是免不了了"[285]，罗伯特叹了口气，然后继续写作手上这本多达两百万字的著作。

罗伯特的《异端时代的基督教信仰争论》(*On the Controversies of Christian Faith Against the Age of Heretics*，下文简称《争论》)一书让其获得国际声望。在任何对基督教信仰存在争议的地方——尤其是英格兰和德国——虔诚的基督教教徒如果输掉了辩论，只需跑回家抓起《争论》朝对手脑门儿上拍去即可：看这里，笨蛋！

罗伯特是如此受人尊敬，乃至在教会迎来动荡的十七世纪时，他也被提拔成了红衣主教。“他的学问在整个基督教世界无人能及。”[286]教皇克莱门特八世宣谕称。但罗伯特只想做一名耶稣会士。他怀着绝望的心情接受了红衣主教的任命，悲伤的泪水顺着脸颊滚落下来。

从那时起直到去世，罗伯特·贝拉尔米内红衣主教几乎一直都在暗中染指教会事务，甚至会参与决策。但名叫开普勒的路德派数学教授已经被《争论》激怒了。“贝拉尔米内最有学问，”他承认，“但他被贪婪所束缚，也因为担心名誉扫地而缩手缩脚。”怒火中烧的开普勒对此十分鄙夷。“哎呀！真理之路充满荆棘！”[287]

相比之下，当同样年轻的天主教科学家费代里科·切西途经罗伯特位于卡普阿(Capua)的新教区时，红衣主教为他提供了住处，切西发现这位长者非常支持自己，于是他们便开始在私下里相互通信。[288]

到了1599年，罗伯特·贝拉尔米内红衣主教已经被迫当上了宗教裁判所审判委员这个令人讨厌的职务。他被调去详细审查多明我会一个名叫焦尔达诺·布鲁诺的流亡者的作品，后者因被控亵渎神明而被送上法庭。布鲁诺的著作是诗歌、神秘学和科学组成的大杂烩，其中的任何内容都可能被曲解为与天主教教义相违背。“我们生而无知，”布鲁诺写道，“并且愿意承认这一点。”

我们在家庭的规训中成长，听到了不同的人对我们的不认可。与此同时，他们也会听到来自我们的不认可。因此，就像我们热衷于自己的看法一样，别人亦是如此。因此，我们很容易习惯于压迫、谋杀、残害和消灭敌人，并将其作为神的祭品。敌人也是这样做的。而我们双方都会感谢神，感谢神赐给我们永生的光……[289]

我们能从庸俗哲学的一些错误预设中解放出来，这得归功于哥白尼。我不想将它们称为无知——即便哥白尼也不能完全清除它们。[290]

这些文字肯定属于异端思想。罗伯特把布鲁诺对神不敬的话归结成了八个命题，要求布鲁诺放弃这些观点。布鲁诺拒绝了。

1605年，克莱门特八世去世，罗伯特被召回罗马，参加教皇组织的会议。在接下来的几个星期里，他听到了一个可怕的传言，他可能会被选为教皇！他把自己锁在房间里好几天，伤心地号啕大哭，把念珠按在嘴唇上，一遍又一遍地低声说道：“亲爱的上帝，救我脱离教皇的职位。”[291]但他实际上不太可能当选。教皇保罗五世要求他继续留在罗马担任自己的私人顾问。

保罗于1606年向他的心腹罗伯特透露说，自己正计划以蔑视教皇权威为由把威尼斯元老院逐出教廷，罗伯特全力支持。耶稣会士们最先被驱逐出这座城市，伽利略看着他们离开的身影，第一次感受到了来自遥远陌生人对自己精神的刺激。

1611年年初，罗伯特尚在罗马，年轻的伽利略找到了他，他一直在为《星际信使》谋求来自教会高级神职人员的支持。他们就一个最奇怪的话题进行了交流：天文学和神学之间的关联。罗伯特给罗马学院的耶稣会同事们传递了一条简短的消息，要求他们对伽利略的发现表达“明确的认识”[292]，结果他收到的回复表明这些发现都是真的。

罗伯特自己承认，五年来，他再也没有听说过此事。[293]接着，他就不断地被不知从哪里冒出来的伽利略派成员骚扰。最早是切西向伽利略汇报消息的：

> 就哥白尼的观点而言，罗伯特本人——处理这些问题的委员会负责人之一——告诉我说，他认为这些观点均属异端，而且地球的运动无疑违背了《圣经》的精神。[294]

数月后，一位加尔默罗会修士给罗伯特寄来了自己的著作，该书试图从哥白尼学说的角度重新解释经文。罗伯特的回信冗长、细致而古板。

> 在我看来，您和伽利略的说法都只能被审慎地视为假设，而非定论，一如我对哥白尼的观点的看法。[295]

经过一年的跟踪和访谈，包括对伽利略就太阳黑子的往来信件的全面调查，罗马宗教裁判所对其中两个离经叛道的主题进行闭门磋商。

> 1. 太阳是世界的中心，并且完全静止不动。
>
> 2. 地球不是世界的中心，也并非静止不动，而是会公转和自转。

上述两个说法都经过了十一位教会权威人士组成的委员会的讨论，其中包括一位大主教、几位多明我会修士和一位耶稣会士。罗伯特·贝拉尔米内红衣主教并未出席。他们的建议如下：

> 1. 所有人都一致认为这个命题很愚蠢，在哲学上是荒谬的，在形式上属于异端。根据其字面意思，外加教宗和神学博士们的共同解释，它明显违背了《圣经》。

2. 所有人一致认为第二个命题应获得同样的评价。[296]

这个建议被转给了教皇保罗五世。保罗把顾问罗伯特叫到身边商议。罗伯特当晚就准备警告伽利略。

一如既往，罗伯特搬出了教会中的法律、政治和意识形态等上层建筑，就好像它们是其光鲜的皮肤。这是他无法卸下的盔甲，也是他的荣誉和拖累。罗伯特把伽利略叫到面前，讨论天文学与经文的调和问题。他的大名也就这样赫然印在了现代戏剧的出场人员名单中：罗伯特·贝拉尔米内，伽利略的敌人，反派。

罗伯特眼前这位疲惫而痛苦之人跟他自己很像，他们在所有虚的、实的和令人爱戴的方面都很像。二人都喜欢平淡的言辞。他们都当过教师，喜欢葡萄酒胜过啤酒。他们都是自由意志的坚定捍卫者，这与传统的天主教神恩教义一致。罗伯特认为自己嫁给了教区，里面的人都是他的“群羊”，他和伽利略一样都是领头羊。他们都长着老人家可爱的胡子。二人从小就学会了鲁特琴，并且接受过医学训练。罗伯特甚至像伽利略一样承认自己承受着“肉体诱惑”之苦。两人都难以按照自己的方式支配时间。他们曾是朋友。[297]

罗伯特·贝拉尔米内跟伽利略的不同之处要少些，但很重要。他比伽利略大二十岁；罗伯特的生活经验更加丰富，而伽利略从未离开过意大利；罗伯特很容易掉泪，伽利略则很少哭泣；罗伯特的阅读量更大。最重要的是，罗伯特非常矮小，他的身高仅到伽利略的胸部，除了讲道爬上脚凳的时候他比别人都高（此时他会张开双臂，声音洪亮地谈论上帝）而没那么尴尬以外，其他时候，罗伯特的身高都令他十分尴尬。

糟糕的回忆

被带到红衣主教罗伯特·贝拉尔米内面前的人很让人烦恼和头痛。主教很容易因为禁食和疾病而头痛。他的头痛发作时很厉害，甚至都会让他产生去死的念头。但他的劫难很快就会过去，头痛也会消失。[298]

罗伯特抬起双眼恶狠狠地望着眼前的囚徒，后者像所有戴罪之人那样跪在地上等待宣判。

> 以我们的主耶稣基督和他最荣耀的母亲圣母玛利亚之名，在本案和此前的案子中，本宗教裁判所按照精通神学的神父和教规、民法学博士大师们的意见，我们在这些文件中最终宣布、宣判、判处你——焦尔达诺·布鲁诺神父为冥顽不化的重刑犯，同时宣布你是一个不知悔改、顽固不化的异端分子。为此，你不仅会在一般意义上受到神圣的教规、法律和宪法的谴责，也会像那些众所周知、不知悔改且顽固不化的

异端分子一样受到特别的惩罚。如此，我们会宣布你应该被贬低，并在语言上贬低你。[299]

严格说来，这个神秘的审判是天主教会唯一的法律程序。这样的案件随后会被转到世俗的政府部门，并在这里得到恰当的处置。

布鲁诺用低沉的咆哮回应指控者的目光。这是他最后的遗言：“也许，审判者比被审判者恐惧得多。”

和平鸽

“我上周没有写信，”被罗伯特召见一周之后，伽利略写道，“因为我没什么新的情况要交代。”没人知道他和罗伯特那场对话的具体内容，甚至鲜有人知道此事曾发生过，因为伽利略认为这不值得记录。作为科学家的伽利略几乎会记录一切，但对此事他故意选择略过。

> 就我提到的那件引发公众关注的事情，他们正要做出决定，而我的敌人也不遗余力地要把我拖下水。我指的是，宗教裁判所对哥白尼有关地球运动的著作和观点做出的审议，一位早先宣布这本书及其观点为异端邪说的修士后来提出了控诉。他和自己的追随者试图让自己的说法获得认可。但他失败了。[300]

教会发布了关于哥白尼主义的第一个公开法令。这个法令是伽利略唯一能看到的官方意见。与内部意见不同的是，法令并未使用“异端”这样的措辞。伽利略故意假装镇定地指出了这一点。

> 宗教裁判所只是宣布了哥白尼主义与《圣经》不一致，同时也只是禁止了明确声明与《圣经》相违背的书籍。符合这一标准的书籍只有一本，其作者是一位加尔默罗会修士。至于哥白尼的著作，按照我的理解，他们可能会根据情况做出删减。
>
> 从整件事的性质可以料到，我的名字没有被提及。[301]

教会已经明确了官方立场，但伽利略并不准备离开罗马。他还没有被恢复名誉。萨格雷多告诉他，威尼斯人认为“您已经被迫卷入了罗马的纷争，并且被宣布为异端”。[302]不那么可笑的流言则是卡斯泰利谈到的佛罗伦萨民众的反应，“您私底下已经在贝拉尔米内主教面前宣布放弃自己的观点了”。[303]

谣言无处不在，但也仅仅是谣言。伽利略仍然受到那些重要人物的尊重，比如罗伯特、巴尔贝里尼和教皇保罗五世。第二周的3月11日，他和保罗一起散步近一个小时。“他给我打气，”伽利略写道，“说我不用担心了。只要他活着，我就安全无虞。”[304]

但伽利略的雇主们没有感受到这种安全感。美第奇家族的秘书向他下达了一道最简短的命令。

您已经体会到了这些小修士的迫害之苦。我们担心您长期待在罗马会引来不必要的麻烦。您已经全身而退。别再去打扰那个沉睡的巨人，回来吧！[305]

临走前，伽利略又一次前去拜见了罗伯特·贝拉尔米内主教，希望后者至少能帮忙澄清一个谣言。他离开罗马时，口袋里装着一张关怀备至的纸条，他会记住这几个月来发生的争端。

我——罗伯特·贝拉尔米内红衣主教——希望真相大白，并且宣布伽利略先生既没有在我面前，也没有在罗马的其他任何人面前宣誓放弃自己的任何观点。据我所知，他也没在其他地方这样做过。我们也没有对他做出任何形式的惩罚。我们只是让他知道，教皇陛下声明裁定，哥白尼关于地球绕太阳转的学说是违背《圣经》的，因此不应被坚持和辩护。我真诚地写下这些文字并署名，1616年5月26日。[306]

罗伯特的文字风格在中年以后变得温和多了。就连书名——《心灵朝上帝跃升》（*The Mind's Ascent to God*）或者《安享晚年的艺术》（*The Art of Dying Well*）——也让人黯然神伤。伽利略回到佛罗伦萨后，罗伯特正在写一本名叫《鸽子的哀歌》（*The Lament of the Dove*，又名*the Value of Tears*，《眼泪的价值》）的书。作为文学上的修辞，鸽子的意象不仅暗示着他对和平的渴望，而且也暗示着上帝无处不在，因为鸽子是作为圣灵的上帝在人间最常见的形式。罗伯特不再去思索圣灵的其他形式（火之舌）了。

《鸽子的哀歌》中有一部分专门描写了“泪泉”，其中详细阐述了基督教原教旨主义者为即将到来的世界痛哭的诸多理由：[307] 缺乏虔诚，被诅咒的灵魂和魔鬼的诱惑等。“我已经老了，”前言中写道，“离死亡近了……脑子里不断回荡着那首圣歌，啊，谁能赐予我鸽之翼？让我得以翱翔天际，归于沉寂。”

火之舌

“我对您的安全归来倍感欣喜，”切西在信中写道，“但我担心局势的变化会对您不利。为您祈祷，照顾好自己。”“我认为这个季节还是让人愉悦的，相信这里的天气会比罗马更加和煦。”[308]切西内心的恐惧大于希望。接下来的两年里，伽利略因痔疮和疝气导致的睾丸肿胀而卧床不起。

教会颁布法令的消息逐渐传遍了整个欧洲。伽利略派和耶稣会士们十分不满，但还是选择自愿接受，就像任何自尊的天主教教徒的态度一样。“那些在意大利（伽利略也长期在此停留）的人，”开普勒在1619年写道，“总是受到一群红衣主教的管束。”[309]他接着聊了聊自己最新的天文学研究的进展。他在星空中相继观察到了三颗彗星，这些彗星“展现出近乎完美的形态；先是在整个8月都被遮蔽；从狮子座附近一直移动到母熊（即大熊座——译注）脚下的巨蟹座”。

伽利略却看不到。他甚至没办法站起来。伽利略十分虚弱，他的病情不断恶化。尽管会假装无动于衷，但实际上，伽利略私底下还是最挂念天主教教会的动静。自从法令下达的那天起，他就没办法压抑住心中的怒火。[310]“他不屈的意志像是要把修士们阉割了一样”，托斯卡纳大使在帮助伽利略离开罗马时，曾被他的这种态度惊得目瞪口呆。

大家纷纷提笔讨论这三颗彗星，并创作了一系列小册子，其中不乏来自天主教当局的研究手册。伽利略读了这本小书，它的封面上赫然印着“耶稣会士的罗马学院公开发行，作者为学院的一位教父”。这让伽利略脸上浮现出一丝愁容。他刚刚在罗马学院待了几个月。为何耶稣会士们没跟他讨论过此事？相反，他们在知识上反对托勒密，在宗教上禁止哥白尼的学说，于是耶稣会士们求助于已故的第谷·布拉赫的彗星研究，而第谷甚至都没有自己的望远镜。这个匿名的耶稣会士通篇把彗星称作“火”。“滑稽”，伽利略在书页边的空白处潦草地写道，“荒唐”“忘恩负义的畜生”。[311]他要让他们知道什么是真正的火。

伽利略与一位野心勃勃的助手合作发表了一份回应。[312]即便最无辜的克里斯托弗·沙伊纳也未能幸免于被攻击；这位匿名的耶稣会士和他的那些同道们“渴望成为艺术家，尽管甚至连最平庸的画家都比不上”。耶稣会士以匿名方式做出了尖锐的回复后，伽利略怒火中烧。“按照惯例，初犯受到的惩罚没有惯犯重。”他写道。就像他几十年前对一位不知感恩的学生的态度一样，伽利略的新对手成了他口里的“阉牛”“我的大阉牛”“阴险之人”“你这个十足的蠢货！”[313]

伽利略花了两年的时间精心准备第二次反驳。这一次必须恰到好处；在这之后，他如果还继续纠缠不清，会显得十分幼稚。伽利略认为，自己的判断力就像试金者一样敏锐，代表了高度敏感的尺度，因此他把这部作品命名为《试金者》。到此为止，他已经发现敌人的真实身份，但这并不重要。[314]这位耶稣会士就是虫豸。“对我来说，不乏刺痛，”伽利略写道，“但我知道解药。我要把这只蝎子捏碎，然后在它的伤口上撒盐。”

“你就像一只眼瞎的鸡，”伽利略嘲笑道，“把头埋进地里，希望能找到点儿麦粒。”“你甚至缺乏所有人乃至最愚蠢的人都能得出结论的那种常识。”“你的谈话方式太不恰当了。”如果伽利略此前并未被多数耶稣会士所鄙视，那现在则正好相反。一位在罗马为教皇服务的朋友偷听到了修士们的谈话。“消灭”一词出现过不止一次。[315]

天主教教会由衷地赞同这种鸡毛蒜皮的争论。官方审查员为《试金者》给出了手写的出版许可证，并赞扬“这位作者的思想深刻而全面”“没有不合乎道德的地方”。[316]伽利略向来十分谨慎地避免支持哥白尼体系。

伽利略在《试金者》中提出的具体争论并不重要，在历史上也缺乏普遍意义。彗星的物质组成，其轨道的形状，以及望远镜的正确使用等是书中几个没能取得进展的课题。在从理论上判定彗星为大气蒸腾作用造成的幻觉之前，“可能我的对手认为哲学思辨的书籍就是虚构的，”伽利略写道，“但事情并非如此。”[317]

伽利略虚构性的哲学思辨和对手的区别并不在于其真假，而在于其特色。之前从来没有一位科学家像他这样在早期的世俗化国家中投入大量精力，也没有一位像他这样对众人的宗教观念不满的科学家最后投入了大量理由、时间和精力表达对这个世界如此纯粹而坦率的看法。没有哪个读者曾带着应有的批判眼光看待任何著作，无论是托勒密、亚里士多德的著作，还是《圣经》。但对伽利略而言，书的作者成了真理的障碍，而非同路人。没人可以信任，包括他自己。

> 我没有完美的鉴别能力，我就像一只坚信镜子里有个同伴的猴子。镜子里的影像是如此真实，真实到它要在撞到镜子几下后才会发现自己搞错了。[318]

仅仅作为一个批判者还不够。文明所创造的每一部作品都必须假定为错误的。

> 至于某些作为人类向往的论证和叙述模式的知识，我认为，它越是接近完美，能够得出的结论就越少，其所能证明

> 的东西也越少。因此，这些知识的吸引力就会变小，追求者也会相应变少。[319]

这是一种怀疑的方法，悲观且全面，超出了任何正常的读书人所能接受的程度。这并非谦虚，站在绝对的意义上，这种态度更近于偏执的怀疑。伽利略究竟是怎么了，才会产生如此严苛而特殊的科学实践观念？“我相信好的哲学家会飞翔，”伽利略写道，“他们像老鹰而非鸽子一样飞翔。老鹰很少被看见，声音也很少被听见，而成群结队的鸟儿们叽叽喳喳的叫声弥漫整个天空，脚下的大地也不得安宁。”[320]

很少有研究者会如此描述自己的同行。伽利略已经老了，生活在一个残酷的世界中，他敏锐地意识到自己越来越孤独。

死亡与花园

伽利略需要十分努力才能不去思考哥白尼的天文学。他会在任何地方寻找可以转移注意力的东西。最近，一位诗友寄来的一首精彩诗歌就有这样的效果。

> 希望阁下能像我鼓励他那样鼓励我，基于我们共同的友谊，来听听我的朋友的一些作品吧，其中融合了前面我提到的新风格和古希腊式的奇思妙想。这位朋友也研究数学和哲学，并以同样的热情面对新事物，如果他还不满足，可能就会和我们这些诗人切磋想法。[321]

这位诗人想说服伽利略“不再那样迷恋古人，也不要过分推崇古代”。在文人朋友中，伽利略对阿里奥斯托和但丁的崇拜显得很特别。他们认为伽利略有些呆板。“阁下在亚里士多德和托勒密身上发现了许多缺点，”他的朋友继续说道，“他也可能认识到眼下这些托斯卡纳人的不足之处。”

这是有可能的。伽利略并不熟悉这种“新风格”。其最重要的践行者托尔夸托·塔索（Torquato Tasso）最近去世了；他的生活被严重的精神疾病摧毁，那个时代的少年都认为得这种病是件浪漫的事。他的史诗名为《被解救的耶路撒冷》（*Jerusalem Delivered*）。刚读完第一节，伽利略就不开心了。塔索在诗中称主人公“误入歧途”，但这对任何读者都是不言自明的。

伽利略把他那本阿里奥斯托的《疯狂的奥兰多》（*Orlando Enraged*）放在身边。“我用了数月乃至数年的时间，比较了这些作者们共享的概念，总结了自己更偏爱某部作品的缘由。[322]我发现阿里奥斯托得票最多。”“塔索的风格慵懒而夸张，”伽利略批评道，“这是一种不好的愚笨风格。”[323]伽利略不喜欢频繁使用寓言，因为寓言所指都是言外之意。他也不喜欢书中的一些人物，因为他们不能专注于自己所选择的任务。他更不喜欢那些情意绵绵的情爱描写。

有一个描述着实让伽利略惊愕不已。英雄们来到一座岛上的牧师住宅里，“眼前出现了一座漂亮的花园”。

> 静谧的池塘，波光粼粼，
> 花草丛生，各种草药遍布其间，
> 晒黑的山丘和阴凉的谷地，

一眼望去，树木和山洞隐约可见。

最能展现奇迹的美景

就是这种艺术，它很努力，但似乎没能达到效果。[324]

“这与真理相抵牾，”伽利略写道，“这样的宫殿必然跨越数百英里，但这个岛屿是个弹丸之地。”[325]这个描述只是心理上的零星印象。但其中的混乱让伽利略头晕目眩。他想，世上不可能有内部大于整体的地方。

就在这部作品刚刚面世的1620年3月14日，伽利略收到了一封令人难过的信件，其中写道，“我的兄弟，詹弗朗切斯科·萨格雷多已经去世，因为严重的黏膜炎，他窒息而死。他陷入无法言述的状况整整五天”。[326]

萨格雷多是伽利略最年长的朋友。就在几个月前，他们还相互交换过肖像画，画有他那张面色红润的脸的画像还挂在伽利略的客厅里。[327]伽利略保留着萨格雷多的信件，信的内容自私得有些可爱了。在后来的这些日子里，萨格雷多在威尼斯大道上开设了自己的妓院。“我手下有一颗黑莓，”这是萨格雷多对一位摩尔族女孩的描述，“她现在跟一位羸弱的白人少年在一起。”[328]萨格雷多毫不掩饰地沉溺在这种“多样化服务”带来的乐趣中，他会把心仪的妓女带到乡下，然后临摹她们在摆满松露和蜜桃的盘子中的身影。[329]“我会避免对漂亮画作产生奇特的品位”，萨格雷多告诉伽利略，并且还从罗马为他送去了一些罕见的、经典画作的复制品。为了仔细欣赏这些画作，萨格雷多弄了一副“放大眼镜”，这是一种反向望远镜，但他发现它的远视效果不错，“看起来就跟真的一样；保持一定的距离，女人看上去会更加美丽”。[330]为了配合他的私人妓院，萨格雷多还一直在为自己的私人动物园搜集藏品，里面有鸟类、貂、土拨鼠和狼等。[331]噢，真是不拘一格，经历如此丰富，其他的一切也都令人心生向往！“真是我的偶像”，[332]伽利略如此称呼萨格雷多，但如今斯人已逝。

其他人只有在非常遗憾时才会发现幽默。罗伯特·贝拉尔米内红衣主教在临终关怀病房里哭泣着，身上爬满了水蛭。科学家们的治疗方案过于激进。一群暴徒破门而入，抢走了这位主教的尘世财物，他们还割走了他的袍子并拿走了圣物。这些人还抢着要去接主教伤口处流出的血，他们用头巾和杯子把血接住。如果不是教会加强了葬礼上的戒备，小偷们甚至会偷走他的手指。[333]

这是一种炫耀。没有任何征兆，死神从罗马大教堂一步步走向了佛罗伦萨的私人宅邸，并最终降临到了伽利略的家人头上。

维尔吉尼娅写信给父亲说：“我对您亲爱的妹妹——我亲爱的姑妈的离去感到非常悲痛，但失去她对我造成的悲痛，远不及我对您身体的担忧。”[334]伽利略的女儿已经长大，并且为了他的巨额财产而开始表达自己的关切了。

伽利略的脑子里装下的失意回忆似乎已经超出了它的负荷。他的脑子里浮现出了自己九岁时妹妹出生的场景；他想起了自己在佛罗伦萨大街上奔走，到处寻觅作为妹妹结婚礼物的丝绸，[335]他为一个家庭教给儿子的善良而欣喜和振奋。他回忆起，父亲走后，自己用微薄的收入为妹妹准备嫁妆。他一直都是个乐于奉献的人，但是尽管有这种善良，他慢慢地还是失去了他关心的所有人，也失去了所有理解他的人。他的儿子如今也在大学念书。伽利略和卡斯泰利的友谊已经跟家人无异，甚至他会让这位修士代为看管自己的孩子。

费代里科·切西的情况也有些糟糕了。他为罗伯特的离去感到悲痛，因为他对后者“怀有特殊的感情”。[336]经营猞猁学社这么多年，事实证明他已经压力过大，现在又进入一种放纵的状态。“切西和他的妻子都不运动，”他们的医生如此记录道，“他们睡太久、吃太多、喝太多，变得很胖……除非下决心改变，否则没有什么好的补救办法。”[337]马费奥·巴尔贝里尼则很有活力。尽管在教会里工作，但他还是有时间写诗。“您的美德，”他告诉伽利略，“为创作提供了素材。”[338]谁会下一个离开呢？

伽利略端详着自己的画像。他的皮肤下垂、胡须花白，视力也因为眼球的囊肿而变形。[339]

接着，教皇去世。[340]

“真的，父亲，”维尔吉尼娅继续写道，“看来您在这个世界上已经没什么人可以失去了。”

潮起潮落

巴尔贝里尼从小就喜欢写诗，而且写得很不错。被选为新任教皇后，罗马人也没有停止过他们对这些优秀诗歌的赞美。[341]接下来的五年里，他每年都会出版新的诗集。其中包括了他对伽利略的赞美诗，或者说他对亚里士多德主义者的谴责诗。

> 月光照耀天堂，
> 平静地揭开了金光闪闪的天体。
> 耀眼的火光在四周围绕，
> 神奇的快感把我们吸引。
> 朱庇特的仆人们无人能及，
> 是您发现了他们，博学的伽利略。
>
> 独树一帜引来了杀身之祸：
> 这个人拿起了剑柄，

坠入火海，

投入战斗，一心想着取胜。

和平的好处与它的技艺相互交织，

在它自身前进的责任之下。

辉煌不总是存在于

光芒四射的爆发之中：想一想黑子。

太阳中发现的黑子，（谁又能信呢？）

都是根据您的技艺，靠着您的辛劳才发现的——伽利略。[342]

这首诗的标题是："危险的爱慕"（A Dangerous Adulation）。

没人料到红衣主教团会支持巴尔贝里尼这种"中立的"候选人，但这件事是那一周众人纷纷议论的热点，这让那些保守派选择了妥协。这种荒诞之举让所有身居高位的人都感到不安。

新教皇让一切都发生了改变。伽利略又病倒在床上，"如果只是为了消磨我过度的喜悦之情"，"我原本已悉数湮灭的希望又重新燃起了"。[343]教皇的位置让私人交流成了禁忌，但在写给伽利略的最后一封信中，巴尔贝里尼还说他们是兄弟。教皇要在卧室中画一幅太阳画，同时他也在考虑马车内部的装饰。[344]旋即，切西驾车前来祝贺巴尔贝里尼成为教皇乌尔班八世（Urban VIII），不过他的话刚说到一半就被打断了："伽利略要来吗？他什么时候来？”[345]

伽利略于次年4月前来拜访。教皇给他颁发了一枚金质奖章。他们每两周都会进行一次长时间的哲学讨论。伽利略应该是带了一本《试金者》，这本书的印刷时间被推迟了，推迟到他正好可以将其献给乌尔班，后者喜欢在晚餐时阅读这本书。

受萨格雷多的放大镜的启发，伽利略还带来了一个可近距离观察昆虫的装置，猞猁学社的人将其命名为“显微镜”（il microscopio）。[346]每次伽利略回到罗马，都要用这些东西招待富人。“我老了，”他感叹道，“要成为朝臣必须年轻才行。”[347]

不到一个月后，伽利略回到佛罗伦萨，开始试探性地写作与哥白尼学说相关的作品。他发出了几份稿件征求众人的意见，获得了热烈的回应。一位友好的教皇侍臣写信告诉伽利略说，教皇读了其中“致歉”的大部分内容，并且“十分喜欢这些随手举出的例子，也喜欢您所做的那些受大众欢迎的实验”。[348]伽利略在“致歉”的结尾还打了个广告：“读者可在我的《论潮汐》（*Discourse on the Tides*）中详细了解这个主题。”[349]

早在1595年，伽利略与威尼斯的朋友们在清晨谈天说地的时候就注意到，夜晚涨潮后海水会漫过人的胸脯。这是一个让意大利人无法忽视的现象。经过二十五年的思索，伽利略意识到，这个现象可能为哥白尼的学说提供了第一个可以感知，并且与地球相关的证据，他打算专门写本书讨论这个现象。他先是写了一篇详细的提纲给一位一直很支持自己的红衣主教。

“水可以被周围环境的运动所搅动，”伽利略提出，“我倾向于认为，潮汐是海盆运动的原因。”[350]“地球表面的每一部分都按两种匀速方式运动。在整个24小时内，它的运动时快时慢，还会出现两次中速运动。”[351]伽利略认为，地球每天和每年的运动方式使它偏离其年度旋转轨道方向的部分的速度慢于偏向轨道部分的旋转速度。当水域足够长，其相对的两端在地球上不同地方的流动速度就会出现巨大差异，这就像从一端搅动一盆水一样。潮汐就是大洋中的这种晃动。

伽利略的潮汐理论建立在地球的昼夜运动和年度运动对海洋造成影响的观念之上。

这样一个基本的日常机制无法让伽利略的解释变得完备。多数潮汐发生的时间间隔为六小时，而这也规定了每十二小时为一个潮汐周期。伽利略认为，其余的潮汐是自发产生的，即潮汐“靠自身的重量”自行回落的现象。整个理论的细节可从海盆的大小加以解释，就像推动盛有水的一个碗和一个盘子，二者宽度相等但深度不同，它们所盛的水晃动程度也会有所不同。这些独特的意外情况造成的混乱实在让人烦心。“我们的脑海中萦绕着无数不解，”伽利略呻吟道，“我都苦苦思索多少个日夜了，理解这个现象仍旧无望！”[352]

伽利略的假说有几个优点。它允许同一海洋不同区域的潮汐有所不同。这个假说解释了为何小湖泊没有潮汐的原因。而且它是直接从感官经验中推断出来的。尽管如此，这个假说仍旧错了，而伽利略也会在难听的讽刺中度过余生，他后来发表的科学论著也说明了错误的缘由。他的结论是，“如果这个假说会被更好的知识判定为错误，那么，我所写的东西就不单单是可被质疑的那样简单了。这个假说等于零”。[353]

虽然伽利略犯下这种错误显得出乎意料，但也在情理之中。这是他对地球生命系统——一个独立于其他星球的单一的、自成一体的物理系统——的理想愿景。与此同时，他对生命的体验——作为痛苦的、不可预知的、起起落落的相互依存的序列——又是完全不同的另外一番感觉。

伽利略希望把自己对潮汐的研究扩展为一个完整的论述，但这直接引起了他对哥白尼主义的讨论，接着就是反对亚里士多德的论述，以及金星的相位和视差的测量等问题……这需要他花费多年时间才能完成。伽利略仍不时地翻开红衣主教罗伯特·贝拉尔米内于1616年为他所写的亲切证词，后者证明伽利略从未放弃过哥白尼的观点，但“哥白尼的学说”是“不应坚持也不能被辩护的”。

他能做到这一点。

乌尔班的加冕礼上流传着一个故事，其中描述的行为举止与他的性格完全不符。巴尔贝里尼走下了卡比托利欧山（Capitoline Hill）的台阶，准备入主罗马教廷，他的周围站着耶稣会士、多明我会修士，以及那些精心隐藏自己影响力的人。血红色的葡萄酒顺着栏杆的扶手流了出来，一只雕刻的雌狮子仿佛发出一声咆哮。乌尔班在雌狮子面前停留了很长时间，尽情地享受着众人的奉承。[354]

巴尔贝里尼成为教皇乌尔班八世的六年之后，有了另外一个截然相反的故事。一位修士和他讨论两个德国新教教徒打算皈依的事情，他们因为1616年颁布的反哥白尼学说的法令而备受折磨。乌尔班皱起眉头，双手捂住眼睛。“这从来就不是我的本意。如果我能决定，就永远不会颁布这条法令。”[355]

但是法令毕竟还是颁布了。德国人未能如愿。

黄金时代的作品

重访奥秘

1621年年底，开普勒写道："季节就像车轮，滚滚向前。"[356]他当时正在为《奥秘》第二版撰写简易的注释，《奥秘》基本上就是他二十多岁时的拙劣艺术品。"那时候我刚进城，"他回忆说，"这是我初学天文学时的作品。"[357]上了年纪的人在回味自己以往的进步时显得既兴奋又尴尬。"这部分从占星术的角度看还是有趣的"，开普勒直接删除了书中第九章，"如果它有点价值，也不应被视为整部作品的一部分"，两章之后的"部分也可以省略。不重要"。[358]一个星期内，开普勒撰写的注释几乎赶上了原文的长度。[359]他不再相信这本书的核心论点，即行星轨道是由外接规则多面体的球体所规定，（在发现行星轨道为椭圆之后，他还怎么可能相信这种观点？）但是开普勒也不会完全放弃它。带着某种偏执的自豪感，开普勒意识到，“几乎我发表的一切作品都源自这本小书”。[360]

《奥秘》一书是疯狂理论家的迷梦，其内容也不乏深度。到二十五年后《奥秘》再版之时，除了颇具分量的《光学》和《新天文学》，开普勒还发表了两部里程碑式的著作：他撰写的教科书《哥白尼天文学概要》（*Epitome of Copernican Astronomy*，下文简称《概要》）和他个人特别看重的《世界的和谐》。开普勒是如何做到这一切的？他的精神养料来自何处？

开普勒的脸上长着圣人模样的胡须，灰白的鬓角也从脸上垂了下来。他靠着童年时母亲的教导，大学时期梅斯特林教授的教诲，并在妻子和孩子们的情感支撑下，尤其是借助了第谷那些一丝不苟的准确观察才走到了人生的这个阶段。开普勒还非常罕见地强迫自己得出观察数据，他称观察结果为“荒谬的景象”，但他仍旧尽力而为。幸运的是，开普勒向来注重自己和别人的经验，这让他的思维不会过于天马行空。

就在《奥秘》再版的一年前，一位历史学教授为写作开普勒的传记曾向他寄来一份问询函。这份问询函没有流传下来，但开普勒惊讶地指出，“我的朋友们都想了解这件事”。[361]

开普勒先生所写的教科书

梅斯特林教授打算一直教书到老。他是一位多产却没有远大抱负的作者；他认识当时所有的伟人，但从未找到能和他们跻身同列的办法。他那本颇受欢迎的《天文学概要》重印带来的版税让他在大学里惬意地度过了整整四十年时光。无数学生来了又走了。有些学生令人难忘，但也有一些学生显然是拒绝被遗忘。

一位信使穿过斯瓦比亚（Swabia）的阿尔卑斯山为他带来了学生开普勒的一沓书稿。“哟呵，”梅斯特林嘀咕道，“真是出乎意料。”[362]

《新天文学》出版后，开普勒立刻意识到自己必须亲自普及自己的学说。《概要》成了他的初步尝试，这是一部“模仿梅斯特林那本入门书”的综合教程。[363]“这本书的手稿一直放在我的书桌上，一放就是七年。我反复阅读并做出修订。”[364] 1618年，有史以来第一本日心说教科书问世，“语言平实，删除了乏味的证明”[365]，这是开普勒对自己的要求。

“这个版本没有义务毫无意义地重复天球学说”[366]，开普勒在书中前言部分解释道。书中采用了简单的问答形式，开普勒在开篇就树立了自己的风格。

问：天文学和其他学科之间有何联系？

答：1.天文学属于物理学，因为它探究事物和自然事件的原因。这些学科研究天体的运动，因为其最终目的就是研究宇宙相应部分的结构。

2. 地理学和水文学等航海核心领域也涉及天文学……[367]

这些内容已经不再是缺乏实例的思想实验了。开普勒已经成了西方世界最权威的天文学家，他以这种风格告诉父母应该如何教育孩子。

因其公开宣扬哥白尼学说，天主教教会直接禁止了这本书。开普勒完全被打了个措手不及："但我的全部作品坚持的都是哥白尼学说！"[368]他对意大利的局势一无所知。

开普勒比一般的新教教徒更在意天主教教会的审查制度，但这一次他豁出去了。几乎与天主教一样，路德宗的法定教理也不同意开普勒的观点。他的教会经常把他排除在每周例行的仪式之外。"这让我很伤心，"开普勒写道，"宗教派别十分糟糕地撕裂了真理，我必须把它重新拼合在一起，无论是在哪里找到的。""从宗教的角度看，我就像个笨蛋。"[369]

听闻开普勒不和谐的声音后，耶稣会士们在接下来的十年中一再劝他改信天主教。开普勒的回答让人困惑。

> 如果我现在才开始改信天主教，我就会变得多么不虔诚啊！因为我一出生就接受了父母的洗礼。正是赐予父母宗教教义的圣灵后来又为我施洗。我忠于教会，忠于教友，对上帝充满爱。即便教会因为人类的缺陷而遍体鳞伤，我还是忠于它。[370]

在形成这种独特宗教信仰风格的岁月里，开普勒经常会花上一整天，前往图宾根从梅斯特林处打听消息。他最喜欢的导师已经七十多岁了，“他是我在哥白尼天文学道路上的忠实领路人”，在1620年冬天回忆起他们对“月球运动新假说”的讨论时，开普勒如此描述梅斯特林。[371]这次讨论对开普勒很重要，他认为这类材料值得加入《概要》中成为两个新的章节，这些章节会成为专门针对高年级学生学习的天体物理学。开普勒可能和梅斯特林讨论过他最近提出的理论假说，即事物会自然地倾向于静止状态，他把这个属性命名为“惯性”（inertia，意为“迟钝”或“无动力”状态。根据文中语境可译为“惰性”，作者在注释中提到开普勒是第一个提到这个概念的人，译者据此译为“惯性”以保持前后文一致——译注），但我们没有发现相关记录。就在几个月前，开普勒向梅斯特林寄去了他们之间流传下来的最后一封信件。这封信中没有任何内容表明，他们的对话会就此中断，我们仍很容易设想，这两位老朋友在傍晚时分（很可能是在家宴中）连续数小时畅聊月球理论的情形。

世界的和谐

开普勒不是一个创造者，或者说，他至少不想成为一位创造者。他想成为一名抄写员。开普勒尝试倾听。他不断地听取别人从各自角度表达的看法。开普勒还会听从上帝之言，他相信上帝是通过数学创造出了物理世界，然后用它来发声。

《世界的和谐》是开普勒最大胆、最令人生畏的倾听尝试，因为他把物理世界的属性称为“和谐”。开普勒给出了自己的定义：“和谐，是一种质性关系。”[372]这种属性就是“统一”，即各部分相结合最后形成一个与自然截然不同的整体。战争和分裂属于“兽性而非人性”，开普勒如此写道。[373]尽管多年来目睹了种种恐怖事件，但开普勒理解的人性仍旧是一种潜在的善，因为他认为人性由灵魂规定，而灵魂由其统一的能力主宰。开普勒认为，世界上一切事物必然潜在地倾向于统一与和谐，他写作《世界的和谐》一书，便是为了尽可能多地与周遭分裂的世界分享这种统一的感觉。

这种梦幻般的乐观主义让开普勒写出了一本极为有趣而奇特的著作。“两个物体除非灵魂统一了，才能真正融合成为统一体”，他如此写道。有时候，他会宣称任何两个事物都可以统一在一起，这不过是在陈述必然而客观的真理。其他情况下，他愿意在自己感性灵魂的主观支配下，把两个冲突的概念和谐地统一起来。在《奥秘》一书讨论正多面体章节的末尾，开普勒用到的例子便是上述两种情况的极好说明。

> 我偶然发现了另一个规则对称的图形：即十二颗五角星组成的多刺的正十二面体，我把它命名为海胆，即海里的刺猬或刺猬本身。它跟另外五种正多面体十分相似。[374]

开普勒的“刺猬”。

显然，开普勒知道他的星形多面体不是刺猬，但他喜欢对二者进行这种类比。开普勒在主观上已经达成和谐，他邀请读者也加入其中。同时，他也用这种主观上的折中主义来描述相应的数学关系——客观和普遍存在的数学关系；这种“刺猬”的形状真的就像个正多边体。这两类形状真的是“和谐的”，但是开普勒之前的几何学家们都没能正确地认识到这一点。

开普勒把主观的、无法具体描述的和谐理想化为某种“被动的”性质，进而把这种性质和水、黑暗、感性和女性联系起来；客观的、严丝合缝的和谐体则是“主动的”，这种性质属于火、光明、理性和男性。这是他那个时代的标准二分法，但是他宣称，人对任何和谐的真正感知都是“半主动、半被动的”，二者配合的程度有所不同而已，而且它们在现实经验中永远不可能脱节。

对开普勒来说，像星形或者正多边形等单一形状体现的和谐最为完美，但他知道现实世界远非如此简单。仅仅像拼图一样，把不同形状拼接在一个平面就会产生无数复杂的问题。

许多世纪以来，裁缝和纺织工人在实践中一直在处理这类问题——但数学家从未研究过——它又被称为“砌平面”（tiling the plane）。砌平面最简单也最和谐的方式在于使用同样的形状，比如用正方形格子。但开普勒发现，砌平面问题一点儿也不简单。

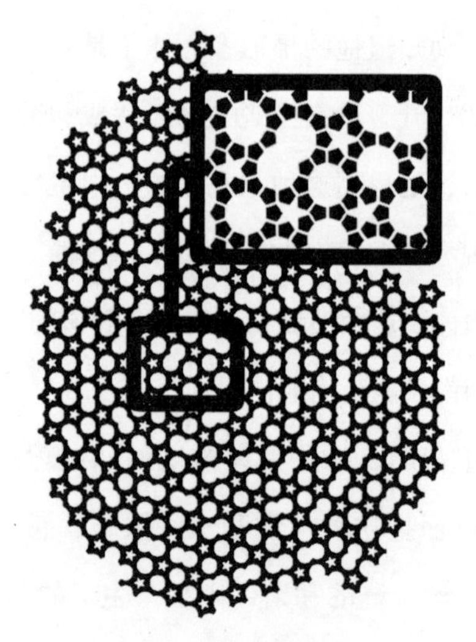

开普勒的非周期平铺法。

开普勒一直在思考用五边形铺满平面的办法，这种图形也是正多边形中最复杂的。他遇到了麻烦。在星形和十边形的基础上，开普勒找到了一种可行的平铺方式，不过“必须引入某些不规则的形状。两个十边形拼在一起，但相接的边要去掉”。虽然这种形状明显包含着和谐，但人们也很难分辨出这是哪种和谐。

> 随着平铺步骤的展开，这种五角的形状图案不断产生新的形状图案。其中的结构也是错综复杂的。[375]

第三章之前，开普勒都是从几何学的角度思考几何学问题。现在，为了这些研究真正与“真实世界相关”，他开始在各种类型的平铺方案中做出比较。

数学上的平等可以跟理想的法理学相协调，开普勒写道，“在法理学中，不仅每个人都要全部承担自身的权利与义务，而且惩罚也会平等地施加在罪犯身上，不管他是谁”。[376]多面体则可以跟性别相协调，人可根据面和边数把多面体归类为女性、男性乃至雌雄同体等类型，女性要出嫁，“就像女性以某种方式被分配给男人，且受制于男人一样”。[377]在开普勒提出的大量和谐样式中，有的很荒唐，有的则恰到好处，音乐是和谐类的皇后，也是最丰富、最受欢迎的和谐之母。

一切都可以与音乐形成和谐关系。从毕达哥拉斯的时代起，世人就知道音乐是以数学比例为基础的，但是未经训练的人乃至动物都喜欢音乐。

人们在曲调中感知到和谐和比例，进而心生愉悦，如果没有这些东西，人们就会变得沮丧；灵魂所渴望的（和谐）又称和音，否则（缺乏和谐）就叫不和谐音。这种道理也能解释其他的和谐现象，即便他们的声音长短不一，他们的身体也会开始跟着音乐节奏摇摆，然后情不自禁地唱出声来；工人们随着节拍敲击着他们的锤子，士兵们随之改变步伐——一切都遵循同样的法则。万物皆有生机，和谐永存；万物会麻木，但和谐不会。[378]

在《世界的和谐》问世以来的二十年里，开普勒把他能找到的乐理著作都读了一遍。他的音乐鉴赏水平也得到了提升，似乎只要听一遍就能记住一段音乐。[379]他所知道的音乐本质上都跟宗教有关——风琴、圣歌、圣诗和格列高利圣咏等。这是教会里兴起的新风格——复调音乐——其中包含许多和弦和声部，开普勒称之为“和音形式的顶峰”，他在这里找到了与天文学相类似的东西。

整个音阶范围：从低G到高E。

谱号（低音、中音和高音）表示五线谱的音阶范围。

"天堂中不存在声部和旋律"[380]，伽利略写道。他对这一点说得极为清楚。天文学和音乐之间的和谐并非建立在听觉之上，而是通过人类的理性能力才能感知到。开普勒确信，造物主——上帝为人类赋予了推理的能力，让人类能够把他的造物——世界——理解为一个整体。开普勒感觉自己"像只可怜的虫子"[381]，音乐和天文学的综合让他得以窥探到全然的平静。

他首先回顾了乐谱。音乐符号以八度为循环单位，从A到G，每个音符的音高与所有其他音符之间构成了固定的比例。低音中最低的音符被称为"圣约翰赞美诗音符"[gamma ut，其中"ut"代表了Ut queant laxis（圣约翰赞美诗），其来历为中世纪意大利修士圭多的阿雷佐（Guido of Arezzo）基于拉丁语赞美诗（Ut queant laxis）提出的音阶概念——译注]，后来所写为全音阶（gamut，实际上，从gamma ut到gamut的转变也正好代表了相应概念从指涉某个音符到指涉阿雷佐整个音阶标记系统的变化——译注），这个词后来的含义扩展到了所有音符。因此，演奏所有音符便意味着演奏全音阶。

开普勒提出，用数学的方式为行星与整个音阶建立映射关系。行星无论处于什么位置，都代表了某种潜在的和谐，即相对于太阳的轨道周期、速度和距离的和谐。[382]开普勒在这个尺度上发现了最伟大的和谐——从太阳的角度看，行星每天所经过的轨道的长度。

开普勒把所有音符和行星建立联系。扁平的（b）符号表示音符稍微降低至其原始音高的15/16。开普勒在此滥用了音符，他只标出了每个行星的音域。例如，月球和土星的音域超出了七个八度音阶。

行星的音程由它与太阳的最近和最远距离之比决定。当行星离太阳很远时，它就会发出最低的音符；接着，当它向太阳靠近时，它发出的声音又会朝音阶中最高的音符靠近，如此往复。大多数情况下，这意味着所有行星共同营造出的不过是乱糟糟的不和谐噪音。开普勒关心的只是罕见的情况，即各行星的某种特定组合可以发出二到七个音符组成的悦耳和音。然而，所有七颗行星同时奏出和音是不可能的。开普勒写道："我不知道这种情况是否会再度上演。它可能是时间开端的证据，所有纪元都由之产生。"[383]但是部分行星的和音则十分常见，只要通过数学的方式聆听，人们就能感受到这种聆听带来的神圣愉悦。

开普勒在天文学和音乐之间寻找和谐，他也的确发现了某种复杂而微妙的和谐，并且找到了大量证据。他认为这种和谐是因果关系，并相信上帝故意这样排列行星，从而产生和谐，但这种观点大错特错——这基本上是一个人所能相信的最歇斯底里的事情了。这一切皆因现代宇宙学尚未诞生之故。但如果开普勒的歇斯底里在我们看来是不合理的，[384]那是因为他真诚而热切地跟随自己精神世界中每一处细致的感觉，那么我们的否定性评价就与科学无关，而只是一种哲学态度。因为和谐的本质就是感性，它不应被抬高；几何学与柔弱的人无关，男人与女人没什么相同点，天文学更是无法从音乐（或物理学）中获益——即便二者都涉及数学，但把它们直接摆在一起也谈不上什么快乐。

1619年，开普勒的研究生涯画上了实质性的句号。《世界的和谐》不再是一本容易理解的著作了，哪怕它曾经容易被理解。天外有音——宇宙音乐——的说法已经有上千年了，毕达哥拉斯和托勒密都曾对此赞颂有加。开普勒则是最后一位就此撰写严肃作品的人。在科学错综复杂的传统中，先前的路径可能会被湮没、改变、中断、幻灭或者通向死胡同，复杂的局面会让科学无处可去。

世界的和谐：终曲

且慢！开普勒还差几页才真正写完他的《世界的和谐》，最多需要一两天的工作时间。[385] 1618年5月15日，他颇有兴致地在行星的各种属性——轨道周期、密度、速度等——之间建立联系，但他突然意识到，自己得出的一个等式精确到不可能为假的程度。在《新天文学》中发现行星运动定律时，开普勒对这些定律的表述很模糊，就像没有意识到它们的存在一样，但这一次，他清楚地知道自己得出的是什么：这是“对日出最美妙的沉思”。[386]但他会把这个等式写在书中什么地方呢？开普勒翻到书中最后一章的开头部分。

> 开普勒第三定律：行星的轨道半长轴的立方与周期的平方之比为常量。

为第谷·布拉赫的精神而战

责任把开普勒束缚在地球上，他就像天花板上的气球一样，处处碰壁。他必须移除这块天花板。几十年前，他在一位现已过世贵族的安排下继承了一个死去皇帝的契约。这是一件他不太情愿做的事情。

1607年，“腾纳格尔已经放弃写作《鲁道夫星表》了，但我没有。只要还有一口气，我就不会放弃”。1610年，“我打算在《鲁道夫星表》出版之前编写出未来八十年的星历”。1616年，“我还要留出时间给《鲁道夫星表》。你可以自学，也可以从别人身上学习：数学家会给出自己的答案”。1618年，“我放下了《鲁道夫星表》，因为这项工作需要安静的环境，我把心思放在了《世界的和谐》的修订工作上”。最后，到1623年12月，“我看到了希望。如果皇帝能维持和平的局面，《鲁道夫星表》很快就能完成”。“第谷在我身体里种下了《鲁道夫星表》的种子，它在我的‘子宫’里孕育了二十二年，一天天长成人形。孕育的痛苦折磨着我。”[387]

和平不复存在，世界一片混乱。大批农民在北方发动起义，他们终结了暴君的武力压迫，并获得了自由。起义军像飓风一样向南袭来。布拉赫家族也陷入最后的末路哀叹之中，他们认为，开普勒让第谷的遗志蒙羞。布拉赫家族威胁要采取法律行动，这可能会阻止《鲁道夫星表》的出版。意大利当时的局势一片混乱。耶稣会士们宣布坚定地站在布拉赫家族一边，这种做法把他们推到了大学里大量保守的亚里士多德主义者的对立面。伽利略派对双方都进行了嘲讽，他们拒绝一切。开普勒对这一切都很警惕，他一直在阅读意大利人的作品，并已经掌握了他们的说话方式。当有人把意大利文争论集《反第谷》（*Anti-Tycho*）和伽利略的《试金者》一并摆在他面前后，这位德国人决定加入战斗。

在开普勒眼中，第谷·布拉赫的捍卫者带有一种特别的恶意。他们“反对《反第谷》这本书”，并且直接效忠于“著名而慷慨的布拉赫家族，这个古老的贵族世家拥有荣誉和资源”。“如果三方都试图从《反第谷》中找到可资利用的内容，我就会被激怒，哪怕他们会伤到自身，”开普勒非常生气，接着他写道，“我不会教作者如何阅读的，混蛋。”[388]就连伽利略这位曾经的朋友也在一定程度上受到了攻击。

伽利略，没有什么比您的观察更能推动天文学的发展了。然而，您的一意孤行可能会让我说出自己的想法：在我看来，当您的想法偏离了理性的轨道时，您最好收敛一下，这是为您好。[389]

伽利略曾写道："从哥白尼和托勒密开始，我们就有了异常复杂而统一的世界体系。我没有看出第谷做过任何类似的贡献……第谷的体系是无效的。"[390]开普勒更愿意把第谷的体系视为通往哥白尼体系的中间方案，它适合于那些"信念软弱而无法接受地球运动的人"[391]，但是伽利略不屑于这种软弱的过渡。此时，他正在写作《论潮汐》(*Discourse on the Tides*)，这篇作品后来被收入篇幅更大的《关于两大世界体系的对话》(以下简称《对话》)中。第谷的宇宙论甚至都没有被提到。[392]

同行学者们料到了伽利略发出的羞辱，但是开普勒表达的不满令他们震惊。"我的希望落空了，"《反第谷》的作者写道，"您真是肆无忌惮地说出了一些可憎的污言秽语。我不习惯听到有人说出侮辱我人格的话来。"[393]开普勒是唯一一个并不感到意外的人，他向来清楚自己与人作对的能力。他被指控，并服罪。"这并非一个有代表性的例子，"他写道，"我希望以文明的方式赢得彼此的善意……我会派人去询问他，并宣布这位老人已经误入歧途，他正在为自己开脱，打算重新做个有德之人。"[394]

星表

1627年冬季行将结束的前几天，开普勒被迫独自行走。他已经在小路上行走了四个小时。肛裂让他无法骑马；每走一步都感到寒风刺骨，他已经瘦得皮包骨了。片片雪花飘进衣衫，开普勒担心的事情还是发生了。这趟旅程真是个愚蠢的差事。他不相信自己能活着走完，于是转身往回走。[395]

开普勒曾许下完成星表的诺言。但1624年，农民起义军烧毁了他选好的印刷厂，《鲁道夫星表》的校样也被付之一炬。随后，反宗教改革派占领了林茨，并把开普勒的书房锁了起来。（“就像一只被抢走了小狗崽的母狗一样！”）[396]他慌不择路地逃到了乌尔姆（Ulm），这里的印刷厂却很不友好。颇为不满的开普勒决定不顾一切徒步前往图宾根——星表一定要完成——他已经做出了自己的承诺。

当年的法兰克福书展接待了开普勒，他们虚假慷慨，就只是作为商人在推销产品而已。开普勒自掏腰包推进这本书的出版工作。而对于布拉赫家族的抱怨，他要么安抚，要么回避。开普勒亲自上阵为该书做宣传。他的腰板挺得更直了，生活的重担也已经卸下。

而在过去的几十年里，哥白尼主义者一直在制作受大众欢迎且颇具竞争力的星表。开普勒的《鲁道夫星表》不屑于参与竞争。它从根本上讲就是最好的。能从该书第一版中发现这一点的多半是德国的占星家，但这些人既有新教教徒和天主教教徒，教师、学生和业余爱好者，也有法国和英格兰的使者，以及来自各地的难民。他们在各自的学院、中产宅邸、修道院和地下室中翻开了这本书。

《鲁道夫星表》序言

我们这些学者和未受过教育之人的眼光一样；事实上，我们人类的眼光甚至与野兽也有相似之处。虽然，我们所有人——受过教育和未受过教育的人——都能欣赏到星辰的奇观，但是我们无法用肉眼观察到其内在的运转机制：天体运行中体现的秩序、和谐和永恒。要看到这些，我们需要动脑筋，也需要记忆的能力。

即便现在天文学已发展成熟，但它仍没有忘记诞生之初从古希腊人的运算表格中收获的爱的记忆，更不用说古巴比伦人对天文学的偏爱了。这些计算表已经失传了很长时间，甚至都没人记得它们的名字。后来，古希腊天文学家喜帕恰斯获得了希腊人的这些观察，并用它们与自己的经验相比较，最终制成了一个基本的星表。这个阶段可以说是天文学的青春期。但是托勒密是第一个在古人——尤其是喜帕恰斯——工作的基础上编辑出一套完整星表的人，天文学的成人期也因此来临。不幸的是，在托勒密及其直接学术继任者们之后，哲学陷入了困境。有的民族在其他地方兴建了新的国家和帝国，先是匈奴人和哥特人，接着是阿拉伯人。前两者都是愚蠢的野蛮人，但最后一个民族却创造了学术的辉煌（即便他们也很迷信）。最终，九至十世纪，匈奴人和哥特人走向了文明，欧洲人则逐渐回到了沉思上帝造物的状态，而阿拉伯人和犹太人对自己的失败感到懊恼，并着手挽回局面。许多书籍被从阿拉伯语译成了拉丁语，包括托勒密那本惊世骇俗之作——阿拉伯人称之为“最伟大的”（al-majisti）著作。在这个蒸蒸日上的年代，许多新兴的大学也得到了少数老牌名校的支持。德国人尤其勤勉，普尔巴赫和雷吉奥蒙塔努斯在维也纳和布拉格的大学里搜寻着现存星表的优劣之处，意大利人也在迎头赶上，比如博洛尼亚的多梅尼科·玛丽亚在努力地观察星象。虽然雷吉奥蒙塔努斯本来也能胜任这项任务，但他英年早逝，接替他未竟遗愿的是哥白尼，后者是瓦尔米亚省的教士、多梅尼科的学生，地位显赫且（最重要的是）心灵自由。哥白尼过世没几年，伊拉斯谟·赖因霍尔德又沿着这条道路往下走，他努力完成了星表这个艰巨且困难重重的任务，他为自己的星表命名为《普鲁士星表》。接下来出场的是丹麦显赫贵族第谷·布拉赫，他不顾同代人的反对，单枪匹马挽天文学于既倒。第谷是一位传奇人物，也是

《鲁道夫星表》的首创者，但我更希望读者诸君能从克里斯蒂安·隆戈蒙塔努斯的作品，而非我的叙述中了解第谷。在1601年，我就这个问题给安东尼奥·马吉尼写了一封信，他在1614年再版自己的星表时，也在书上附上了这封信。第谷去世八年后，我发表了自己的《新天文学》，于是，所有人和他们的前辈都从第谷天文学的遗迹中收获了自己想要的东西。最后，无论谁使用这些星表——不管是学生、哲学家乃至神学家——都要记得把这份功劳归结于我那慷慨的赞助者：鲁道夫二世，他任命我担任第谷的助手。上述所有人都值得感谢。愿读者诸君为整个神圣家族祈祷。[397]

日出

开普勒紧张地睁开了眼。天黑了，很安静，但这并不稀奇；那些由和音组成的造物只要有一丝丝颤动，他总会第一个察觉到。[398]没想到，他竟然还在发声。他的所有承诺都已实现，愿望也已经完成，但不肯入眠。开普勒不停地捶背、修剪脚指甲，不停地上厕所。他看着眼前的妻子，穿着脏衬衫，看起来很朴素，朦胧的蓝色从她身上滑下来，顺着开普勒的左臂一直滑向了他的胸前。她自己绝不可能独自生活，但他们的大儿子是个好苗子，正在学习医学。他们的大女儿也愿意帮忙抚养妹妹们——她嫁给了一位需要照顾老太太的大壮汉。这个充满爱的家庭能够自行运转。小家伙们正在那里唱唱跳跳，婴儿房的地板咚咚作响。开普勒拿不定主意是要陪他们一上午，还是直接去工作。他转过身朝窗户走去，脸上一直挂着微笑。此时光线猛地照射进来，但他并不愿意就此移开视线。

顾家的男人

相比之下，伽利略的儿子表现得更像个混蛋。他在比萨（Pisa）上学。卡斯泰利写信给伽利略说："他变得越来越固执了。我感觉就像撞了墙一样。实在没办法。"[399]温琴佐是个让人费心的十七岁少年，他会把自己关在房间里。他唯一的慰藉就是去市中心买衣服，用帅气的袖扣、马甲、僧侣带和软帽把自己打扮得像个模特一样。幸好，卡斯泰利还说，"我没有察觉到任何真正的放荡之举"。[400]这孩子搬到罗马之后，问题就越发严重了，因为他在这里遇到了他的堂弟。

"这孩子脾气很大，"一位监管者告诉伽利略，"但您一定想知道实情。"

> 您的侄子不喜欢被人管教，也不长记性。他读书太少，再过几年也掌握不了赚钱的门道。他更喜欢闲逛和闲聊，恨不得把女人带回家，在她们面前说脏话，毫无顾忌。[401]

卡斯泰利写道："别搞错了。您的侄子很不服管教。什么事情都是一只耳朵进一只耳朵出。一旦遭到严厉训斥，他就会哈哈大笑。"[402]对这两个孩子，卡斯泰利也算是尽心尽力了，"这让他饱尝无数艰辛"。[403]两个孩子一起打破了卡斯泰利修士最重要的信条："真正让我担心和不寒而栗的是，您的侄子对宗教问题漠不关心。""我被温琴佐的话惊呆了。他的话包含的已经不是单纯的厌恶，而是对神职人员的恶毒仇恨。"[404]

伽利略被激怒了，但是他占据有利地位。因为他在经济上养活了整个家族。伽利略的侄子很快就被带到佛罗伦萨；他对儿子的行为很是不解，"为何他该认为自己如此幸运，在这个年纪就能有这么多钱，而我在这个年纪却只有那么点儿钱"。[405]伽利略无法想象，他们是从哪里学到这些不良品行的——肯定不是从那些好榜样身上。伽利略无私地满足了他认为孩子们需要的一切。孩子们肯定也不是从他年轻的兄弟身上学坏的，因为后者是一个绝对顺从的软弱之人。（"我不敢忤逆您，"他写信给伽利略说道，"我是个心软的人。"[406]）甚至不可能从他母亲那里学的，因为伽利略的经验告诉他，母亲跟孩子们没什么接触。（就在母亲去世前，他的兄弟还在信中最后一次提到母亲说："她还是那么可怕。"[407]）不，这些粗鲁的种子并非得自他人；它们在孩子们身上生根发芽，就像野草在荒野中生长一样。

温琴佐把姐姐维尔吉尼娅拉进自己的阵营。这位修女总是发自内心地善解人意。“他亟须更多的管束”，维尔吉尼娅写信告诉父亲，或者说，“我想为弟弟说句好话。请原谅他这一次。他都是因为年轻才犯下这样的错误”。[408]随着时间的推移，温琴佐也逐渐不那么忧郁了，尽管父子之间一直隔着一层隐约的冷漠。然而，维尔吉尼娅变得更加善解人意了。

这位可怜的姑娘的牙齿都快掉光了。她还不到三十岁，却长了一口蛀牙。“给我送点肥羊来吧，”她写信请求父亲，“我一定能照顾好。”“送一床温暖的被子来吧，要不然我会冻僵的。”“如果可以的话，多送点儿您吃剩的肉来吧。我上回吃得可开心了。”[409]她很害怕父亲会不管自己。但伽利略永远、绝对不会这样做。他会为女儿杀鸡、酿酒、修理钟表，还会为她的窗台上漆。维尔吉尼娅写道：“不说您也知道。您是我们的父亲——我们的父王——我们把所有的希望都寄托在您的身上。”[410]

除了跟孩子们待在一起的短暂时光，没有什么更能让维尔吉尼娅感受到彻底和无拘无束的快乐了。[411]首先是弟弟妹妹，很快她就有了侄女和侄子。（温琴佐让伽利略当上了爷爷。）但后来，温琴佐一家就搬走了，维尔吉尼娅又重新回到了修道院的生活状态。她像以前那样吃着难嚼的面包，看着女人们死去。但是维尔吉尼娅依然信仰坚定。

维尔吉尼娅一直关注着父亲的事业，她会读《试金者》，也会带着内心的喜悦写作教皇乌尔班八世加冕典礼的文章。伽利略生病的时候就会告诉她。维尔吉尼娅知道父亲所有的日常习惯。

> 爸爸，我得知您又回到花园，开始忙活了，这让我十分不安。空气很不好，您的身体最近也因为生病而变得虚弱。我担心这样的活动会对您造成伤害，就像去年冬天一样。求您了，爸爸，不要这么快就好了伤疤忘了痛，多花点儿心思在自己身上而非花园上吧。尽管我认为，您冒着这样的风险并不是因为热爱花园本身，而是因为您从花园中收获的乐趣。如果您不为自己着想，也要为我们孩子着想，我们希望您能长命百岁。[412]

伽利略不听劝。他给女儿送去了花园里的水果和面粉。女儿则为他烤制了美味的馅饼。维尔吉尼娅叹了口气说道："如果他走了，我在这世上就孤身一人了。"[413]

1630年，伽利略完成了他的巨著《对话》，接着就是等待朋友们和天主教教会的修改意见。他的视力越来越差，因此他很庆幸，"在我失去视力、遁入黑暗之前"写完了这本书。[414]

对话[415]

如果说“辛普里丘斯是个笨蛋”的传言为真，那他至少也是个正直的“笨蛋”。他一直把亚里士多德的《论天》(*On the Heavens*)揣在裤兜里，所以从来没有在解释这本书的时候遇到什么困难。他对自己很坦诚：“我承认自己是个凡人。”四天时间里，他参观了豪华的可以俯瞰环礁湖的威尼斯宫殿，并和萨格雷多、萨尔维亚蒂一起，在这里就当时流行的宇宙学展开了一场精彩对话。

“痛苦的死亡，”伽利略在《对话》的序言中写道，“让意大利损失了两位正值盛年的大师。在我力所能及的范围内，我决心让他们的生命在文字间继续延伸。”接着他又补充道，“(善良的逍遥学派成员也会有一席之地)”。[416]就这样，他为自己的科学戏剧排定了三个角色。

“别再嘲笑了！”辛普里丘斯对萨格雷多命令道，后者常常会用嘲讽的口吻纠正萨尔维亚蒂的观点。但是萨尔维亚蒂是个宅心仁厚的老师。“善良的辛普里丘斯是个完全没有恶意的人”，他如此说道。每当辛普里丘斯做出一个基本的推论后，他就会夸奖说“你就是当代的阿基米德”。而对辛普里丘斯而言，计算是“我略懂一二，甚至完全不懂的学科”。他惊愕地看着萨尔维亚蒂即兴写下了十五页的数学运算。“我很快就能完成这些计算”，萨尔维亚蒂以专家的口吻说道。

他们要费力地处理近两千年来学者们围绕亚里士多德的自然哲学做出的注释和辩护。当时的很多学者常常会选择置之不理；在伽利略之前，也没人想要一板一眼地拆除这座理论大厦。伽利略的《对话》像是要凭一己之力徒手拆掉这座学术城堡。

伽利略在序言中写道，天主教教会禁止哥白尼的学说之后，“一些人便放肆地宣称，这项法令并非源自明智的探究，而是出于无知的狂热”。

> 听到这样的无理取闹，我怒不可遏。我打算在这本书中表明，意大利尤其是罗马的很多人都很理解这种做法。我们之所以接受地球静止不动的判断，不是因为不考虑他人的想法。相反，我们的理由来自虔诚和宗教，也来自对神之全能性的理解，更来自对人类思想局限性的认识。[417]

对话过程中，萨尔维亚蒂插话道：“我们意大利人把自己变得像蠢蛋。我们成了外国人的笑柄，尤其那些跟我们的信仰决裂了的人。”[418]这是伽利略作为天主教科学家的荣誉之战。宗教能激发人的狂热之举，荣誉也一样。

任何根深蒂固的机构都不像是一个点或一条直线，而是一座盘根错节的迷宫。中世纪的学者们为亚里士多德的理论城堡设置了无数个专门的小隔间，然后为《圣经》留出了一间小阁楼，城堡里的墙壁五彩斑斓，楼道不知通往何处，房门也让人晕头转向。跟所有彻底的批判一样，伽利略的《对话》也不得不模仿这座城堡的结构。他尽最大努力拆掉了其中最大的一些房间，其中放置了行星运动、《圣经》直译主义和恒星视差等内容。但这部作品缺乏美学上的统一性，它是一组驳杂的论证，只有一套模糊的指导原则，包裹在一个不适宜公开的案头戏剧本中。[419]

该书最重要的原则涉及“书面材料的权威性”，即人天生对学术的信任。萨格雷多斥之为“荒诞不经”，他赞成“合理的经验”。伽利略戏剧中的人物总是喜欢把这个原则“还原为简略的对话”，但另一个原则甚至连合理的经验也不信任，而是要依靠纯粹的逻辑。“观察本身有其内在的缺陷”，萨尔维亚蒂解释道，感觉知识出自人的天性，而演绎知识“则有着神性一般的客观确定性”。为了改变那些不同意这个观点的人，伽利略选择了苏格拉底的方法。萨格雷多将其描述为“反驳同伴，让他们说出从未意识到自己知道的东西的乐趣”。[420]他甚至称之为一种“暴力形式”。[421]辛普里丘斯则是受害者。

到了对话的第二天，亚里士多德主义者就已经伤痕累累了。在伽利略激扬的文字中，辛普里丘斯被迫承认了天堂可能在动，也承认了地球可能在动，而且还承认了人类十分无知。节节败退中，辛普里丘斯用到了《论天》中最著名的观点。亚里士多德的原话是：

> 地球必然位于中心且静止不动，这不仅出于我们已经给出的理由，而且还因为垂直向上抛出的重物会回到它们的初始位置，哪怕把它们抛到无限高的高度也是如此。[422]

辛普里丘斯惊诧不已，因为萨尔维亚蒂和萨格雷多打破了他得以立足的亚里士多德物理学的基础。为了行文风格的一致，伽利略让萨尔维亚蒂把亚里士多德的推理融入一个物理实验之中。

> 让铅球从静止的船只桅杆顶部落下，注意其落地的位置接近桅杆的底部。但如果船只在动，同一个铅球从运动的船只上的同一个位置落下，那么，它就会落在桅杆底部以外，落地点和桅杆底部的距离就是船只在铅球下落过程中移动的距离。这并不奇怪，因为铅球在自由落体时会沿着指向地球中心的直线运动。

萨尔维亚蒂直言，这个实验不过是个肤浅的虚假设想。

> 您做过这个实验吗？做过的人都会发现，实验的结果跟书上写的完全相反。也就是说，无论船只运动还是静止，从船的桅杆上掉下的石头都会落在同一个位置。
>
> 带着您的朋友和几只蝴蝶进入大船甲板下的主舱中，准备一大碗水，里面放几条鱼；挂上一个底部有滴漏的瓶子，下面放一个宽口的容器接水。船静止不动的时候，观察蝴蝶们如何以同样的速度朝船舱四面八方飞去。鱼儿也会自由地游动，水滴会落在底下的容器中；在距离相等的情况下，不管朝哪个方向扔东西给朋友，您都不需要额外用力；朝任何方向跳跃，您跳过的距离都差不多。
>
> 当您仔细观察了所有这些现象后，让船只以您设定的任何速度前进，前提是匀速。您不会发现，此前提到的那些结果有任何变化。

好一派田园诗般的巡游！无论在陆地还是海上，观察者和被观察者的参考系一致时，物体的运动都是一样的。

参考系改变后，这个不变性原理（invariance principle）也会随之变化；[423] 亚里士多德主义者仍然可以认为，这些蝴蝶、鱼儿和实验者的朋友们应该会被旋转的地球抛到空中。伽利略对此非常困惑，他试图“从几何学的角度证明物体不会被旋转的地球抛出”。[424]

伽利略的困惑远远超出了他的认知范围。为哥白尼的学说寻找物理学理论的支持，会让很多比他更有学问的人望而生畏。然而，这个困惑在最后一天的对话中尤其让人痛苦。辛普里丘斯听取了萨尔维亚蒂对伽利略潮汐理论的重申，即潮汐的成因是地球自转和公转运动相互作用。伽利略自己的不变性原理则为证明这个理论是错误的提供了前提。地球每天的公转路径近似一条直线，且几乎匀速。海洋随地球转动，人也一样，因此，这种运动几乎不可能对万物产生任何可见的影响，更不用说与另外一种运动结合产生潮汐了。

好吧。伽利略已经在潮汐问题上苦苦冥思了许久，并且也提出了很多想法。是时候向世界展示自己的才华了。“如果有人把神圣的力量和智慧限制在自己的想象中，那就太过大胆了”，辛普里丘斯总结道。他还是不服气，但知识层面的分歧并没有破坏他们彼此的友谊。“来吧，”萨格雷多说，“老规矩，我们去船上享受一会儿茶点吧。”

放下羽毛笔，伽利略准备歇一会儿。写作通常是一件乐趣苦中求的事情，出版更是难上加难。过去几年里，伽利略的办法是把作品交给费代里科·切西，后者再与罗马的猞猁学社成员一起，努力获得教会的认可，然后付费出版。伽利略无意做出改变。猞猁学社是当时科学出版的一股重要力量。

切西的一生都奉献给了猞猁学社，事情原本并非如此。因为在接手家族财务的时候，切西发现自私自利的父亲剥夺了他应得的遗产，于是，他不再放心地把钱交给父亲了。他们的债务多到无法偿还。切西写道："斯多葛主义对我也没什么用了。我迷失在海洋里。"[425]他挣扎着维持住有钱的假象，直到压力把他的内心压垮。他接连好几天卧床不起，拒绝立下遗嘱，最后躺在床上永远地离开了人世。

"我泪眼蒙眬，双手颤抖着写下这个难过的消息"，伽利略从猞猁学社一位成员的来信中读到了这个噩耗。他的朋友们很快相继离世。"眼看着我们的学社就要没落了"，这封信继续写道。切西的遗体被竖着解剖成了两半，大家发现他的"膀胱里长了坏疽，细小的息肉挡住了尿液"。[426]他不能接着为伽利略出版《对话》了。

已经没人可以求助了，伽利略只能亲自上阵。

天主教教会故意用出版许可制度刁难他。教会批准了伽利略出版著作，但出版许可仅在一个城市有效，并且要求以后每次再版都要更新许可证明。如果伽利略要在佛罗伦萨出版其著作，就必须再走一遍审查程序。更糟的是，罗马的审查总长已经往这本书里投了资，他要求过目其中的敏感部分。[427]天主教当局侵吞了伽利略的著作，并且拒绝交回。

"我的书被遗弃在了角落，"伽利略哀叹道，"我的生命白白浪费了。"[428]他的《对话》提交行政审查已逾一年之久。伽利略向审查员施压，要求尽快通过审查，还向罗马的朋友发去了求助信。

审查员最终屈服，但他们要求对序言和后记做出重大修改，并且还规定书名不能提到“潮汐”或者哥白尼学说的任何物理学方面的内容。在这个审查意见送达之前，伽利略已经把该书中间部分印了出来——他迫不及待地想要看到这本书付印，“趁我还活着，我要看到自己辛勤劳动的成果”。[429]

1632年2月，《对话》在书店热销之际，伽利略还活得好好的。这本书在次年被送往罗马，届时，他就知道会产生什么影响了。伽利略在山里的一栋紧邻当地修道院的别墅中安顿下来，他要和心爱的女儿一起度过自己最后的时光。

导师

《对话》出版后，伽利略的视力开始急剧下降，甚至接连两个月都没法阅读或写作。[430]后来，他的记忆力也逐渐下降，于是伽利略向朋友道歉说，没办法与之继续保持联系了。时间催人老，也让人变得暴躁。

1632年8月底，伽利略收到一封热情洋溢的来信，是十多年来一直惦念他的一位学生写给他的，这位学生在信中说自己也写了一本书。

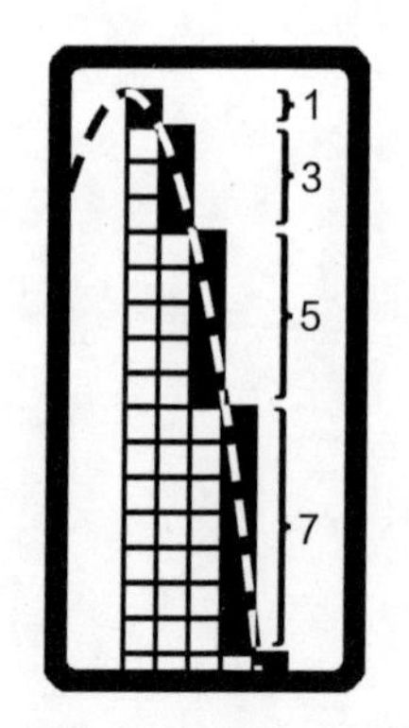

抛物线随“奇数连续性”而递增。

> 我简单地谈了一下抛射运动，证明了它的形状必然是抛物线，假设物体的运动原理为它们的速度随奇数连续性而递增。但我必须说明，这个结论基本上是从您那儿获得的。[431]

这就是自由落体定律，伽利略在三十年前便发现了这个定律，但一直没有发表。信中的这个消息让他很生气。

> 这样的警告表明他缺乏品位，没有看到我几乎完全信任地把自己的研究成果交给他这件事。现在，我的劳动成果已经完全被夺走，我也跟渴望的荣誉擦肩而过。[432]
>
> 我从来没有怀疑过他的善意，但我对自己的不幸感到遗憾，这让我对造成这一切的人心生厌恶。[433]

再看罗马，修士和神职人员们正在阅读伽利略的《对话》。但阅读让他们不适。

卡斯泰利就在这些人看书的地方，他记录了他们的愤怒。五年前，教皇乌尔班八世听说这位修士在水力学方面很有造诣，于是便把他调到罗马大学，以便为这座城市设计排水系统。[434]卡斯泰利喜欢和当地的书商聊天，他从后者口中得知，伽利略的老对手克里斯托弗·沙伊纳也搬到了罗马，而且也经常光顾这家书店。巧的是，克里斯托弗几天前刚来过。

我听一位修士同道以歌颂的方式庆祝您的《对话》的问世，他整个人都迷狂了，脸色苍白，声音和双手都在颤抖。记录者惊诧不已。沙伊纳神父告诉他，愿意出定价二十倍的价钱买一本，从而能够快速做出回应。[435]

“沙伊纳不是一般人”[436]，伽利略曾被人警告过。但拿到《对话》的两个月后，克里斯托弗低头承认，这本书还不错，尽管其内在结构有些杂乱。[437]其他耶稣会士甚至都不会客套地示好。

贵族们竞相称赞。在他们看来，终于有学者用他们能懂的语言和他们喜欢的形式写出了这样一本书，书中的主人翁就像贵族们自己一样，似乎对一切都抱有正确的理解。自然哲学从未如此强烈地引发大众的兴趣。

自然而然，也有人扬言要禁止这本书，而在意大利，这就是公民们了解什么书值得阅读的方式。就连红衣主教罗伯特的《争论》——当时天主教的无与伦比的辩护书——也曾因其一千多个章节中的一章否认教皇乃世上所有领域的绝对权威而短暂被禁，毫无商量的余地。[438]伽利略对威尼斯读者的话感到尤为宽慰：“禁书的主题不会减损作者的荣耀。虽有人恶意嫉妒，但大家还是读到了您的著作。”[439]

快六年了，伽利略一直没有收到他的朋友教皇乌尔班八世的消息，教皇亦是如此。卡斯泰利在罗马四处奔走，总是会传来令人振奋的消息。"我不知道您为何坚持抱有希望，"伽利略回复他说，"别对世上任何事情抱有希望。"[440] 9月23日，他的禁书案被移交给了罗马宗教裁判所。

"我陷入极度的困惑之中"，伽利略在两周后写道。

> 极度困惑，是因为三天前，佛罗伦萨宗教裁判所的人暗示说，根据罗马宗教裁判所的法令，我会被带到裁判所，那里的人会解释我该做什么。现在，我已经认识到这件事的重要性，并会根据裁判所的要求立即出发前往罗马。这样做可以向他们表明我向来都对教会极为顺从。我会在下周日出发。[441]

那个星期天如期而至，伽利略却留在了佛罗伦萨——他因为体弱多病而留了下来。

伽利略明白，被传唤到宗教裁判所是"重刑犯"特有的待遇。"这让我为自己在研究上耗费的时间和追求的事实悔恨不已"，[442] 他在一封信中写下了这些话，并请求看在自己年老体虚的情况下，能够以信函的方式接受审判。答案是"不行"。伽利略收到的回复是"您必须马上前来"，甚至教皇也这样认为。

伽利略不愿意去。12月17日，罗马宗教裁判所收到一份医生的证明，上面说伽利略患有焦虑、眩晕、消化不良、疝气、关节炎、失眠、忧郁症和疑病症等。[443]裁判所认为这是“借口”。“来吧”，他们说，“否则我们会亲自驾车前往佛罗伦萨，把你像猪猡一样五花大绑关进笼子里”。[444]虽然，伽利略压根儿不相信他们的威胁，但他知道自己已经走投无路。圣城之旅是一趟下坡路。

往下走的过程中，伽利略抓住了手上与辩护相关的一切东西。他从罗伯特那里找到一个十六岁的证人。“这只是让他知道，哥白尼的学说……与《圣经》相悖……不应该被坚持或辩护。”伽利略从未在字面上忤逆教会。他所理解的意思便是字面意思。

到了罗马之后，伽利略住在托斯卡纳大使的家中，这是不合适的。按照法律规定，他本应被关进牢房并接受指控，但是他已有的名气让他享有特权。尽管如此，伽利略依旧无法离开罗马，也不能接待探访者。他甚至无法前往一墙之隔的教堂，尽管他曾提出过要求，因为教堂后面有个可以让他沉浸其中的花园。当大使和教皇深入交流回来后，伽利略终于知道，是什么原因导致他二十年的挚友离他而去。

原因是疏离感和一件小事。伽利略心中曾无数次感到不安，但他已经多年没有跟教皇乌尔班八世联系了，后者还曾经宣称他们是兄弟。因此两人缺乏进一步消弭彼此间细微分歧的机会。教皇不喜欢伽利略在《对话》中借一位名字听起来很像“笨蛋”（Simpleton）的人说出神学观点。他不喜欢整本书都没有提到教会的教理[445]，不喜欢伽利略对耶稣会士的不敬，不喜欢伽利略用绕开法令的方式获取自己的名声，也不喜欢伽利略星期四在烤面包上涂抹黄油的方式。

当仆人们替伽利略向教皇乌尔班八世求情时——这种事经常发生——教皇就会怒吼道："真是够了！"教皇透露，从1616年起颁布的禁令中，正是他好意阻止了宗教裁判所以亵渎神明的罪名当场把伽利略抓起来。他感觉自己受到了背叛。乌尔班大发雷霆："没有商量的余地。伽利略自求多福吧，谁让他插手这些事情呢。"

在伽利略前往裁判所做证的前一周里，他总是晚上从睡梦中尖叫着醒来。伽利略那可怜的女儿维尔吉尼娅也从佛罗伦萨来信说，相信会有一个圆满的结局。

1633年4月12日，在宗教裁判所的一群神父面前，伽利略秘密地宣誓要讲出全部真相。他们问了伽利略许多问题。[446]

问：当时，确切地说是1616年2月，对您做出了什么决定，又是怎样告知您的？

答：1616年2月，红衣主教贝拉尔米内勋爵告诉我，既然从绝对的角度看，哥白尼的学说与《圣经》相悖，那么它既不能被坚持，也不能被辩护，但可以作为一种假设加以讨论。为了确认这一点，我还保存了一份由红衣主教贝拉尔米内勋爵亲自于1616年5月26日出具的证明，其中写道，哥白尼的观点因为与《圣经》相悖而不能被坚持或辩护。我可以出示这份证明的副本。请过目。

这份证明强有力地澄清了伽利略的所作所为。庭上响起了窃窃私语声。最终这份证据被采纳，并被标上了大写字母B。

问：您在接到上述事项的通知时，是否有其他人在场？

伽利略尽力回想，但一切都显得模糊不清。他很难回想起这些事情。

答：是的。当时有一些多明我会的神父也在场。但我并不认识他们，后来再没见过。

伽利略并不清楚这件事为何重要。但审判方知道。

问：如果有人向您宣读法令的内容，您是否还记得其中写了什么？

答：我不记得谁还对我说过什么，也不确定当时被告知的内容，甚至不确定是否有人对我宣读过什么东西。我能回想起的就会说出来，因为我认为，自己没有以任何方式违反法令，换言之，我没有出于任何理由坚持上述地球在动而太阳不动的观点，同样也没有为之辩护。

针对这种说法，审判方出具了一份伽利略并不知情的间接陈述，这份证据明显来自梵蒂冈档案馆。

（1616年5月）26日，周五。在红衣主教贝拉尔米内勋爵的常住地——皇宫，伽利略被警告上述观点包含错误，并被告诫放弃它们。紧接着，伽利略被人以教皇陛下的名义责令彻底放弃太阳静止在世界中心且地球在动的观点。从此以后，伽利略不得以任何方式——无论口头还是书面——坚持、传授或者捍卫这种观点，否则，教廷会对他提出起诉。伽利略默许并答应服从。[447]

这件事属实吗？伽利略已经不记得了。

我不记得除了红衣主教贝拉尔米内勋爵发出的这个禁令，还有什么别的禁令。我记得，禁令的内容是，我不能“持有或辩护”，可能甚至也不能“讲授”这种学说。再者，我不记得，法令究竟是否还有“不得以任何其他方式”传播这样的语句。事实上，我没有琢磨这个法令，也没有记住它，因为几个月后，我就收到了红衣主教贝拉尔米内勋爵于5月26日出具的证明，就是刚刚已经提交了的证明。这份证明解释了加诸我的法令，即我不能坚持或辩护前述学说。至于现在提到的上述禁令中的另外两个表述，即我不得“传授”和“以任何其他方式”传播这种学说，我没有牢牢记在心里，因为我认为，它们并不包含在法令的文本中。后者时刻警醒着我。

伽利略是否违背了十六年前他与红衣主教罗伯特·贝拉尔米内的约定？他已经无从知晓。这份约定是教会判罪的依据。因为尽管伽利略只是涉嫌在其《对话》中坚持哥白尼的学说并为之辩护，但毫无疑问，他曾传授过相关学说。

伽利略抵达罗马之前，教皇曾表示：“伽利略先生以为青年人开办学社为借口，散布令人讨厌且危险的观点。”一个特别议事小组审查了伽利略的《对话》，认为“毫无疑问，他的行为就像个渴望培养信徒的勤勉教师一般”，“‘以学社为幌子’，他的所作所为就像个老师”，“他讲授的内容让人反感”。[448]

4月27日，就在伽利略刚吃完午饭之际，他此前陈述证词时在场的审判员前来致意。当时的情况很不寻常。有人试图绕开法律处置伽利略。他被告知，关乎他清白的材料已经遭到破坏，无法复原。三天后，伽利略再次前往宗教裁判所，语气中带着惊人的反转。“……我承认，我的错误在于虚荣的野心、纯粹的无知和疏忽。这是我在此要说的全部。”

5月10日，他被允许做出最后的辩护。

> 我恳请你们，念在接连十个月的持续折腾，外加我拖着七十岁的身躯在最糟糕的时节里长途跋涉经受的困顿，可怜可怜我吧。我感觉，此前健康带给我的好时光已经一去不复返了。我出于对敬重的大法官们的宽厚仁慈的信念，才斗胆提出这个要求。我希望，如果他们的正义感察觉到我身负如此多的病痛还不足以惩罚我的罪行的话，我恳求他们，看在我年老体衰的面上赦免我。

伽利略的审判到此结束。5月底，他被允许进入教堂的花园里，可以通过半封闭的窗户观察大自然。他从未遭受酷刑，也没有见过刑具。[449]法律并未得到适当的执行。

次月，审判结果出来了。伽利略是跪着接受判决的，这也是他最后一次双脚着地。伽利略宣称，他没有故意欺骗任何人，而且绝不会放弃天主教信仰。[450]“我没有坚持哥白尼的学说。自从被法令要求放弃该观点以后，我就再没有坚持过这种学说。至于其他的事情，我听从发落。你们想怎样处理就怎样处理吧。”

全国各地都有教民和朝臣为这天的事情欢呼。农民和过客们并不在意。修士和学者们则暗地里捏了一把汗。鸟儿在天空飞翔，鱼儿在海里遨游，但自始至终只有天主教教会在1633年6月22日发现伽利略有异端嫌疑，因为他传授了地球绕太阳旋转的学说。

留白

就在伽利略收到判决书的几天前，他的女儿给他寄来一封信。

> 我跟您讲讲家里现在的情况，先要从鸽子谈起。自从大斋节以来，鸽子们便开始孵卵。孵出的第一对鸽子在夜里被不知什么动物吃了，而照料它们的鸽子被发现的时候也已经被吃得只剩一半，挂在椽子上，内脏全无。管家据此认为罪魁祸首是一只猛禽。[451]

维尔吉尼娅感觉自己很笨。“我一无是处”，她不断地给父亲写信，父亲宽慰她，“实际上正相反”。尽管伽利略把时间耗费在女儿琐碎的生活上显得很不合理，但他还是让女儿每周都写一封信来。而如果可以的话，维尔吉尼娅巴不得能每天都给父亲写信。

同父亲一样，维尔吉尼娅也喜欢工作到很晚。她通常在晚上十一点到次日凌晨两点间给父亲写信。父亲受审三周后的一个早晨，她早早地被来访者叫醒了。

伽利略的两个学生突然来到修道院。[452]他们想要拿到伽利略房子的钥匙。维尔吉尼娅知道发生了什么事情，便立即把两个学生赶走了。但二人闯入了伽利略的房子，并且“做了他们不得不做的事情”。所幸伽利略的大部分私人信函未被发现。

到了8月，作为公开的警告，伽利略的正式判决结果开始在法院和大学里流传，教会用他以儆效尤。维尔吉尼娅设法获得了一份判决书的副本。

> 此外，为了让这个严重而恶劣的错误和罪行被绳之以法，也为了让你们今后更加谨慎，以及震慑其他人使之避免类似的罪行，我们公开判决禁止伽利略的《对话》。
>
> 我们在这个宗教裁判所里欣然判处你正式入狱。作为惩罚，你需要在未来三年里每周背诵七首忏悔诗。[453]

“爸爸，我发现一个对您有好处的小技巧，”维尔吉尼娅在信中写道，“我会承担您背诵忏悔诗的重担。我已经满心欢喜地履行这个义务了。”不幸的是，法律不是这样规定的，但她已经尽力了。

维尔吉尼娅期待着父亲回家。她开心地得知，父亲已经戒了酒。但当父亲说，感觉自己的名字被“从活人名册上划去了”的时候，她还是很沮丧。维尔吉尼娅担心，自己还没准备好，父亲就过世了。

两个月后，深陷悲痛之中的不是维尔吉尼娅，而是伽利略，他丢了魂似的在女儿所在的修道院里游荡着。维尔吉尼娅因为突然染上严重的痢疾而病倒。回到不远处的老宅的时候，伽利略终于明白，没有准备好的是自己。

> 在险恶设计的巧合下，我回到家的时候发现，宗教裁判所的代理牧师也在场。他告诉我，我必须停止请求恩典，否则会被送回监狱。据此推断，我的禁闭只能换成跟其他人一样的囚禁方式才算到头，如此，我就永远地与外界隔绝了。[454]

一群陌生的修女清空了维尔吉尼娅生前的住处，里面有一股糖和芦荟的味道。她们发现了她父亲——就是那个出了名的异端伽利略·加利莱伊——寄给她的上百封私人信件，然后将它们付之一炬。

暗无天日

教会的一群神父走过乡间废弃的修道院，他们要去往软禁伽利略的山间别墅。他们每个季节都会照例前去查看一下这个犯人的状态。如今，神父们甚至都不需要进入别墅；他们发现，伽利略跪在花园里，手里攥着春天来临时的第一株嫩芽。他试图站起身来。

“我看上去就像个小丑，实在惭愧。请允许我去穿上哲学家的行头。”

修士们都很疑惑：“为何你不让别人做这些事情？”

“哦，不不不，”伽利略说道，双手颤抖着在围裙上来回擦拭。“那样就没有乐趣了。”[455]

1635年2月，伽利略得到消息说，天主教教会已经加大了对他的审查力度，他的所有新作品也都包括在内。[456]但是伽利略并未停止写作。由于年老体衰，多数朋友都以为，伽利略的思想也会随着他的身体的衰迈而枯竭。能理解他的人已经所剩无几。

因此，与伽利略相熟的外国知识分子和意大利外交官们，在收到他的新书手稿后都惊呆了。他们在国外找了家印刷厂印刷这些手稿。1638年，荷兰成为第一个出版伽利略的《两门新科学》的国家。正如伽利略抱怨的，这个书名是出版商为了“畅销”而选择的；[457]它很吸引人，但并不准确。这两种据说“能够抵抗分裂”和“局部运动”的科学实际只占了全书内容的很少的一部分。实际上，《两门新科学》终究是伽利略对他一生所有物理学关键发现的介绍。

在《两门新科学》中，萨尔维亚蒂、萨格雷多和辛普里丘斯纷纷复活，重温了伽利略的真知灼见。但是所有人都变了。以往话最多的萨尔维亚蒂现在变得更加啰唆了：他经常会不厌其烦地写出好几页的定理；萨格雷多则学会了礼貌：他和萨尔维亚蒂都不像以前那样挑刺了。一位擅长写作的朋友是“我们这个时代的阿基米德”，另外一位则“怀着敬佩的心情阅读”，还有一位朋友写了“对这部作品很有启发的评论”。[458]可能除了辛普里丘斯，没人会被视作傻瓜，但他也不再是亚里士多德的挡箭牌了。他的探究就像一堵墙一样，把必要的题外话强行推入未知的领域。如果说他在模仿谁的话，那一定是伽利略本人，在好奇的青年时代，他先是对数学和周遭世界之间令人困惑的关系产生了兴趣。

在这本书的开头部分，伽利略描述了基本的马桶管线；在一百多页后，他从生物学和自然的角度推测了动物生长的限度。

而在对话进行的第三天，伽利略终于在发现自由落体定律的三十多年后提出了自己的主张。他也不经意地在此基础上指出，“水平运动的物体受力达到的任何速度都会一直保持下去”。[459]物体运动的这个特点当时还没被命名，尽管它跟开普勒所谓的惯性的静止倾向相矛盾，但是科学的语言总有办法融合相互对立的事物。

《两门新科学》内容十分激进，但略显单薄，书中表现出的多样性明显无法补足它缺乏的东西。任何时候，只要书中人物触碰到神学的话题，他们都会绕开这个“更高的科学”，并宣称“我们必须对身在凡尘俗世感到满足”。这意味着，对自然的研究与对神学的研究没有联系，或者更严格地说，上帝是完全超然的存在，关于他是如何思考、万物产生的原因等方面的知识，无法靠沉思尘世的东西来获得。与神学家相比，伽利略并不觉得这种观念有多愚昧；对他来说，更可怕的是尘世的无限深渊。

在第一天的对话中，朋友三人宣布要讨论抵抗分裂的问题，但他们很快就掉进了纯数学的泥潭。麻烦的问题在于，无穷大量和无穷小量的存在是伽利略相关发现的必要前提。对伽利略来说，真空中的运动是从绝对静止到无限速度的连续统一体；较大的力可以由无数个无限小的力组成；倾斜平面对运动产生的阻力，会随平面倾斜角度的变小而趋于无限小。伽利略曾无数次遇到无限的观念。他理解无限的唯一方式便是通过一种中世纪就有的比例方法。顾名思义，比例和分数都无法表示无限的量。萨尔维亚蒂哭丧着说：“我们这是在不知不觉中滑进了一片怎样的汪洋大海！”

他继续说道：“无限和无法整除的特性是我们无法理解的。”但无论如何，伽利略都要试着去理解。

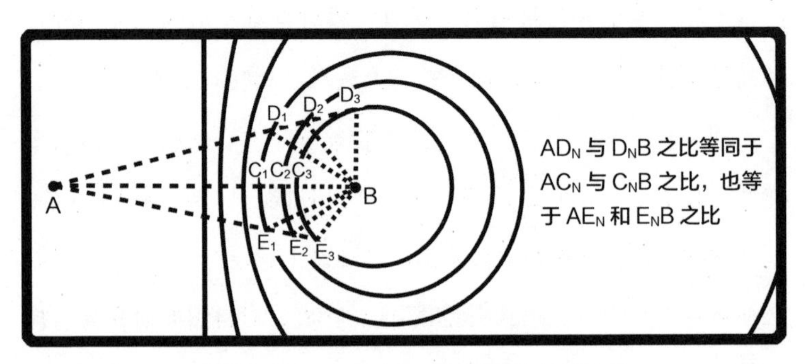

伽利略第一次演示空（null）和无穷之间的连续统一体。

为了更直观地表示“我们的想象力无法把握的奇迹”，伽利略从几何学的角度对无穷概念进行了一系列演示，只需要借助比例感即可理解。其中一个巧妙的例子是线段AB被它上面的任意点C分割。伽利略描述了这个例子的“典型特征”，即任意一点连接到A点和B点所组成的一对线段，若它们之间的比值都与线段AB上的一点C所分割出的AC和CB两线段之比相等，那么这些点就都在同一个圆上。如果把分割点C朝线段AB的中间移动，这个圆就会变得越来越大。当点C位于线段AB中间时，这个圆就会变成一条直线！随着点C朝终点B运动，这个圆会变得越来越小，直到消失于无形。

萨尔维亚蒂说道：“现在我们该如何评价这种从有限到无限的形变呢？”直线或者单个的点是某种圆吗？这种说法又意味着什么呢？

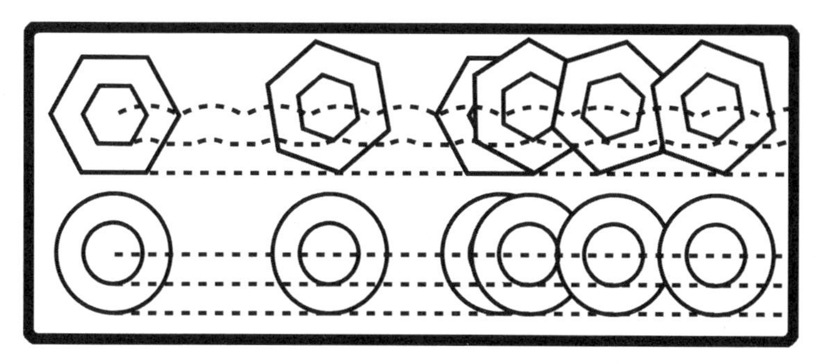

伽利略再次演示空和无限之间的连续统一体。

在另外一个演示中[460]，伽利略也考虑了不同的正多边形的旋转情况。当正多边形滚动时，其最低点会刻画出一条直线。如果这个正多边形内部再嵌入一个小的正多边形，则小的正多边形刻画出的路径近似直线，但呈现出周期性颠簸特征。而当内侧的多边形向外侧的多边形扩展时，路径中的凹凸形状就会趋于消失。随着多边形边数的增加，路径的凹凸也会变得更加平整。这是否意味着直线并非直线，而是包含了无数个无限小的空隙？或者说圆形并非圆形，而是一个有着无数条边的多边形？

伽利略没有答案，但是他凭借并不充分的比例感认为，比几何学更加重要的学问就要问世了。伽利略确信，自然界中就存在无限，甚至宇宙的尺度就是无限的，尽管他无法确定具体的细节。他十分清楚自己的无知，这是他那过时的数学和经验感知的世界之外投下的阴影。

1637年7月4日，伽利略的右眼彻底失明。[461]新年的一个月前，该发生的还是发生了。

> 唉，您的朋友和仆人伽利略已经彻底失明了。我的奇妙发现和清晰演示已经让这个天堂、这个世界、这个宇宙扩展了成千上万倍，远远超出了世人此前的想象。但它现在对我而言已经缩小到我个头般大小的尺度。[462]

混乱中的最后四件事

伽利略曾尝试为他的《两门新科学》一书撰写第五章。他还有很多话没说，但失明之后就放弃了。他的学术事业至此终结。

伽利略的儿子温琴佐生活在佛罗伦萨，经常翻山越岭来看父亲。[463]伽利略叫他别这么折腾，但温琴佐还是坚持要来——这是他作为家人应尽的义务。

但比儿子更加亲近的是修士卡斯泰利。在与教会的官僚们斗争了几个月后，卡斯泰利获得了探望老恩师的许可。这段持续了四十年的友谊行将终结之际，伽利略的内心终于表现出了一点积极的态度。

> 我年老体衰，而衰退的记忆力和感知能力又让一切变得更糟了。我度过了一段毫无意义的日子，萎靡不振让我度日如年，但跟岁月相比，这段日子又是如此短暂。我不再为过去美好的友谊感到欣喜，它们也所剩无几了，但我对我们彼

此的友谊最为感激不尽：我指的是我们之间充满爱意的信件往来，最尊敬的神父。[464]

而亲朋好友之外的所有人都让他烦心不已。作为伽利略最为顽固的对手，克里斯托弗·沙伊纳终于完成了关于太阳黑子的巨著《红熊》。伽利略对此无法做出详尽的回应，但是在一封信中对其大肆抨击。他已经全然抛弃人与人之间的谦卑之意了。

这个胖乎乎的混蛋竟然胆敢把我的错讹汇总，却让乞丐注视着他的财富。他没有从自己的观察中有任何发现，而我却发现了自然界的最大秘密。因为我命中注定会发现天上如此多的新奇事物，舍我其谁。[465]

在意大利，刚入门的年轻数学家们会用自己一个月的薪水，在黑市上购买一本被打入异端的《对话》。[466]尽管伽利略并未认识到这一点，他经受的审判并没有把他毁了，而是在下一代年轻人中间为他赢得了毕生的荣誉。这些年轻人眼前的世界已经变了样。在他们看来，印刷业并不是家庭作坊式的破败事业，而是帝国气象的彰显，它已经超越了政府的限制；全球贸易路线已经随着技术的发展而得以拓展，女王们憧憬着来自新世界的黄金；权力和威望的中心正在崛起，这是工业诞生的前兆，伽利略就像附属于这个工业之上的光鲜亮丽的代表人物。[467]教会的教理显得并不那么重要。这些莽撞的后生们——尤其是来自异教国家的年轻人——不会因为伽利略垂垂老矣就不再叨扰他。青年们攻击他，乞求拜见他，做他的学生，写他的传记，还把他的形象夸张地刻在了一个超大的杯子上。[468]

1638年，当时正四处游玩且籍籍无名的一个英格兰男孩儿足足耽搁了伽利略一整个晚上。约翰·弥尔顿（John Milton）曾是一朵娇艳的花，他写出了与山林、处女和纯洁情感相关的婉约诗句。[469]但在这次欧洲之旅的过程中，他变得偏激，沉溺于散布各种小册子和自由的言论。到了中年，他才又真正回归诗歌创作。他脑海中浮现出失明的伽利略，笔下流淌出伟大的新教史诗《失乐园》（*Paradise Lost*），其中的主题与魔鬼和人的堕落相关。这首光辉灿烂的史诗广泛借用了《圣经》和流传下来的传统隐喻。在同时代的人中，弥尔顿认为伽利略是唯一值得书写的。他每次提到这位“托斯卡纳大师”都是浓墨重彩，尽管不一定都是夸赞；有时候，伽利略的发现被用来隐喻撒旦的权能。

……他那沉重的盾牌，

天上铸的，坚厚，庞大，圆满，

安在背后。那个阔大的圆形物

好像一轮明月挂在他的双肩上，

就是那个托斯卡纳大师透过望远镜看到的
月轮。[470]

我们在其他诗句中可以看到剧中人物坐在天使的议会上。

飞到天堂的大门处，大门自动地
在黄金的户枢上大开，这真是
伟大建筑师的圣斧神功。
从这儿起，万里无云，没有什么
妨碍他的视线，连小星星也没有，
他望见地球，和其他闪烁的
星球一样，望见乐园，诸山顶上
都有香柏树：影影绰绰，
好像伽利略夜间从望远镜中所见的
月亮中的想象境界。[471]

弥尔顿没有亵渎伽利略，也没有把他偶像化，更不是随便写写而已。他想要在堕落的世界中发现英雄主义的光芒。他不愿像正统天主教教徒那样，居高临下地成为善良的保护者，而是要成为天堂和地狱之间不确定的沟通者，也会承受诱惑、成功和失败。

几年前，另一位英格兰人也曾前来叨扰伽利略，此人比弥尔顿年长许多，也更加醉心于政治，他的名字叫作托马斯·霍布斯（Thomas Hobbes）。[472]他当过数学教师，非常推崇伽利略的作品，几乎逐字逐句地照搬了后者的自然哲学，还明确地叙述了其中的隐含内容。霍布斯循着失明的伽利略提供的思路，创作了《利维坦》（*Leviathan*）。该书是英国最早的政治学理论作品之一，作者试图从人的物质方面重新定义人格。霍布斯写道，人“自然地偏爱自由和想要支配他人”，因此，人会要求“对自己做出约束”，[473]而这约束的形式就是国家。这种悲观主义导致他的宗教观念非常保守，这一点特别体现在宗教与公民政府之间的纠葛上。

> 上帝是一切主权者的主权者，所以他对任何臣民降谕时，不论人间的君主发布了什么相反的命令，臣民都必须服从。但问题并不在于服从上帝，而在于上帝在什么时候说了什么话。这一点对没有获得自然天启的臣民来说，除开通过自然理性以外是没有其他的方法知道的。这种自然理性就是指导着他们为了求得和平与正义而去服从其他国家中的权力当局，也就是去服从其合法的主权者的自然理性。[474]

尽管如此，霍布斯的唯物主义烙印还是让许多人给他贴上了“无神论者”的标签。但他只是从自己的角度看待政治和科学的现状，并试图调和二者与他深陷其中的宗教传统的纠葛。

伽利略生得太早，没能读到《失乐园》或《利维坦》。他生得太早，没能亲眼看见教宗国政体的全面崩溃，也没能看到威尼斯的共和政体模式像吐司上的果酱一样在欧洲迅速蔓延。伽利略生得太早，不晓得法国已经全面开化的革命者们称他为“第一个让物理学道出真理和理性的人”。[475]他生得太早，没能看到世人在接下来的几个世纪的时间里为天主教教会所做的辩护，说他的行为“不怀好意”，还说他“试图嘲笑宗教裁判所，并想巧妙地骗过他们”。[476]伽利略生得太早，没能听见和平主义者爱因斯坦（Einstein）对他的看法（爱因斯坦为核弹的问世做出了理论贡献），[477]称伽利略为“近代物理学和整个近代科学之父”。他生得太早，无法理解那句现代特有的格言：“他人即地狱。”[478]

伽利略创造的无形的精神遗产已经退出了历史舞台，仅剩下传记价值可供后人挖掘。“我真的可以说，”他写道——毋宁说，伽利略因为失明而对一个不谙世事的信徒口述道——“我已经深陷人间地狱。”[479]

生命的最后几年里，许多人都很关注伽利略的病情。多数夜里，伽利略会因为关节炎而无法安稳地睡上一小时。他患有双侧疝气，需要穿上铁制的疝带，他一直面朝下趴在床上，甚至大家都以为他已与死尸无异。一天早晨醒来后，他弄脏了自己。[480]然后写道：“我能听见小女儿在呼唤我，召唤我……”[481]

生前的最后一年里，伽利略向一位助手描述了一种基于钟摆的新型钟表。这种钟表比以前的都更精准。有了它，就有了科学上的一致、标准和纪律。[482]伽利略喜欢纪律。哪怕眼瞎了，不能下床，等待死亡之际，他还是严谨律己，尝试又一次对话。这次对话十分短暂，他们谈到了比例感和它所蕴含的意义。这一次，他真的想明白了。在某个不为人知的地方，他的朋友萨尔维亚蒂、萨格雷多和辛普里丘斯等待着重启对话。[483]他想象着萨尔维亚蒂会说些什么："今天看到我们几个朋友在多年后重新聚首，我感觉非常欣慰。"[484]在亲朋好友身上获得安宁，那将是何等的喜悦。亲朋们在等着伽利略，伽利略也在努力靠近他们，他在无边无际的黑暗中奔向他们。

我和谁都不争，和谁争我都不屑。

我热爱大自然，其次是艺术；

生命之火温暖了我的双手；

火萎了，我也即将离开。[485]

——沃尔特·萨维奇·兰德（Walter Savage Landor）

《生与死》（*Dying Speech of an Old Philosopher*，1849年）

（译文参考杨绛译本——译注）

附录　新天文学诞生的七支小插曲

三条道路

开普勒不得不安抚第谷学派，根据《光学》开篇的描述，其创始人第谷创立了“最真实和最准确的”天文学。[1]他被如此推崇有其特殊的原因：该书最主要的灵感来自第谷对折射光学的开创性研究，但是在书的几百页后，开普勒明确表示，他完全站在哥白尼宇宙学的一边。[2]而在《新天文学》接下来的部分里，腾纳格尔认为，有必要在真正的序言前增加一篇为其岳父迂回辩护的文章，但除开这些诡计，这位皇家数学家的其他想法则暂时逃过了审查。[3]

开普勒的承诺更让人感动。早在《新天文学》中，他就谈到了托勒密、哥白尼和第谷：

> 在接下来的演示中，我会把这三位作者的天文学形式联

系起来。每当我提议这样做的时候，第谷总是回答说即便我保持沉默，他也会主动这样做（如果他活着，他就会完成这个任务）。他临终前在病床上请求我证明他的全部假设的合理性，但他知道，我是哥白尼的信奉者。

此外，我们会在此处和全书中（尽管同时还要完成其他目标）证明，从几何学的角度讲，这三种形式都是绝对的、完美的、符合几何学定理的形式。[4]

在书中和现实生活中，开普勒都扮演着调停者的角色。因此，他的许多证明都是一式三联的样式，每个世界体系都有一个证明。于是，整本书的体量就显得很大。他这样做不仅仅是为了怀念第谷，更在于邀请那些陈腐的地心论者们重新思考自己的观点。困难的三位一体论再次进入到他的生活之中。

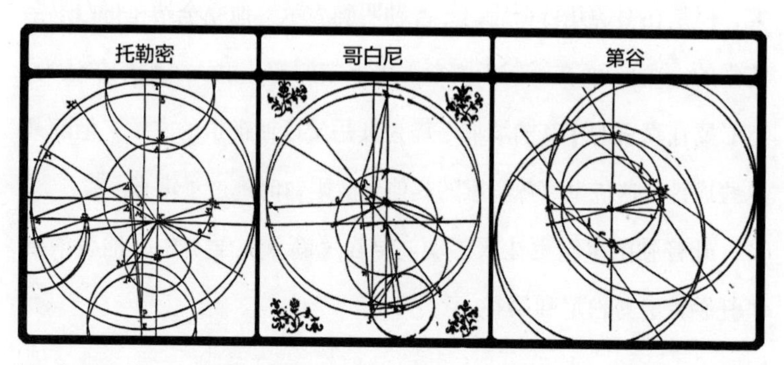

同一个论证对每一个世界体系的不同表现方式（木版画）。很自然，开普勒对哥白尼体系进行了润色。

这个额外的担当让开普勒堪称最后一位伟大的几何天文学大师。我们只要看一看他的第一个三联论证的木版插画便知。

啊，啊，天呐。多么可怕的图画。它究竟是用来干什么的？

物自身

每天下午四点半（一说三点半——译注），老迈的德国哲学家伊曼努尔·康德（Immanuel Kant）就会走出他那朴实无华的宅院，然后在大街上走上八圈当作锻炼。[5]家庭主妇们会根据他来校对钟表——康德是个严谨之人。

如今，康德被公认为传统西方哲学主流精神的代表。在其著作《纯粹理性批判》（*Critique of Pure Reason*）中，康德提到自己的工作会像“哥白尼式的革命”那样，让形而上学变得清晰起来，从而改变世界的概念化方式。他把知识分为两类：先验的、独立于经验的知识和后验的、依赖于经验的知识。康德认为，人类能够认识自身感官界限内的物质世界的全部，这个感官世界产生的现象与真正被感知的对象——物质自身（或者本体）正相反对。他努力在理性主义和经验主义之间架起一座桥梁，这两股潮水般的力量席卷了整个欧洲知识界。康德的写作风格深奥而有趣；他钟爱天文学，称形而上学为“战场”。他差不多比开普勒晚出生150年。[6]

一颗能够清楚讲述自身假设的头脑，往往会重绘其周遭的整个文化。“感官有时候无法察觉一些十分细小的差异”，开普勒在思考错误的天文学假设为何会得出正确的结论时这样说。[7]

他的第一个激进提议涉及天文学范围内的物自身的概念。而这也正是《新天文学》的开场白想要达到的目的。

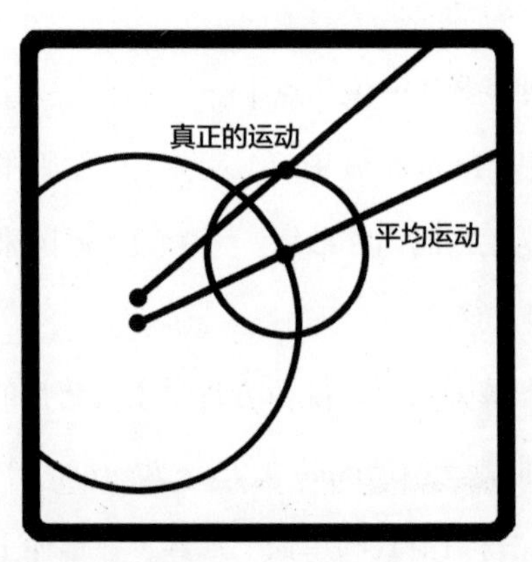

托勒密：真正的运动贯穿两颗行星之间。平均运动则位于中心和中心之间。

自从托勒密以来，天文学家们便经常使用平均运动（或者第一均差）这个概念，表示行星的本轮中心位于其轨道之上，它并不表示实际的运动（即第二均差），[8]即行星实际上在其本轮上的运动。他们这样做是因为更加容易，而且当时的天文观测也不够精确。更令人震惊的原因在于，天文学被认为是一种几何学游戏；行星和其他星星一样，不过是没有任何实质内容的点。

开普勒并不这样认为。随着第谷的缜密观察，这种做法不仅逐渐失去意义，而且还具有一种深刻、持久、虔诚的感觉，即行星本身——而非对它的某种理想化处理——才是重要的。

采用平均运动和实际运动的概念几乎总会得到不同的结果，但这种差异是否重要我们并不清楚。这些结果可能会有多大的差别呢?

这就是开普勒的第一个证明想要说明的问题。对于这三个世界体系，他的目的是要证明，实际运动代替平均运动会导致人对火星位置评估的细微差异。

我们再想一想哥白尼体系的木版画。与托勒密体系使用本轮概念有所不同，哥白尼正确地想要去解释完全由地球运动而产生的第二均差。[9]为了做到这一点，他测量了行星相对于地球绕其非实体中心（即平均太阳）的轨道距离。

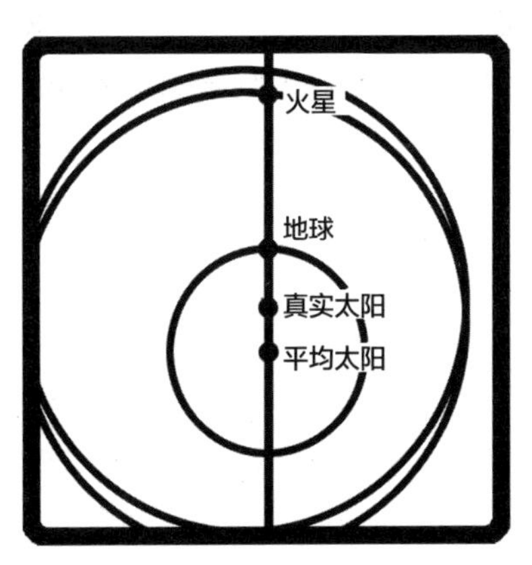

哥白尼：所有点对齐的时候，就不存在第二均差。

在这幅木版画中，最右边的垂直线旨在证明当三颗行星都对齐的时候，无论从平均太阳还是真实太阳的角度观察，火星似乎都位于同一个位置。用开普勒的话说就是“这颗行星真正摆脱了第二均差”。[10]哥白尼对这种类型的反例感到高兴，但这种反例很少见。[11]接着，哥白尼画了一条长长的水平线，借以表明差异可能很大的地方。

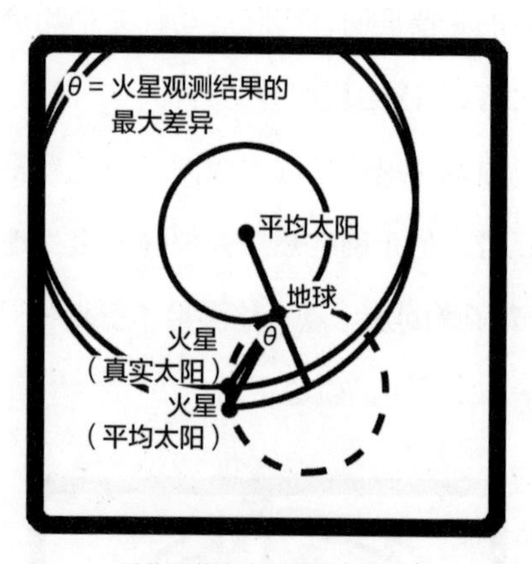

寻找可能存在的最大差异θ。

作为定量研究的例子，开普勒画出了木版画的底部。为了找出差异可能有多大，他选取了火星的两个最佳位置，即基于真实太阳和平均太阳的火星轨道差异最大的地方。由此，他假设，地球刚好位于与这两个点形成圆切线的轨道上。开普勒从欧几里得的《几何原本》中得知，这样会得到最大的角度。

经过长达数页的几何运算，开普勒得出了这个轨道的半径，即地球到火星的最短距离，它大概是地球轨道半径的十分之四。他这样做是在确认第谷的那个古老测试：哥白尼模型让地球距离火星比太阳更近。[12]基于这个半径，他还得出了观测的角度差：真实火星和平均火星的观测角度差异可达1°以上，具体为1°3′32″！

开普勒的答案并不十分准确。在这个初期阶段，他接受了测量上的不精确，甚至还在计算中出现了一点儿错误。“这并无大碍，”开普勒写道，“因为我们只是排演‘序曲’。”这也是第谷最喜欢的词语。[13]这些数字是为心灵而设的，它们是为了说服世人再次改变参照系。

这就是开普勒的测量本体论，这种精确性思想也是对实践的重新审视。

第一个模型

开普勒要是能这么简单就好了！如果以上文字表现了他作为圆滑理论家的一面，那这种印象也是模糊和单薄的；我们现在要重新关注他作为不知疲倦的实践者的形象。随着新天文学逐渐成形，这条路上的荆棘也越来越多，而作为男人和数学家，开普勒也变得越来越尖锐，个性也越来越丰富。

受托勒密的启发，开普勒首次为火星运动建立模型。他当时用到了偏心匀速点的概念。

再次回到偏心匀速点是个奇怪的选择，也是哥白尼特别唾弃的做法，开普勒并未立即给出自己这样做的理由。接着，他在计算的过程中写道："出于物理学的考虑，火星与太阳相隔最远的时候运动速度最慢。"[14]如果除开方便的考虑，他偏向偏心匀速点更多的是出于"物理学上的考虑"。这些偷偷摸摸的省略也标志着未来天文学的雏形。[15]

从托勒密的偏心匀速点开始，不满足的开普勒便要求采取更加普遍的方法。托勒密认为，偏心匀速点和地球（对哥白尼来说则是太阳）构成中心对称的关系。开普勒认为，这种看法压根无从设想——偏心匀速点可能位于拱点线上的任意位置。

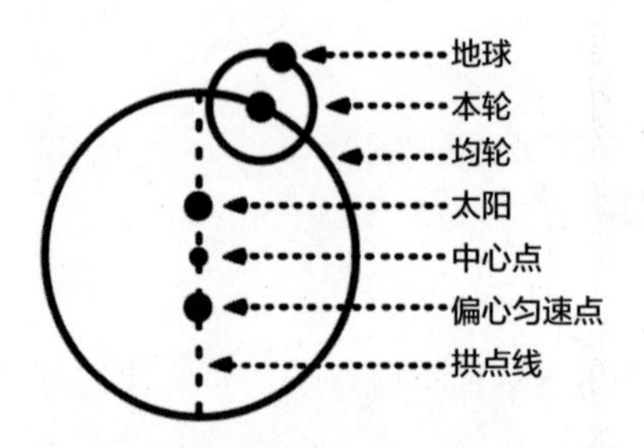

拱点线或者椭圆的长轴是贯穿太阳和偏心匀速点的直线。

概而论之总会产生问题。对托勒密而言，行星的位置决定了其偏心匀速点的具体位置。对开普勒来说，偏心匀速点的位置实际上存在无限可能，但只有一个位置是最优的。数学家们的头脑需要用何等钢材打造才能经受住如此的数字轰炸！"这个解在几何学上说不通，”开普勒绝望了，“如果代数不是几何学的话。但是在代数上也说不通！”[16]他向一位朋友写了一封沮丧的求救信：“我寻求着证明，却徒然。我想这是因为我的技术不够所致。”[17]朋友也没有答案。

在与世隔绝的情况下，开普勒开始了自己的探索。为了找到偏心匀速点的最优位置，他选取了第谷在日落时观测到的三处火星位置。这三个点足以确定一个唯一的圆形轨道了，但他又加了一个点以“降低问题的难度”。[18]开普勒画出了拱点线，并用它把所有的点连了起来。

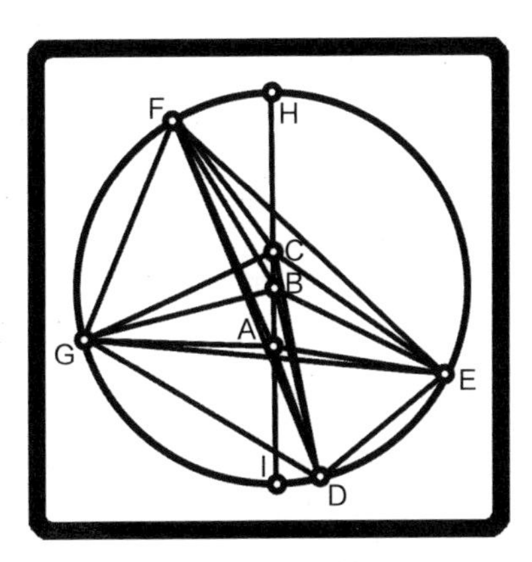

开普勒的圆形轨道。他后来为其命名为替代假设（vicarious hypothesis）。

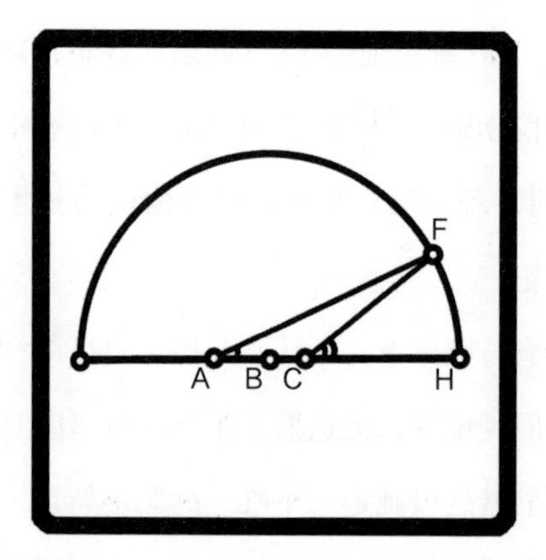

开普勒猜测了∠FAH和∠FCH的值，从而解出了替代假设。

开普勒的解法是数学上的一次壮举。虽然开普勒的图形看上去很密集，但其中仅有两个未知参数：一是太阳到中心点的距离AB，二是中心点到偏心匀速点的距离BC。开普勒猜出了这两个未知数，并把它们表示为∠FAH和∠FCH。

解出这两个未知数后，开普勒不得不再做一个假设，这个假设成了一个需要仔细思考的情形：观测到的DEFG四边形内接于一个圆形轨道。基于此，再加上圆形的内接四边形的对角之和必然为180°这一事实，因此，找到∠GFE和∠EDG就可以验证开普勒的假设。经过大量三角学的计算，我们就能够解出所有的中间角。

但如果他猜错了，就只能再次猜测∠FAH和∠FCH的值。如此一遍遍重试，反复再三……

“如果这个令人不便的方法让你感到厌烦，”他写道，“你应该更加同情我，因为我至少演算了七十次之多，我在这上面耗费了大量时间，读者诸君也不必怀疑，自从我开始研究火星以来，已经过去五年了。”[19]时光飞逝；人肉计算机开普勒也完成了他的迭代。

最终，计算完成。开普勒带着有史以来最准确的圆形和球体理论站在了火星面前。

读者也翻开了他的著作。

“谁会想到居然会有这种理论？尽管这个假说跟日落时的观测结果十分吻合，但它依然是有问题的……”[20]

开普勒的纬度并不完美，这也在预料之中。他的经度在火星位于其轨道顶端的时候也会有8弧分以内的误差。如果一切都完美无缺，则经度偏差可以控制在4弧分以内，这是前所未闻的精度。[21]但对开普勒而言，这还不够好。

> 神的仁慈为我们派来了一个最勤奋的观测者——第谷·布拉赫，我们可从他对火星的观测数据中看到托勒密的计算产生的8弧分误差，我们理应怀着感恩之心承认并敬佩上帝的这个恩赐……单单这8弧分便引领了全部天文学领域的改革之路，并且成为目前大部分天文工作的出发点。[22]

开普勒的第一个解决方案差不多等于是直接放弃。因为他称这个理论为“替代假说”，因为尽管他知道这个假说为误，但它还是足够好，从而可用来测试后来所有的理论。凭借这个方法，开普勒用错误在荆棘丛中开辟了一条通往成功的道路。

大混乱

开普勒又停了下来。他停顿了一下，或者至少在最终开始思考现有的实验证据时，他不得不暂时停下来。至此，他手上握有托勒密、哥白尼和第谷等人的天文学基本模型，每个模型都有其最普遍的可能形式，但每一个都不尽如人意。在这种情况下，人们除了回到哲学的源头，还能做什么，还能去往何方呢?

“我现在要做好准备，”开普勒说道，“不是经由任意的假设，而是从事物的本质出发。”[23]于是，开普勒从头开始重建他的天文学。

> 我的第一个错误是假设行星的运行轨道为正圆形，这个假设因为受到所有哲学权威的背书而让我白白浪费了时间，也正因此，它尤其有利于形而上学……[24]
>
> ……于是，卵形就成了替代正圆形的路径。[25]

开普勒的卵形很让人好奇，但还不至于让人惊讶；一旦讲清楚，它可能也不过是本轮的某种组合形式。但首先要让人知道它的存在。

从数学角度讲，“卵形”是个令人沮丧的模糊词语，因为多数似圆但非正圆的形状都缺乏几何学上的定义。[26]这个词不过意味着“蛋的形状”。开普勒不知道如何处理它，只能一点儿一点儿零敲碎打地艰难前行。[27]接下来，他还是把这个形状当作圆形处理。[28]而他的表述也变得越发晦涩。

> 于是，我开始把圆形分成360个部分，就好像它们是最小的组成部分，我认为在这样的部分里，行星与太阳的距离不会发生变化。
>
> 这个过程很机械也很烦琐。[29]

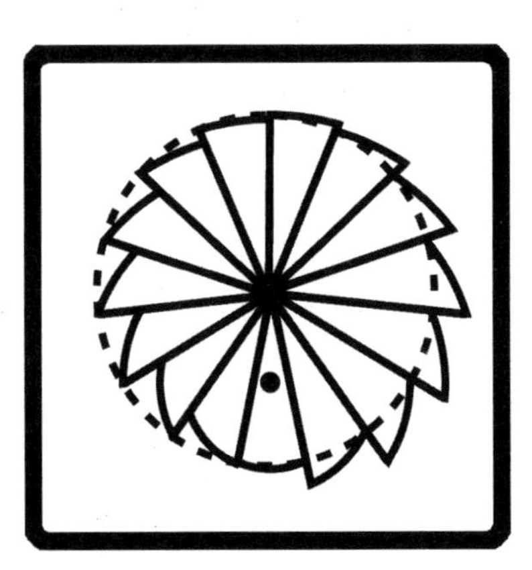

开普勒第一次尝试以15个（而非360个）部分做出说明（真实的轨道为虚线）。

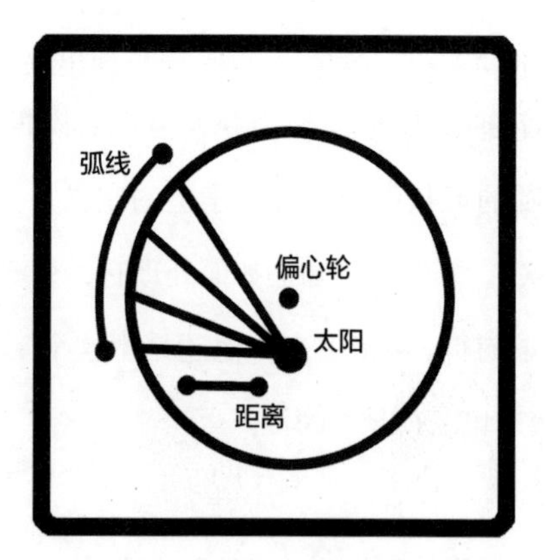

任何弧线都包含无数与中心点可能的距离
（图中画出了四种可能）。

开普勒是用不连续表示法模拟连续轨道的。即便他是台不眠不休的计算机，也没办法应付如此不精确、不切实际、细碎繁复的计算过程。“除非我们能发现弧线与圆心的所有距离之和，”他意识到，“（它们在数量上是无限的）否则我们不能说任何一个距离的时间增量到底有多大。”[30]

放弃这种算法之后，开普勒用一个奇特而惊人的假设进行了类比：轨道上的一段弧线与圆心的距离之和是无限的，但它可用弧线和圆心组成的扇形面积来表示。

这是直觉的一次无可证明的飞跃，也是有限中的无限，更是不连续中的连续性。不到三个世纪之前，经院哲学家们就经常写道：无限和有限之间缺乏比例关系。[31]

开普勒悲伤地意识到，自己即将得出不可思议的神秘结论，但即便他的工作无法被人理解，也必须呈现出来，只有这样，世人才能理解他思想的复杂性、敏锐性和易变性。开普勒迷惑了周围所有人，尤其是他自己。

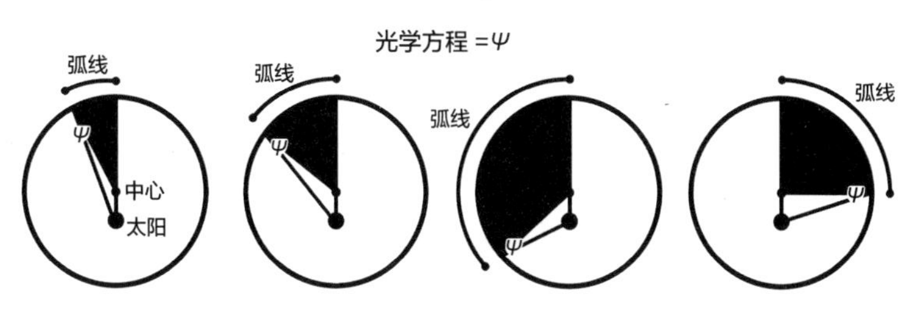

光学方程，图中所示为不同弧形的大小。弧线和圆心组成的扇形面积用黑色表示。

与弧线跟圆心的距离之和相比，弧线和圆心组成的扇形面积是个更容易处理的问题。开普勒只需求出去掉弧形面积之后“剩余的”那点三角形面积即可。这个三角形包含一个被开普勒称为“光学方程”的角度，因为它代表了轨道上的人所见的真实太阳和假设的平均太阳之间的距离。[32]

开普勒更喜欢用一种简捷的方法来求解光学方程。他从弧线一端向拱点线作了一条垂直线，并且证明了这条“捷径”与光学方程的扇形面积成正比。开普勒解出了这个直角三角形的光学方程，并将其命名为全正弦（whole sine）。[33]我们很容易用这个全正弦乘捷径的长度得到光学方程的捷径三角形面积。

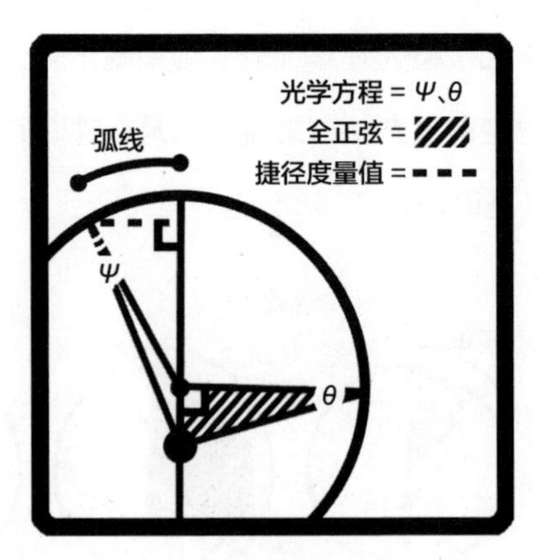

光学方程。

这个奇特的解法并不完美！这个方法假定了光学方程的三角形总是直角三角形（正如全正弦所示）。开普勒随即发现了这个错误，并给出了解释。

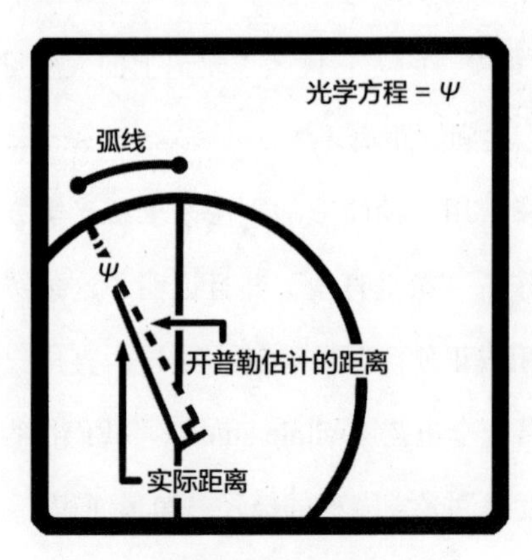

扩展成直角的光学方程。

然而事实证明，这个基于面积的不完美答案恰好正确地描述了真实的轨道。但是开普勒很快也意识到，轨道并非卵形。这个淘气鬼是真的已经知道，还是说他只是从直觉上意识到了这一点？为何他好像总是能够预知未来？

就在此刻，开普勒的注意力从面积转向了距离。测量了弧线与圆心的实际距离和他自己的估算距离后，开普勒把二者并列，得出了只有现代人才能理解的东西，这很可能就是有史以来第一个函数图。[34]

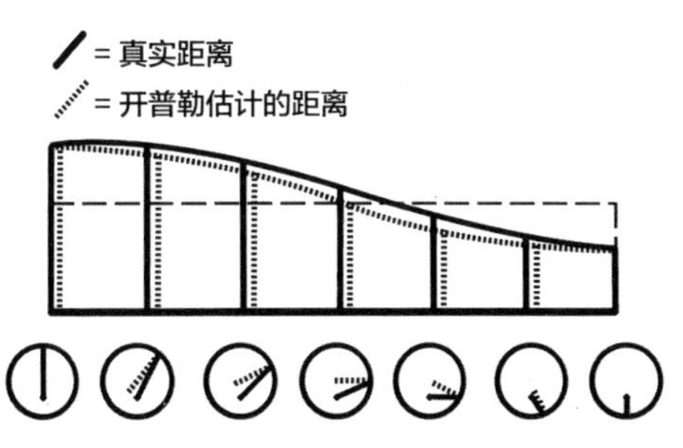

开普勒得出的估算距离总是穿过圆心，并与太阳到火星的真实距离形成直角三角形。

瞧瞧这奇怪的图形！开普勒的估算距离就是一条和谐而充满艺术感的波纹，而真实的距离则显得很奇特、不对称，而且有些丑陋和畸形。他由此意识到，面积和距离尽管有关系，但不能把它们完全等同。最后，他干脆选择放弃，并断定“此刻，这些已经不重要了”。[35]

目前，许多一流的几何学家偶尔也会在一些看不到什么用处的事情上费尽心思。

我呼吁大家帮我在这里找到一个与距离之和相等的平面图。[36]

开普勒问错人了。因为所有这些计算、所有的古怪术语和故弄玄虚，都是他与几何学家们无法想象的问题相互交织的结果。开普勒的解法预示的是一种全新的数学语言，一种远远超出了几何学或代数学的微积分学。

开普勒从小就渴望获得预言的天赋。

草率之人

俗话说“性急的狗养出瞎眼的崽”，这说的就是我。[37]

开普勒十分热衷于讽刺，对他来说，发现无知和纠正无知一样让他开心。哥白尼“对自己的财富一无所知”，[38]开普勒在《新天文学》中写道；第谷亦是如此，“跟多数富人一样，他不知道如何正确使用自己的财富”。[39]开普勒自己也没能逃脱这个命运。

开普勒把距离和面积混为一谈[40]，但很快，他就能再次完成高超的整合。只是他太过心急了。

如果当初踏上这条路时，我再深思熟虑一些，也许很快就能得出事情的真相。但由于想做的事情太多，我并没有注意到所有的细节，而是被直觉（本轮运动的统一性体现的奇妙可能）裹挟，于是我走进了新的迷宫。[41]

开普勒放弃了目前思考的卵形，并再次回到了他的替代假设，他要修改这个假设以适应卵形。[42]开普勒可以用此前的光学方程方法模拟这个卵形，但这样做还是会得出同样的错误。开普勒哭丧着说："再次呼吁，能够解决这个难题的几何学家在哪里？"[43]于是，开普勒最终改变了主意。

在此前几章的描述中，开普勒一直在跟某种丰腴的图形纠缠不休。这个卵形的转折假设"与椭圆没有两样"，他再次意识到，"似乎火星的轨道就是个标准的椭圆……"[44]哦！为何不用这种近似进行估算呢，为何不直接……

假设它为标准的椭圆呢。[45]

说话间，这个奇特而优雅的孩子就跟养育自己上千年的父母撇清了关系：正圆形生卵形，卵形生椭圆形，椭圆最终成了开普勒的理论基础。此间没有宗派，没有纷争，所见之处不过是一个小男孩儿独自带着他的理论，在黑暗中大笑。开普勒写道："就好像从中间的地方挤压油脂四溢的香肠，香肠中填满了碎肉，人们要把碎肉从香肠两端挤出。”[46]

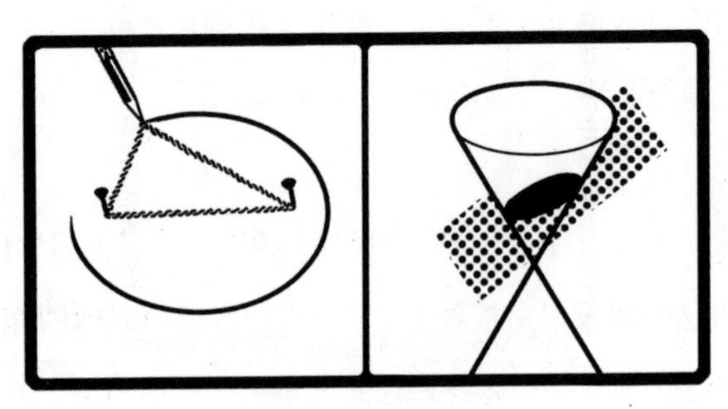

椭圆的两种制作方法。

椭圆的定义很简单。它有两个焦点：取一节绳子，然后将其绕两个不同的点形成一个圈。现在，用铅笔的端点拖着绳子形成一个绷紧的三角形，接着让铅笔端绕这两点旋转，椭圆就画好了。而在开普勒的作品中，这个椭圆被更合理地理解为圆锥的闭合平面交点。

众所周知，椭圆和正圆的区别在于计算方法。至此，开普勒可以把注意力转移到一种新的方法上了，就是介于两个形状之间的“小月”（little moons或者lunulae，即手指上的月牙白，开普勒此处指的应该是某椭圆大于以其短轴为直径的正圆的部分，见下图——译注）。

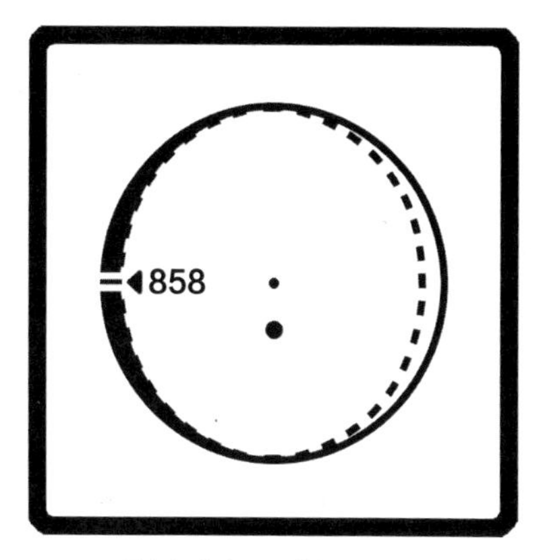

黑色部分表示开普勒的小月。

开普勒的椭圆偏离了。小月的最大宽度为858/100000。“经过一番计算”，开普勒发现正确答案应为429/100000。

他的答案已经很接近实际结果了，但缺乏证明。他从哪里得到429这个数值的呢？

我们来听听这位发现者对于这个启示是如何解释的吧。

> 因此，我开始思考这样的宽度产生的原因，以及切割它的办法。内心焦灼地思忖这个问题之际，我想到这一切都还未加证明，于是，我在火星运行轨迹上取得的成绩就变得徒劳了。就在此时，我碰巧发现了5°18′这个正割角度，这也是最大光学方程的度量值。而当我发现这个值应为100 429（原书如此——编者注）之后，我仿佛从睡梦中

惊醒了，眼前出现了新的景象。我开始思考……[47]

他想到了椭圆。他想到了椭圆中的小月。他还发现了小月产生的原因。真相就在眼前。

有趣的是，就在即将成功之际，这位草率之人又匆匆转身离开。开普勒就像宫廷里的小丑和莎翁戏剧中的傻瓜，他嘲弄着真理，朝一端挤压椭圆，直到它看上去就像个真正的卵或者巨蛋。[48] 但即便事情都到了这个地步，开普勒还是很幽默，这个卵形也成了他的"浮肿脸颊的轮廓"：一场突如其来的可笑失败。"我是多么可笑啊！"开普勒笑对眼前的困难。

两大定律

开普勒第一定律：行星的轨道为椭圆，太阳位于椭圆的一个焦点上。

开普勒第二定律：每颗行星和太阳的连线在相等的时间内扫过的面积相等。

新物理学

6月的一个晴朗日子里，开普勒手攥一把刀坐在一顶厚厚的帐篷外，此刻他正在一个破旧的木制装置上雕刻凹槽。一根长长的水平柱子上，几块仔细测量过的木板几乎垂直地竖立着，这根柱子就像悬臂起重机一样在承插式接头上摆动着。整个装置紧挨地面，其底部是一个宽大而笨重的长方形框架。开普勒把它拖回临时搭建的暗室，最后仅有柱子的铜色顶端透过了帐篷的窗帘。这一切发生在午饭之后不久的格拉茨集市广场上。镇上的人路过的时候，可能会对这突如其来的场景困惑不已，但他们的注意力很快就转向正午突然黯淡下去的天空。

帐篷里面，开普勒试着滑动并转动了柱子后，一切都已准备就绪。外面的光线从装置上细小的针孔射入暗室，直达最左边的凹槽上。入射的光线经过投射和反射之后，在凹槽上形成了倒影，直到最后被冰冷的月亮从左到右一个个吞噬：这就是世界上绝无仅有、放映最慢的电影。

电影表现的是太阳的形象。[49]

开普勒为了观测日食而制作了一个暗箱（camera obscura）。他在《光学》一书中描述了这个装置，并用这项研究解决了第谷在折射光学领域遇到的许多问题。但开普勒在操作暗箱方面并不是最擅长的。尽管不常见，但第谷的大量日志有时候也无法提供人们所需的记录，于是，开普勒会开玩笑说“我会用自己的观测为你们带来一场小丑表演”。[50]然而，尽管有些不情愿，但为了验证自己的力量，他还是做了演示。虽然发现了两大定律，但开普勒的远大目标并非旨在说明事物的状态，而在于弄明白事物产生的原因。

《新天文学》不仅关注行星轨道的形状，而且很快也开始关注起了这种形状产生的原因，就像《奥秘》一书一样。亚里士多德曾对此给出过自己的答案，开普勒告诉我们，亚里士多德“为每颗行星都赋予了独特的心灵，最后，这些行星成了诸神，永久地管辖着天体运动。他还为行星赋予了动人的灵魂”。[51]

行星被诸神驱动，并且赋有独特的灵魂：这是古老形而上学的象征。这种说法为行星赋予了一定的意向性，仿佛它们就是小脑袋、大身体的星系漫游者。但是开普勒拒绝这种信念，这是他无法做到的信仰跃升。

开普勒宣称，“第谷·布拉赫用最确定的论证打破了天体轨道的稳定性，而在此前，固定的轨道一直像拐杖一样，服务于这些漫无目的移动的灵魂，为他们找到指定的路线”。[52]传统的托勒密天文学也能解释开普勒奇怪的椭圆轨道（只要附加的本轮足够多，它能解释任何轨道），[53]但是开普勒不会这么做。拒绝祖师爷后，开普勒不得不亲自开宗立派，并提供一个替代方案：一种新的“原因”。

《新天文学》一书的副标题是“基于因果律或天体物理学”。而正文第三部分的标题则是“深入天文学内核的关键，对天体运动之物理原因的大量考察”。而开普勒的光学方程也有个唤作“物理方程”的堂兄弟。[54]

面对行星运动的问题，开普勒发明了天体物理学。[55]

这项发明完全由他独自完成，这个独特的想法把第谷按照哥白尼天文学理解的观测数据，融入开普勒的和谐世界理论之中。在他看来，行星不是被单独的灵魂所推动的，而是由单独的物理力量推动的。从一开始，开普勒就审视了自己全部的经验，而且还夜以继日地查阅资料，并最终找到了别的力量。他还从行动的世界、自己每天早晨睁开眼就要和头顶闪耀的太阳打交道的世界寻找启发。[56]开普勒称这种物理学上的力为“种子”或“推动力”。

> 太阳内部隐藏着某种神圣的东西，跟我们的灵魂比较类似。这种从太阳内部流出的种子推动着行星旋转，就像扔鹅卵石的人的灵魂释放出的运动种子一样，后者存在于被扔出的鹅卵石中。即便这个人的手已经放开，种子依然存在。对于那些沉着思考的人而言，他们很快就能有其他的思考。[57]

开普勒对物种和太阳的中心地位抱有十足的信心，他几乎认为这些事情无须论证，尽管他还是这样做了。

> 如果我刚才通过漫长推理证明的事项为后验的（得自观测数据），其本性又属于先验的（得自太阳的价值和卓越本性），那么，世界上各种生命的源头就和点缀了整个世界—机

器的光源一样，都是万物得以生长的能量源泉。我想我对此也有同样的发言权。[58]

开普勒认为，种子的力量会随着它们传播的距离的增加而成比例地减弱。他曾在《光学》一书中指出，光线的强度也几乎以同样的方式衰减，不过其衰减系数为传播距离的平方。

如果我做哲学的方式让人感觉比较激进，我就会向读者提供清楚明白的光学示例，因为它的巢穴就是太阳。[59]

就所有方面和全部属性而言，来自太阳的动力与光线一致。[60]

但是两者在各方面都不尽相同。最终碰巧发现椭圆后，开普勒提出了名为“交互作用”（reciprocation）的新物理学假设，它导致行星偏离了正圆的轨道。这种交互作用涉及一种完全不同且几乎不为人知的力量：磁力。每颗行星就像磁铁上排斥和吸引的两极，它们会根据自己的在轨位置推拉自身，进而形成椭圆轨道。太阳是一个灿烂的单极，总是对其他行星施加吸引力。开普勒从英国人威廉·吉尔伯特（William Gilbert）不久前出版的《论磁石》（*On the Magnet*）一书中了解到许多关于磁力的知识，后者还创造了“电”这个词。

> 如果所有的行星都是硕大无比的圆形磁石又会怎样？地球毫无疑问是磁石。威廉·吉尔伯特已经证明了这一点……[61]
>
> 这种交互作用的方法是在没有思想的作用下实现的，它经由行星内部的磁力产生。尽管这种力独立存在，但它也依赖于人们对太阳这个外在物体的定义，因为这种力既可以定义为朝向太阳的引力，也可以定义为背离它的引力。[62]

电磁力是个难解之谜。吉尔伯特没能解决这个问题，他只是开启了英格兰科学中一个漫长而复杂的传统，这门学问后来才慢慢地获得声望。

开普勒也没能解决这个问题。

> 如果这个磁力的例子证明了我们提出的机制的一般可能性，我就很满意了。但我对这个机制的细节还有很多疑问。[63]

最终，开普勒所谓的种子当然不是光，也不是电磁力，它就是万物之源，一种完全不同的物理力。它诞生于思路活跃之人不经意的推测，并在一番理论推演后，达到了宗教般的确定性。其中的疑难会被另外一部作品解决，其作者是下一位伟大的“种子”物理学家，迟早会出现。

在那些知道未来会发生什么的为数不多的博览群书的科学

家们之中，他们可能会理所当然地感到些许遗憾，但同时对开普勒等人的想象力和实验精神赞叹不已。开普勒的解决方案没有说服任何人。他把种子撒在了荒芜的土地上，而他自己则是唯一的开垦者。但历史会不会因此更加丰富多彩和波澜壮阔，是否会出现更多的种子，不仅只有一种，而是会出现两种、三种或四种不同的新物理学？唉，历史是历史，世界是世界，超越世界的唯有书籍。

《新天文学》的末尾转向了更加精确的改进工作，开普勒开始考虑行星纬度的细节。“只要我们还不满足，”他写道，“现实会迫使我们把此处的讨论……还有其他许多问题留给后人。如果上帝真的愿意给人类足够的时间来彻底解决这种问题，他会为此感到欣慰。”[64]

进一步阅读指南

此处所列参考文献极为简略，主要为那些偏好收集材料但主要旨在追求阅读乐趣的读者拟定的。本参考文献主要罗列了目前在售的英文书籍。

首先声明，没有比一手文献更好的材料来源了，所以我强烈建议感兴趣的读者尝试翻译。诚然，这些作品读起来很难，但对于愿意花费时间的人来说还是很值得的。爱德华·罗森（Edward Rosen）翻译了哥白尼的全部著作，他的作品中最通俗易懂的是《哥白尼的三篇论文》（*Three Copernican Treatises*），由多弗出版社再版。第谷·布拉赫的作品没有在售的英文版。约翰内斯·开普勒的作品则是出了名的难啃，他的很多作品的译本都已绝版。超级独立的绿狮出版社推出了开普勒的《新天文学》中的一些选辑，我强烈推荐这个版本。如果读者愿意的话，多纳休（Donahue）的完整译本的第二个版本也可从这家出版社购得。我认为这个译本非常不错，其尽可能地保留了开普勒的文风。如果结合布鲁斯·斯蒂芬森（Bruce Stephenson）那本精彩的《开普勒的物理天文学》（*Kepler's Physical Astronomy*）一起阅读，甚至那些仅有几何学基础知识的人也能读懂这本书的大部分内容。伽利略·加利莱伊的作品在数学趣味上远不如其他人，但其优点是可读性极强。我特别推荐阿尔贝特·范黑尔登（Albert Van Helden）翻译的《星际信使》，也很推荐莫里斯·菲诺基亚诺的《伽利略事件：伽利略的历史纪实》（*The Galileo Affair*：*A Documentary History*，下文简称《事件》），以及伽利略的《对话》的简略译本——《伽利略论世界体系》（*Galileo on the World Systems*）。此外，如果读者愿意深入了解克里斯托弗·沙伊纳的小众话题，我认为范黑尔登与艾琳·里夫斯（Eileen Reeves）合著的《太阳黑子》（*On Sunspots*）不仅学术造诣高超，而且文笔极佳。

至于二手文献，倒是有几本我认为不错的历史作品，而且文献价值也很高。约翰·克里斯蒂安松（John Christianson）的《第谷的小岛》（*On Tycho's Island*）就是一部非常精彩的作品，它生动地还原了当时的时空场景。该书整个后半部分就是一部在第谷手下工作过的人的传记词典，但即便只是这一部分读起来也很过瘾。《伽利略的望远镜：一个欧洲故事》（*Galileo's Telescope*：*A European Story*）则是几位作者［马西莫·布钱蒂尼（Massimo Bucciantini）、米歇尔·卡马罗塔（Michele Camarota）、弗朗哥·朱迪切（Franco Giudice）、凯瑟琳·博尔顿（Catherine Bolton）］合作的产物，该书讲述了望远镜对欧洲的总体影响。这本书缺乏单独作者的流畅性，但如果把每部分当作一个小故事来读则非常合适。马克斯·卡斯帕（Max Caspar）的《开普勒》（*Kepler*）和斯蒂尔曼·德雷克（Stillman Drake）的《工作中的伽利略》（*Galileo at Work*）则是两本信息量大且不涉及专业细节的传记，如果不嫌麻烦的话，任何人都能愉快地读下来。

最后，读者也可以关注一些网上的资源。首先是伽利略、开普勒和第谷等人未被翻译成英文的作品集，它们都能在大名鼎鼎的网站http：//archive.org上找到，该网站还包含很多公版传记。如果读者不介意在电脑上阅读过时的文献，我会推荐玛丽·艾伦－奥尔尼（Mary Allan–Olney）的《伽利略的私生活》（*Private Life of Galileo*）、M.W.伯克－加夫尼（M.W.Burke–Gaffney）的《开普勒与耶稣会士》（*Kepler and the Jesuits*），以及詹姆斯·布罗德里克（James Brodrick）的《罗伯特·贝拉尔米内：圣人与学者》（*Roberto Bellarmino*：*Saint and Scholar*）。波兰也在互联网上展现了自己的民族自豪感：http：//copernicus.torun.pl/en/网站上有丰富的哥白尼传记资料和一些经过翻译的小作品。丹麦皇家图书馆也存有汉斯·雷德（Hans Raeder）翻译的布拉赫对其天文工具的描述资料，见http：//www.kb.dk/en/nb/tema/webudstillinger/brahe_mechanica/。最后，读者还可以查看有目共睹的伽利略计划（见

http : //galileo.rice.edu/)，它本身就能说明问题。

对注释的说明

此处的参考文献几乎包含了我反复引用的所有著作，其他大量资料来源（多为文章）都在尾注中有完整引用。

参考文献

一手文献

原著

Brahe, Tycho. *Tychonis Brahe Dani Opera Omnia*. Comp. J. L. E. Dreyer. Hauniæ：In Libraria Gyldendaliana，1913. Cited as TBOO.

Galilei, Galileo. *Le Opere Di Galileo Galilei*. Comp. Antonio Favaro. Firenze：Barbera，1890. Cited as *Opere*.

Kepler, Johannes. *Gesammelte Werke*. Comp. Max Caspar and Walther Von Dyck. München：Beck，1940. Cited as KGW.

Kepler, Johannes. *Joannis Kepleri Astronomi Opera Omnia*. Comp. Christian Frisch. Heyder & Zimmer，1858. Cited as OO.

原著译本

Brahe, Tycho. *Tycho Brahe's Description of His Instruments and Scientific Work*, *as given in Astronomiae Instauratae Mechanica* (*Wandesburgi 1598*). Trans. Hans Raeder. København : I Kommission Hos E. Munksgaard, 1946. Cited as *Mechanica*.

Copernicus, Nicolaus. *On the Revolutions*. Trans. Edward Rosen. Edited by Jerzy Dobrzycki. Polish Scientific Publishers, 1978. Cited as *De Rev*.

Copernicus, Nicolaus. *Three Copernican Treatises*. Trans. Edward Rosen. New York : Octagon, 1979. Cited as *3CT*.

Copernicus, Nicolaus, Edward Rosen, and Erna Hilfstein. *Minor Works*. Baltimore : Johns Hopkins University Press, 1992. Cited as *Minor*.

Galilei, Galileo. *Operations of the Geometric and Military Compass 1606*. Trans. Stillman Drake. Washington : Smithsonian Institution, 1978. Cited as *Compass*.

Galilei, Galileo. *Dialogue Concerning the Two Chief World Systems*, *Ptolemaic & Copernican*. Trans. Stillman Drake. Berkeley : University of California, 1967. Cited as *Dialogue*.

Galilei, Galileo, Horatio Grassi, Mario Guiducci, and Johannes Kepler. *The Controversy on the Comets of 1618*. Trans. Stillman Drake and Charles Donald O'Malley. University of Pennsylvania Press, 1961. Cited as *Comets*.

Galilei, Galileo. *Sidereus Nuncius, or, the Sidereal Messenger.* Trans. Albert Van Helden. University of Chicago Press, 2015. Cited as *Sidereus*.

Galilei, Galileo. *Dialogues Concerning Two New Sciences*. Trans. by Henry Crew and Alfonso de Salvio. Dover Publications, 1954. Cited as *Two*.

Galilei, Galileo. *The Galileo Affair: A Documentary History*. Ed. Finocchiaro, Maurice. University of California Press, 1989. Cited as *Affair*.

Galilei, Galileo, and Christoph Scheiner. *On Sunspots*. Trans. Eileen Reeves and Albert Van Helden. University of Chicago Press, 2010. Cited as *Sunspots*.

Galilei, Maria Celeste. *To Father: The Letters of Sister Maria Celeste to Galileo, 1623-1633*. Trans. Dava Sobel. London: Fourth Estate, 2008.

Kepler, Johannes. *The Secret of the Universe* (*Mysterium Cosmographicum*). Trans. E. J. Aiton. New York: Abaris, 1981. Cited as *Secret*.

Kepler, Johannes. *Astronomia Nova: New Revised Edition*. Trans. William H. Donahue. Sante Fe: Green Lion, 2015. Cited as *Nova*.

Kepler, Johannes. *Optics: Paralipomena to Witelo & Optical*

Part of Astronomy. Trans. William H. Donahue. Green Lion Press, 2000. Cited as *Optics*.

Kepler, Johannes. *Kepler's Somnium; the Dream, or Posthumous Work on Lunar Astronomy*. Trans. Edward Rosen. Madison: University of Wisconsin, 1967. Cited as *Somnium*.

Kepler, Johannes, Aiton E. J., Duncan A. M., and Field J. V. *The Harmony of the World*. Philadelphia: American Philosophical Society, 1997. Cited as *Harmony*.

Kepler, Johannes. *Kepler's Conversation with Galileo's Sidereal Messenger*. Trans. Edward Rosen, 1965. Cited as *Conversation*.

Kepler, Johannes. *The Birth of History and Philosophy of Science: Kepler's A Defense of Tycho against Ursus, with Essays on Its Provenance and Significance*. Trans. Nicholas Jardine. Cambridge University Press, 1988. Cited as *Defense*.

Ptolemy. *Ptolemy's Almagest*. Trans. G. J. Toomer. London: Gerald Duckworth, 1984.

二手文献

Allan-Olney, Mary. *The Private Life of Galileo: Compiled Primarily from His Correspondence and That of His Eldest Daughter, Sister Maria Celeste, Nun in the Franciscan Convent of St. Matthew, in Arcetri.* Boston : Nichols and Noyes, 1870. Cited as *Private.*

Baumgardt, Carola. *Johannes Kepler : Life and Letters.* New York : Philosophical Library, 1951.

Biagioli, Mario. *Galileo, Courtier : The Practice of Science in the Culture of Absolutism.* University of Chicago, 1993. Cited as *Courtier.*

Biagioli, Mario. *Galileo's Instruments of Credit : Telescopes, Images, Secrecy.* University of Chicago, 2007. Cited as *Credit.*

Bethune, John Elliot Drinkwater. *The Life of Galileo Galilei, with Illustrations of the Advancement of Experimental Philosophy ; Life of Kepler.* London : n.p., 1830. Cited as *Life.*

Bindman, Rachel Elisa. *The Accademia dei Lincei : pedagogy and the natural sciences in counter-reformation Rome.* Diss. University of California, Los Angeles, 2000. Cited as *Pedagogy.*

Birkenmayer, Ludwik Antoni. *Nicolas Copernicus : Part One Studies on The Works of Copernicus and Biographical Materials.* Trans. Zofia Potkowska, Zofia Piekarec, Jerzy Dobryzycki, and Michał Rozbicki. Comp. Owen Gingerich. Ann Arbor, Michigan : University Microfilms International, 1981.

Brodrick, James. *The Life and Work of Blessed Robert Francis, Cardinal Bellarmine, S. J.* Burns Oates and Washbourne, 1928. Two volumes. Cited as *Blessed.*

Brodrick, James. *Roberto Bellarmino : Saint and Scholar*. Westminster : Newman Press, 1961. Cited as *Saint*.

Bucciantini, Massimo. *Galileo e Keplero : Filosofia, Cosmologia e Teologia nell'Età della Controriforma*. Torino : G. Einaudi, 2007. Cited as *Keplero*.

Bucciantini, Massimo, Michele Camerota, Catherine Bolton, and Franco Giudice. *Galileo's Telescope : A European Story*. Cambridge, MA : Harvard University Press, 2015. Cited as *European*.

Burke–Gaffney, M. W. *Kepler and the Jesuits*. Milwaukee : Bruce, 1944.

Caracciolo, Allì, editor. *Filippo Salviati Filosofo Libero : Atti Del Convegno Nel IV Centenario Della Morte, 18-20 Novembre 2014, Universitaìe Degli Studi, Macerata–Scuola Normale Superiore, Pisa*. Eum, 2016. Cited as *Salviati*.

Caspar, Max. *Kepler*. Trans. C. Doris Hellman. London : Abelard–Schuman, 1959.

Christianson, J. R. *On Tycho's Island : Tycho Brahe and His Assistants, 1570–1601*. Cambridge University Press, 2000. Cited as *Island*.

Danielson, Dennis Richard. *The First Copernican : George Joachim Rheticus and the Rise of the Copernican Revolution*. New York : Walker, 2006.

Dobrzycki, Jerzy, editor. *The Reception of Copernicus Heliocentric Theory*. Springer Verlag, 2010.

Drake, Stillman. *Galileo at Work : His Scientific Biography*. Chicago : University of Chicago, 1978. Cited as *Work*.

Drake, Stillman. *Galileo Studies : Personality, Tradition, and Revolution*. Ann Arbor : University of Michigan Press, 1970. Cited as *Studies*.

Drake, Stillman. *Galileo : Pioneer Scientist*. University of Toronto Press, 1994. Cited as *Pioneer*. Dreyer, J. L. E. *History of Astronomy from Thales to Kepler*. New York : Dover Publications, 1953.

Dreyer, J. L. E. *Tycho Brahe ; a Picture of Scientific Life and Work in the Sixteenth Century*. New York : Dover Publications, 1963.

Evans, Richard J. *Rudolf II and His World : A Study in Intellectual History, 1572–1612*. Clarendon Press, 1973. Cited as *Rudolf*.

Favaro, Antonio. *Amici E Corrispondenti Di Galileo Galilei*. Venezia : C. Ferrari, 1906. Cited as *Amici*.

Favaro, Antonio. *Galileo Galilei E Lo Studio Di Padova*. Firenze : Successori Le Monnier, 1883. Cited as *Studio*.

Favaro, Antonio. *Galileo Galilei e Suor Maria Celeste*. G. Barbéra, Editore, 1891. Cited as *Maria*.

Ferguson, Kitty. *Tycho & Kepler : The Unlikely Partnership That Forever Changed Our Understanding of the Heavens*. New York : Walker, 2002.

Field, J. V. *Kepler's Geometrical Cosmology*. London : Bloomsbury Academic, 2013. Cited as *Cosmology*.

Finocchiaro, Maurice A. *Retrying Galileo : 1633–1992*. University of California Press, 2005.

Freely, John. *Celestial Revolutionary : Copernicus, the Man and His Universe*. London ; New York : Tauris, 2014.

Friis, F. R. *Sofie Brahe Ottesdatter : En biograpfisk Skildring*. København : G. E. C. Gad's Universitetsboghandel, 1905.

Gabrieli, Giuseppe. *Contributi Alla Storia Della Accademia Dei Lincei*. Accademia Nazionale Dei Lincei, 1989. Cited as *Contributi*.

Gade, John A. *The Life and Times of Tycho Brahe*. Princeton : Princeton University for the American–Scandinavian Foundation, 1947.

Geymonat, Ludovico. *Galileo Galilei : A Biography and Inquiry into His Philosophy of Science ; Foreword by Giorgio De Santillana*. Trans. Stillman Drake. New York : McGraw–Hill, 1965.

Gingerich, Owen. *The Eye of Heaven : Ptolemy, Copernicus, Kepler*. International Society for Science and Religion, 2007.

Gingerich, Owen. *The Book Nobody Read : Chasing the Revolutions of Nicolaus Copernicus*. New York : Walker, 2004.

Gingerich, Owen, and James MacLachlan. *Nicolaus Copernicus : Making the Earth a Planet*. New York : Oxford University Press, 2005.

Goddu, André. *Copernicus and the Aristotelian Tradition : Education, Reading, and Philosophy in Copernicus's Path to Heliocentrism*. Leiden : Brill, 2010.

Górski, Karol. *Łukasz Watzenrode, życie i działalność polityczna (1447–1512)*. Vol. 10. Zakład Narodowy im. Ossolińskich, 1973. Cited as *Lukasz*.

Grindely, Anton. *Rudolf II Und Seine Zeit*. Prague Carl Bellmann's Berlag : 1865. Cited as *Zeit*.

Heilbron, J. L. *Galileo*. Oxford : Oxford University Press, 2010.

Hellman, C. Doris. *The Comet of 1577 : Its Place in the History of Astronomy*. New York : Columbia University Press ; London : P. S. King & Staples, Ltd., 1944.

Kesten, Hermann. *Copernicus and His World*. Trans. E.B. Ashton, Norbert Guterman New York : Roy, 1945.

Koestler, Arthur. *The Sleepwalkers : The History of Man's Changing Universe*. New York : Macmillan Company, 1959. Cited as

Sleepwalkers.

Koyré, Alexandre. *The Astronomical Revolution : Copernicus—Kepler—Borelli*. Trans. R.E.W. Maddison. Ithaca, NY : Cornell University Press, 1973.

Koyré, Alexandre. *Galileo Studies*. Trans. John Mepham. New Jersey : Humanities Press, 1978.

Koyré, Alexandre. *To the Infinite Universe : From the Closed World*. The Johns Hopkins Press, 1957.

Kremer, Richard L., and Jarosław Włodarczyk, eds. *Johannes Kepler : From Tübingen to Żagań*. Warsaw : Institut Historii Nauki PAN, 2009.

Kuhn, Thomas S. *The Copernican Revolution : Planetary Astronomy in the Development of Western Thought*. Cambridge, MA : Harvard University Press, 1957.

McMullin, Ernan, comp. *Galileo : Man of Science*. New York : Basic, 1967.

Mosley, Adam. *Bearing the Heavens : Tycho Brahe and the Astronomical Community of the Late Sixteenth Century*. Cambridge : Cambridge University Press, 2007. Cited as *Bearing*.

Needham, Joseph, and Ling Wang. Science and Civilisation in China. Cambridge : Cambridge University Press, 1956

Pedersen, Olaf, and Alexander Jones. *A Survey of the Almagest.* Springer, 2011. Cited as *Survey.*

Neugebauer, O. *A History of Ancient Mathematical Astronomy.* v. 1 & 2. Heidelberg, Berlin : Springer-Verlag, 1975. Cited as *Ancient.*

Prowe, Leopold. *Nicolaus Coppernicus.* v. 1, 2. Berlin, Germany : Weidmannsche Buchhandlung, 1883.

Ricci-Riccardi, Antonio. *Galileo Galilei e Fra Tommaso Caccini. Il Processo Del Galilei Nel 1616 e L'abiura Segreta Revelata Dalle Carte Caccini.* 1902. Cited as *Caccini.*

Rosen, Edward. *Copernicus and the Scientific Revolution.* Malabar, FL : Krieger, 1984.

Rosen, Edward. *Copernicus and His Successors.* London : Hambledon, 1995.

Rosen, Edward. *Three Imperial Mathematicians : Kepler Trapped between Tycho Brahe and Ursus.* New York : Abaris, 1986.

Rothman, Aviva Tova. "Far from Every Strife : Kepler's Search for Harmony in an Age of Discord." (2012) : *Princeton Dataspace.* Web. 16 Feb. 2017. http : //dataspace.princeton.edu/jspui/bitstream/88435/dsp018623hx767/1/Rothman_princeton_0181D_10092. pdf. Cited as *Strife.*

Rowland, Ingrid D. *Giordano Bruno : Philosopher/Heretic.* New

York：Farrar, Straus and Giroux，2008.

Rublack, Ulinka. *The Astronomer and the Witch：Johannes Kepler's Fight for His Mother*. Oxford University Press，2015. Cited as *Witch*.

Santillana, Giorgio de, *The Crime of Galileo*. University of Chicago，1955. Cited as *Crime*.

Shea, William R., and Mariano Artigas. *Galileo in Rome：The Rise and Fall of a Troublesome Genius*. New York：Oxford University Press，2005. Cited as *Rome*.

Stephenson, Bruce. *Kepler's Physical Astronomy*. New York：Springer–Verlag，1987. Cited as *Physical*.

Stephenson, Bruce. *The Music of the Heavens：Kepler's Harmonic Astronomy*. Princeton University Press，2014. Cited as *Heavens*.

Swerdlow, N. M., and O. Neugebauer. *Mathematical Astronomy in Copernicus's De Revolutionibus*. New York：Springer–Verlag, 1984. Cited as *Mathematical*.

Thoren, Victor E., and J. R. Christianson. *The Lord of Uraniborg：A Biography of Tycho Brahe*. Cambridge：Cambridge University Press，1990. Cited as *Lord*.

Thorndike, Lynn. *A History of Magic and Experimental Science*.

Columbia University Press, 1923. Cited as *Magic*.

Voelkel, James R. *The Composition of Kepler's Astronomia Nova*. Princeton : Princeton University Press, 2001. Cited as *Composition*.

Voelkel, James R. *Johannes Kepler and the* New Astronomy. Oxford University Press, 2001.

Westman, Robert S. *The Copernican Achievement*. University of California Press, 1975.

Westman, Robert S. *The Copernican Question : Prognostication, Skepticism, and Celestial Order*. Berkeley : University of California, 2011.

Westfall, Richard S. *Essays on the Trial of Galileo*. Vatican City State : Vatican Observatory, 1989.

Wilding, Nick. *Galileo's Idol : Gianfrancesco Sagredo and the Politics of Knowledge*. University of Chicago, 2014. Cited as *Idol*.

Yates, Frances A. *Giordano Bruno and the Hermetic Tradition*. University of Chicago, 1964. Cited as *Hermetic*.

Zeeberg, Peter. *Tycho Brahe "Urania Titani" : Et Digt Om Sophie Brahe*. København : Museum Tusculanums Forlag, 1994.

Zinner, Ernst. *Regiomontanus : His Life and Work*. Trans. Ezra Brown. North Holland, 1990.

注　释

尼古拉·哥白尼

1　这个价值判断会惹恼一些中世纪学者。我也并非不同情他们的立场。想要深入了解学者们对中世纪的看法的读者可参阅以下作品：*The Autumn of the Medieval Ages* by Johan Huizinga（1924），*A Distant Mirror*：*The Calamitous 14th Century* by Barbara Tuchman（1978），*The Medieval Machine* by Jean Gimpel（1976），*Medieval Technology and Social Change* by Lynn White（1962），*God's Philosophers* by James Hannam（2009），*Life in the Medieval University* by Robert Rait（1912），and *Le Système du Monde*：*Histoire des Doctrines Cosmologiques de Platon à Copernic* by Pierre Duhem（1913–59）。

2　此处对农民财富的描述以及后文的细节可参见Copernicus，*Minor*，pp. 228–34。携妻逃走的农民是雅各布·韦纳（Jacob Wayner）。波兰农民的社会处境相对于欧洲其他地区（除了德国）尤为悲惨；见Norman Davies，*God's Playgroun*，chapter 7，"Szlachta，" volume 1，1981。

3　似乎历史学家，尤其科学家们通常会非理性地推崇毕达哥拉斯［例如，这些态度可见于伯特兰·罗素（Bertrand Russell）的《西方哲学史》（*History of Western Philosophy*）或者罗杰·彭罗斯（Roger Penrose）的《通往实在之路》（*Road to*

Reality），又或者本书中任何一位主角的私人文件］。但我们实际上真的没必要秉持这种态度。我会反过来调侃一番——虽然我如果不是数字神秘主义者和素食主义者的话，我就什么也不是。我想，我们有必要指出毕达哥拉斯当初是个多么古怪的人，这一点很重要。

4 克拉科夫大学的介绍，见 Knoll, Paul. "*A Pearl of Powerful Learning*"：*The University of Cracow in the Fifteenth Century*. Brill，2016，尤见 p. 43。

5 Copernicus, *Minor*, p. 29.

6 这位教授是布鲁泽沃的阿尔贝特（Albert of Brudzewo）。

7 在中世纪天文学中，"行星"（planet）指的是太阳、月亮、水星、金星、火星、木星、土星。若以现代天文学的角度来看，其中包括恒星、卫星和行星。本书中提到的行星若不加说明，一般是指中世纪天文学概念中的行星。（编者注）

8 Copernicus, *De Rev*, p. 8. 对于数学思维能力强的人来说，托勒密体系基本相当于复杂平面上的傅里叶分析（只是对托勒密而言，分析只适用前两三项）。图中所示为实部方波的标准傅里叶变换的前面几项。

9 Copernicus, *De Rev*, p. 7.

10 Swerdlow, *Mathematical*, p. 93. 也见 Rosen, *Copernicus and His Successors*, pp. 33–4.。这两本书出版的时间分别为 1492 年和 1490 年。

11 Birkenmajer, p. 53.

12 此处的引文来自雷吉奥蒙塔努斯 *In Ptolemaei Magnam Compositionem*, *quam Almagestum vocant* 一书序言的结尾部分。引文的翻译略带感情色彩。

13 这个说法来自雷蒂库斯。见 Copernicus, *3CT*, p. 111。

14 Copernicus, *De Rev*, p. 218，以及 John Freely, *Revolutionary*, p. 59。

15 Copernicus, *De Rev*, p. 129. 我们可根据他的亲笔签名得出这个结论。

16 Goddu, *Copernicus and the Scientific Revolution*, p. 190. 也可参见 Prowe, *Nicolaus Copernicus*, v. 1，237。

17 Copernicus, *3CT*, p. 327.

18 Swerdlow, *Mathematical*, p. 48.

19 Gorski, *Lukasz*, pp. 72–3. 引文有删节，引文翻译为意译。

20 原文为" *Nicolai Copernici vera efigies ex ipsius autographo depicia.*"

21 Koestler, *Sleepwalkers*, p. 127.

22 Gorski, *Lukasz*, p. 119.

23 Copernicus, *Minor*, p. 302.引文有删节，且这个药方并非开给卢卡斯的，而是为一位教士的妹妹开的。

24 Copernicus, *3CT*, p. 332.

25 这种说法最早见于《天体运行论》。Freely, *Revolutionary*, p. 68.

26 书商名叫约翰·哈勒；见Copernicus, *Minor*, p. 22。

27 Copernicus, *Minor*, p. 29.引文进行了稍许调整。

28 摘自Marie Boas Hall, *The Scientific Renaissance 1450–1630*, pp. 24–5：“除非发表了希腊原著的拉丁语可信译本，否则没人会被认为已经掌握了人文主义。”也见Goddu, *Copernicus*, p. 195。

29 Copernicus, *Minor*, p. 30.

30 这种说法在相关文献中存在争议。罗森认为，哥白尼于1510年离开了利兹巴克（Copernicus, *3CT*, p. 340），但很多更早的资料并不支持这种说法（Koyré, *Revolution*, p. 22, Koestler, p. 143, Birkenmajer, p. 129），这些文献引述的年份为1512年（即卢卡斯过世之后）。比肯马耶尔甚至断言：“所有哥白尼的传记作家都一致认为，哥白尼从利兹巴克搬至弗劳恩贝格发生在1512年春天，也即卢卡斯主教去世后不久……”我联系了欧文·金格里奇（Owen Gingerich）教授请教这个问题，他回复说，尽管各种传记很少提到此事的细节，但1510年很可能是正确的日期，这个说法的根据是《哥白尼著述年表》(*Regesta Copernicana*)。现代的资料更倾向于1510年，尽管我不知道作者们因为什么缘故而造成了日期的变化。斯韦德罗（Swerdlow）记载的内容是我能找到最新的关于这个日期问题的讨论(*Mathematical*, p. 6)。在此，斯韦德罗和罗森一道指出，哥白尼1510年离开表明，他此时跟舅父卢卡斯闹翻了。这种说法在我看来有些可疑，因为哥白尼提到舅父的时候措辞都很亲切。

31 Copernicus, *De Rev*, p. 268（book V, chapter 20）.而后，火星于1512年1月1日上午六点进入掩星。

32 Copernicus, *Minor*, p. 334.

33 Gorski, *Lukasz*, p. 117.这位主教是普沃茨克的主教埃拉兹姆·乔瓦克（Erazm

Ciolek)。这个评论引自《诗篇》124。

34 Copernicus, *3CT*, p. 334.

35 三角仪和下文中象限仪的描述见Copernicus, *De Rev*, book 2, chapter 2; book 4, chapter 15。

36 Swerdlow, Noel M. "The derivation and first draft of Copernicus's planetary theory : A translation of the Commentariolus with commentary." Proceedings of the American Philosophical Society 117.6 (1973): 423–51. 后文简写为: *Derivation*, p. 434; Copernicus, *Minor*, p. 81; Copernicus, *3CT*, p. 57。

37 欧文·金格里奇的"'Crisis' versus Aesthetic in the Copernican Revolution." *Vistas in Astronomy* 17 (1975): 85–95. 算是我最认可的科学史论文了。这篇文章非常值得一读。我认为这是约翰·济慈(John Keats)所说的"消极能力"的完美典范——"一个人能够安于不确定、神秘、怀疑，而非性急地追求事实的状态"。

38 Swerdlow, *Derivation*, p. 436; Copernicus, *Minor*, p. 81; Copernicus, *3CT*, p. 58.引文有删节。

39 拉丁名: *Commentariolus*。该书出版于1514年之前。

40 书中的第七条假设。见Swerdlow, *Derivation*, p. 436; Copernicus, *Minor*, p. 81; Copernicus, *3CT*, p. 58。

41 Copernicus, *3CT*, p. 90; Copernicus, *Minor*, p. 90; Swerdlow, *Derivation*, p. 510.斯韦德罗用的是"合唱舞蹈"一词。

42 Copernicus, *3CT*, p. 59，也见Koyré, *Astronomical Revolution*, p. 27。

43 载于Smith, *Life and Letters of Martin Luther*, xiii。摘自马丁·路德的《桌边对话录》(*Table Talk*)。

44 引自《犹太人及其谎言》(*The Jews and Their Lies*)一书的结尾部分。

45 这句话同样摘自马丁·路德的《桌边对话录》，基本上，所有与哥白尼有关的书都会引用这句话；好在我把这句话用到了新的语境之中。

46 Copernicus, *Minor*, p. 176.

47 Copernicus, *Minor*, p. 189.

48 Scott, Tom, and Robert W. Scribner (eds.). *The German Peasants' War : A History in Document*，尤见于pp. 60，291–301。 Humanities Press International，1991.家庭主

妇所在的村庄为弗兰肯豪森。

49 这就是众所周知的乌尔里希·茨温利（Huldrych Zwingli）之死。

50 此处的叙述打破了时间顺序，暗指圣巴托洛缪节大屠杀（St. Batholomew's Day Massacre）。

51 Freely, *Revolutionary*, p. 85.引文有删节。文中小镇指的是埃尔布隆格。写下这个描述的作者是蒂德曼·吉泽。

52 木星冲日发生在1520年4月30日上午11点，土星冲日发生在1520年7月13日晚上12点。

53 Gingerich, *Making the Earth a Planet*, p. 90；Freely, *Revolutionary*, p. 86.

54 *Prowe*, v. 1, p. 294.

55 Kesten, p. 229.

56 蒂德曼的作品名叫《驳马丁·路德的言论》（*Antilogikon*），该文重印于：Franz Hipler, *Spicilegium Copernicanum*（Braunsberg，1873）。引文出自第19页。

57 Koestler, *Sleepwalkers*, p. 142，引文出自普罗韦。

58 Danielson, *The First Copernican*, p. 127.说出这句话的人是安布罗修斯·布拉瑞尔（Ambrosius Blarer）。

59 Copernicus, *3CT*, p. 196.

60 这位长者指的是菲利普·梅兰克森（Phillip Melancthon）见Freely, *Revolutionary*, p. 117。

61 Copernicus, *3CT*, p. 393.

62 Copernicus, *De Rev*, p. 336.

63 出自哥白尼给丹蒂斯库斯主教的信件，这里的好人指的是安娜·席林（Anna Schilling）。见Freely, *Revolutionary*, p. 110。

64 这是哥白尼给维尔纳（Werner）的信中所写的内容。见Copernicus, *3CT*, p. 93。

65 Kesten, p. 308.

66 Copernicus, *3CT*, pp. 192–3.

67 宣扬罗马教廷和路德宗一致的著作指的是《驳马丁·路德的言论》，重印收录于Franz Hipler, *Spicilegium Copernicanum*（Braunsberg，1873。引文摘自后者第25–26页。

68 Rosen, *Copernicus and His Successors*, p. 107.

69 Copernicus, *3CT*, p. 115.

70 Copernicus, *3CT*, pp. 109，121.

71 *KGW*, v. 1, p. 99; Copernicus, *3CT*, p. 135.

72 Koyré, *Astronomical Revolution*, p. 30.

73 Copernicus, *3CT*, p. 142.

74 Copernicus, *3CT*, pp. 121–2.

75 Copernicus, *3CT*, p. 147; *KGW*, v. 1, p. 105.

76 Freely, *Revolutionary*, quoting Rosen, *Copernicus and the Scientific Revolution*, p. 192.引文有小幅调整。

77 Freely, *Revolutionary*. p. 132.

78 Kepler, *Defense*, p. 152.

79 Gaskell, Philip. *A New Introduction to Bibliography*, pp. 7，155–6. Oxford : Clarendon Press，1972.

80 *De Rev*, p. XVI.

81 直到68年后，约翰内斯·开普勒才在其《论新星》一书中明确指出这一点，见该书第4页。

82 这句话出自梅斯特林。见Westman, *Copernican Question*, pp. 265，562。

83 Santillana, *Crime*, p. 101.这句话出自开普勒。桑蒂利亚纳并未对引文来源加以核实，而我也没有在原始文献中找到相关文字。不过，布鲁诺倒是称奥西安德为“无名小辈”（ass）。

84 Bruce Wrightsman，“Andreas Osiander's Contribution to the Copernican Achievement,” *The Copernican Achievement*, pp. 213–42，出自韦斯曼。

85 Swerdlow, *Mathematical*, p. 29.

86 Gingerich, *The Book No One Read*, p. 180.

87 奥西安德后来在表面上再次走进了雷蒂库斯的生活。见Dennis Danielson, *The First Copernican*, p. 119。

88 *De Rev*, p. 22（book 1, chapter 11）.

89 *Almagest*, p. 44.

90 Copernicus, *De Rev*, p. 11，16.有删节。

91 Gingerich, *The Book Nobody Read*, p. 63，255; Kuhn, *The Copernican Revolution*, p. 134.

92 Gingerich, *The Book Nobody Read*, p. 87.

93 诺埃尔·斯维尔德罗（Noel Swerdlow）对哥白尼的地轴运动观点做出过深入考察，见 Westman, *The Copernican Achievement*, pp. 49–89, pp. 70 and 74（这两页的内容尤其相关）。

94 见 Copernicus, *De Rev*, p. 129; Dreyer, *Tycho Brahe*, pp. 354–5. 也见 Gingerich, *The Eye of Heaven*, p. 26. 比肯马耶尔指出，哥白尼的观点很可能得自达诺瓦拉。

95 *De Rev*, p. 383. 具体细节可参见 Gingerich, *The Eye of Heaven*, p. 22。

96 我还记得自己第一次了解到"视差"这个词的情景。当时我 12 岁，正在阅读奥森·斯科特·卡德的《安德的影子》(*Ender's Shadow*)："视差由恩德和比恩提出，它指的是二人看待同样的事物时发生的角度偏差……如果我可以把这个科学术语用到文学创作上的话，它就是这个意思。"

97 Swerdlow, *Mathematical*, p. 75. 此类计算的示例可见 Copernicus, *De Rev*, p. 252（book V, chapter 9）。

98 这是一个简化描述。视差可从纬度、经度、赤经等层面加以定义。对哥白尼和切线函数的讨论见 Swerdlow, *Mathematical*, pp. 234，240，257。从地心说的角度对视差的定义可见 Neugebaeur : *Ancient*, p. 100。

99 Copernicus, *De Rev*, p. 20（book I, chapter 10）. 译文为了意思清楚而进行了改动。

100 如今，我们对"无法估量"的观念已跟哥白尼时期完全不同。参见 Dennis Danielson, *The First Copernican*, p. 62。也见 Koyré, *From the Closed World*, p. 34。

101 Rosen, *Copernicus and the Scientific Revolution*, p. 168.

102 但这种说法并不意味着雷蒂库斯的计算更准确；见 Gingerich, Owen, *Early Copernican Ephemerides*, p. 406 Studio Copernicana XVI, Wydawnictwo, Wroclaw, 1978。同样一篇文章也见 Gingerich's *Eye of Heaven*, p. 205。开普勒也认为，星表是传播哥白尼世界观的基本工具；Rothman, *Strife*, p. 156。

103 学生名叫卡斯帕·波伊策尔（Caspar Peucer）。Danielson, *First Copernican*, p. 185.

104 在这一点上，我赞同伊丽莎白·爱森斯坦在其《作为变革动因的印刷机》(*The Printing Press as an Agent of Change*）一书中的观点。如果印刷机在五十年前就已经普及，那么我们在此处讨论的人物很可能就是雷吉奥蒙塔努斯了。

105 Danielson, *The First Copernican*, pp. 143–8.

106 这是说给瓦伦丁·奥托（Valentine Otho）听的。见 Westman, Robert S. "The Melanchthon Circle, Rheticus, and the Wittenberg Interpretation of the Copernican Theory," *Isis* 66.2（1975）: p. 183. 也见 Copernicus, *3CT*, p. 357。.

107 出自他写给斐迪南皇帝的信，参见 Johannes Werner, *De Triangulis Sphaericis*（Krakow，1557）前言部分。Danielson, *First Copernican*, p. 222.

第谷·布拉赫

1 空中巨龙等描述受到詹姆斯·乔伊斯（James Joyce）在其《尤利西斯》（*Ulysses*）中类似段落的启发。

2 Clark, David H., and F. Richard Stephenson. *The Historical Supernovae*. Elsevier, p. 175. 2016. 参阅：Needham, Joseph, *Science and Civilization in China*, v. 3, p. 428。

3 Aristotle, *Metaphysics*.

4 *TBOO*, v. 3, pp. 59，62. 我简化了梅斯特林的方法；他在四颗恒星之间作了两条线，并且进行了少许三角运算。

5 梅斯特林在这本书上写的评论似乎比写在任何其他书上的都要多；见 Gingerich, Owen. *An Annotated Census of Copernicus' De revolutionibus*（*Nuremberg, 1543 and Basel, 1566*）, pp. 219–27. Leiden ; Boston, MA : Brill，2002。

6 *TBOO*, v. 6, p. 88，这句话出自彼得吕斯·拉米斯（Peter Ramus）。参阅：Thoren, *Lord*, p. 35。

7 出自开普勒之口。见 Johannes Kepler, *KGW* v. 2, p. 48。六年后，约翰·多恩在其《世界的结构》（*Anatomy of the World*）中写道："所有人都认为自己一定会成为凤凰。"

8 Thorndike, *Magic*, p. 82.

9 *Astronomiae Instauratæ Progymnasmata*." *Progymnasmata*"一词缺乏合适的英文译法，它指的是年轻的古希腊和古罗马贵族在学习说服技艺时对修辞术的练习。这个词暗示第谷的科学作品兼具修辞、教化和政治的抱负，而非仅具备科学意义。我认为其通行译法"preliminary exercises"（初步练习）十分啰唆。我把重点放在它作为“序曲”的初步之意上，完全是因为这个含义更符合我的主题。

10 *TBOO*, v. 2, p. 308.（*Progymnasmata*, chapter 3）.更详细的描述和未删减的译文见 Clark, David H., and F. Richard Stephenson. *The Historical Supernovae*, p. 174. Elsevier，2016。

11 *TBOO*, v. 3, p. 310（Progymnasmata, Conclusions）.更多细节参见J. L. E. Dreyer, *Tycho Brahe*, p. 194。

12 *TBOO*, v. 3, p. 194.更准确的说法是“春分之后”。

13 比如泰奥多尔·贝扎（Theodore Beza）就这样认为。黑森伯国（Landgrave of Hesse，黑森伯国存在于1264年至1567年。1567年，腓力一世逝世后，他的几个儿子均分了黑森伯国——译注）就是个相似的隐喻。Hellman, *Comet of 1577*, pp. 115，117，398.

14 Doris C. Hellman, *The Comet of 1577*, p. 287.语出自托马斯·特维恩（Thomas Twyne），引用时已改为现代英语。

15 Caspar, *Kepler*, p. 37；也见Koestler, *Sleepwalkers*, p. 232。

16 第谷是与查尔斯·德·丹西（Charles de Dancey）和约翰内斯·普拉滕西斯（Johannes Pratensis）共进晚餐的；Dreyer, *Tycho Brahe*, pp. 42–3, Thoren, *Lord*, p. 62。此处的介绍直接引自：Gingerich's *Tycho Brahe and the Nova of 1572*, *O. Gingerich*, ASP Conference Series, v. 342，2005。

17 *Tychonis Brahe*, *Dani De Nova Et Nullius Aevi Memoria Prius Visa Stella*, *iam pridem Anna a nato Christo 1572*, *mense Novembri primum Conspecta*, *Contemplatio Mathematica.*（“丹麦人第谷·布拉赫在《论新星》中深刻的数学思考前所未见，这颗新星出现于基督诞生后1572年的11月中。”）

18 Thoren, *Lord*, p. 4; *TBOO*, v. 5, p. 106; Brahe, *Mechanica*，106.

19 Christianson, *Isis* 58（2）：199, *Tycho Brahe at the University of Copenhagen.*

20 第谷的学监名叫作安诺斯·瑟伦森·韦泽尔（Anders Sorensen Vedel）。引自：S. Vedel, Om den Danske Krønike at beskrive（Copenhagen，1581, reprinted 1787）, p. 18. Translation by Leon Jespersen，“Court and nobility in early modern Denmark.” *Scandinavian Journal of History* 27.3（2002）：131。

21 Brahe, *Mechanica*, p. 107.引文有删节。

22 Brahe, *Mechanica*, p. 110.

23 Thoren, *Lord*, p. 137.

24 F. R. Friis, *Sofie Brahe Ottesdatter. En biografisk Skildring*. pp. 6，22.这个表达更多是个敬语，尽管似乎全家人都不是这个态度。

25 此人名叫曼德鲁普·帕尔斯贝里（Manderup Parsberg），第谷的第三个表弟。

26 Gade, *The Life*, p. 35.

27 Dreyer, *Tycho Brahe*, p. 71；Thoren, *Lord*, p. 373；Gade, *The Life*, p. 49.

28 *TBOO*, v. 7, p. 26；Christianson, *Island*, p. 8. Freely translated.引文有删节。

29 Gade, *The Life*, p. 48.

30 *TBOO*, v. 2, p. 343.这位市议员名叫保罗·海因泽尔（Paul Hainzel）。

31 Thoren, *Lord*, p. 33, *TBOO*, v. 2, p. 344.从插图随意估算的话，每腕尺（约44.37厘米）长的干橡树的重量为50磅（约22.68千克），我认为这是个下限值。

32 此人是他母亲的兄弟斯滕·比勒（Steen Bille），生活在赫雷瓦德修道院。

33 *TBOO*, v. 1, p. 18；v. 5, p. 108.

34 Dreyer, *Tycho Brahe*, p. 73，此文献把索菲娅的年龄说成了17岁，托伦（Thoren）也持此说（*Lord of Uraniborg*, p. 75）。但这个说法与第谷本人的说法不符（*TBOO*, v. 1, p. 131）。我认为索菲娅生于1559年，而上述文献都提到，新星是1573年观察到的。

35 *TBOO*, v. 1, p. 14.

36 *TBOO*, v. 1, pp. 69，70.其丹麦语译文见Peter Zeeberg, *Tycho Brahe Uraniaelegi. Nyoversættelse, tekst og kommentarer*, Renæssanceforum v. 3，2007。

37 第谷对梅斯特林赞美有加（*TBOO*, v. 8, p. 52）。第谷还在其《序曲》中对梅斯特林大加赞赏：*Prelude*, in *TBOO*, v. 4 pp. 207，238。

38 Rosen, *Copernicus and his Successors*, p. 218.这种说法明显是谎言；专家们并不同意，甚至哥白尼的数学论证本身也偶尔会出现错误。这种类型的教学法很吸引人，至今仍在实践中大行其道。学校里至今仍会讲授牛顿力学，许多化学教科书仍然讲简化版的质量守恒定律。

39 Hellman, *The Comet of 1572*, p. 138.

40 尽管从未完成，但在一封写给卡斯帕·波伊策尔的信中，第谷还是详细而迅速地勾勒了自己的计划，见*TBOO*, v. 7, p. 132。

41 Brahe, *Mechanica*, p. 123.

42 Christianson, *Island*, p. 22.

43 Christianson, *Island*, p. 22; *TBOO*, v 7, p. 27.引文有删节。

44 Heilbron, *Galileo*, p. 83; Drake, *Work*, p. 421.

45 即冬季餐厅，见Brahe, *Mechanica*, p. 130。

46 Gade, *The Life*, p. 63; Christianson, *Island*, p. 296; Thoren, *Lord*, p. 194.

47 我并未找到这个说法的出处。这种描述可能是个有趣的夸张，尽管按照2017年的价格计算，这些黄金“不过”价值2000万美元——但要小心谨慎；当时的黄金交易价格大概在每盎司（约28.35克）525美元，因为新世界的黄金正不断涌入。但这个说法很常见，见Gingerich, Owen. “Tycho and the ton of gold.” *Nature* 403.6767（2000）: 251. Thoren, *Lord*, p. 188，据推算，每年拨付给第谷的预算相当于王室总收入的1%。

48 索菲娅于1579年嫁给了奥特·托特（Otte Thott），他们婚后住在埃里克斯霍姆城堡（Eriksholm Castle）; Christianson, *Island*, p. 163。他们的孩子名叫塔格·托特（Tage Thott），生于1580年5月27日。

49 这句话直接引自西尔维娅·普拉斯（Sylvia Plath）的诗歌《隐喻》，诗歌谈的是作者对怀孕的感想。我认为，这句话用来描写十六世纪的丹麦贵妇人也十分贴切。

50 这种称呼可见*TBOO*, v. 9, pp. 47，74，76。为了便于查阅，以下是我在第谷的气象学日志中找到的索菲娅的名字出现过的地方：*TBOO*, v. 9, pp. 47，74，76，79，81，84–6，88，89，91–3，95，97，99，101，107，109，111–2，115，117，119，122–4，128，133，136，139，141，146。但我怀疑仍有遗漏。Zeeberg, *Urania*, p. 20中提到，索菲娅在1589年造访5次，1590年13次，1591年7次，1592年7次；接着我还发现1586年1次，1593年3次，1594年5次，1595年2次，1596年3次以及1597年1次。这些记录并未显示她每次停留的具体时长，有时候是一天，有时候是几个星期。

51 Koyré, *Astronomical Revolution*, p. 76; Rosen, *Copernicus and His Successors*, p. 73.

52 这位朋友名叫萨迪厄斯·哈吉丘斯（Thaddeus Hagecius）。

53 这句话直接摘自弗吉尼亚·伍尔夫（Virginia Woolf）的《奥兰多》（*Orlando*）的结尾部分，同样，我认为这句话在这里比在原文中更合语境。

54 完整原诗见Zeeberg, *Urania*, pp. 182–3, lns. 11–2，19，30。这些诗行都是拼凑起来的，去掉了原诗中的名字和人物特征。

55 *TBOO*, v. 7, p. 321. 他们交谈的内容随后会完整地呈现在104—105页的引文中。

56 此时，埃里克可能已经对一个十分愚蠢的贸易公司的东方探险活动投了资；见Zeeberg, *Urania*, p. 21。

57 摘自第谷写给埃里克的诗歌，见*TBOO*, v. 15, pp. 3–5, lns. 20，32。

58 Rosen, *Three Imperial Mathematicians*, p. 224.

59 我们并不清楚索菲娅离开的时间。我在此说她在8月23日离开，只是便于转述这个故事而已。但书中并未提到她的离开，只提到了她的到来。考虑到这几年来，索菲娅一直没来过汶岛，而王后的到来又非常重要，我认为这种解释也最合理。见*TBOO*, v. 9, p. 47。

60 下文对第谷和索菲娅的描写来自他们的画像，分别见Christianson, *Island*, pp. 117，259。

61 *TBOO*, v. 6. p. 64.

62 Westman, Lindberg, *Reappraisals of the Scientific Revolution*, p. 185. 有兴趣进一步了解哥白尼对第谷的深刻影响的读者，可能会很喜欢这篇标题简洁明了的文章："Copernican Influence on Tycho Brahe" by Kristian Moesgaard in *The Reception of Copernicus's Heliocentric Theory*, edited by Jerzy Dobrzycki, pp. 31–55。

63 Brahe, *Mechanica*, p. 46.

64 *TBOO*, v. 6, pp. 266–7. 读者可能会注意到，我只是在"天才（genius）"这个词出现在别人的引文中时才使用这个词。我不喜欢这个词如今的含义。我通常根据拉丁文将其译为"智慧"或者"才能"，除非在类似此处的语境中，否则这个词毫无意义。

65 Dreyer, *Tycho Brahe*, p. 83; Thorndike, *Magic*, v. 6, p. 4; *TBOO*, v. 3 p. 146.

66 基于第谷的气象学日志的详细记录，这种情节是可能的；*TBOO*, v. 9, p. 47。

67 TBOO, v. 9, pp. 324–6.

68 *TBOO*, v. 6, p. 273.

69 *TBOO*, v. 6, p. 275.引文有删节。

70 *TBOO*, v. 9, pp. 324–6.

71 这句话实际上应为“我们听到了云雀的歌唱”，但*TBOO*, v. 9, p. 70中也出现过这句话。引自：*TBOO*, v. 9, p. 81。

72 因为我后文会描写伽利略的花园，因此，我在此就不赘述索菲娅的花园了——此类描述多半都是列举式的，而且从历史的角度讲，很多描写均为推断，所以我认为描写一次就够了。感兴趣的读者可以参考Christianson, John R. “Tycho Brahe in Scandinavian Scholarship.” *History of Science* 36.4（1998）：473, and Ørum–Larsen, Asger. “Uraniborg—the most extraordinary castle and garden design in Scandinavia.” *The Journal of Garden History* 10.2（1990）：97–105。几乎可以肯定，索菲娅的花园由第谷花园中的植物组成：常见的苹果树、梨树和樱桃树；异域的无花果、核桃、榅桲和杏（由第谷的亲戚引入丹麦）；以及当归、金银花、蓟、血草、龙胆草、杜松、大黄、夏枯草、番红花、白菖蒲、艾草和缬草等植物。

73 这句话出自*TBOO*, v. 9, pp. 324–6中的一封重要信件。信件译文见后。

74 *TBOO*, v. 9, pp. 324–6.

75 这是*TBOO*, v. 9, pp. 324–6中的重要信件，Christianson（p. 260）引用了全信的重要内容，这部分内容也是弗里斯的*Sofie Brahe*, pp. 41–6（丹麦语作品）中的亮点。以下，我从弗里斯的丹麦语原文（意译）译出了第谷的完整信件，以便像我一般对科学界女性的早期案例研究感兴趣的读者参考。

背景介绍：第谷正考虑把她的一些信件添加到自己的科研通信集中出版（他实际上没有这样做）。当然，这对一个女性而言几乎闻所未闻，甚至她还写下了以下内容让第谷代为发表，以防止那些守旧的读者搬弄是非。

第谷·布拉赫对两封天文学通信（如今已下落不明）的介绍。

关于下述丹麦语信件的起因，从而让善良的读者能够更好地理解它们为何会出现在这里。

“我有个妹妹叫索菲娅；整整六年前，在自己勇敢的贵族丈夫去世后，她成了一名寡妇，但还很年轻且育有独子。作为寡妇，她在这些年经历了不少悲伤和忧虑，所以她不时地想要寻求不同的方式缓解。首先，索菲娅接手了位于斯堪尼亚（Scania）埃里克斯霍姆的农场，在那里建了一座城堡，然后还布置了一座非常美丽的花园，这在北方气候环境中几乎是不可能做到的事情。长话短说，这座花园耗费了索菲娅大量心血和辛劳，花草的种植都非常得当，兼顾了树木和各种草药的搭配。其他的一切也都恰到好处，以前几乎没出现过这样的地方。最后，花园建成时，索菲娅还没有完全从压抑的忧愁中完全解脱出来，于是她又学会了配制香料药材，而且非常成功，她不仅根据朋友和富人们的不同需要来分发药水，而且还会免费送给穷人，双方都能从中获益良多。最后，由于仍旧无法满足内心安定下来的渴求，索菲娅富有激情地投入到占星术的创作之中，这要么是出于她的机智敏锐，从而会不断要求更为艰巨的任务，要么因为她的性别倾向让她思考未来的事情，但其中也不乏迷信的因素。我按照索菲娅的要求给了一些指示和引导，但也严肃地警告她不要再去从事占星术的臆测了，因为她不应该投身到那些对女性的智慧而言过于抽象和复杂的主题上。但索菲娅意志坚定且信心满满，从不会在智力问题上向男性低头。结果，她更加积极地投入到了占星术的研究之中，并在短期内掌握了占星学的基本原则，有些是根据她自己从拉丁语翻译为丹麦语的作者学的，有些则从德国（因为她也精通德语）的一些作者处学来的。看到她如此坚持，我也不再反对，只是建议她保持谦逊。我自己也很高兴这样做，因为我知道，在守寡期间以及接下来的岁月里，她的心思被引向了更多美好的事物。我想，当她最终意识到这些研究是多么困难后，就会产生倦怠。而索菲娅猜到我的想法后——她太聪明了！——给我寄了一封长信，信中清楚而详细地讲述了她取得的进展，她要证明自己能够胜任这项科学研究。尽管我也提醒她，其中不乏一些困难，但她试图克服这些困难，并在前期工作中取得了足够的进展（她在信中对此进行了详细的描述），她要以此表明，自己能克服任何障碍，直达这门科学的核心。索菲娅表示，她毫不遗憾耗费在研究上的时间和金钱，但实际上她越来越热爱研究了。她要求我推动这项事业，让她能够学到更多未知的秘密。最后，她向我提出了三个占星学的问题，这三个问题并非无足轻重，而是相当困难，索菲娅要我帮她解决这些问题。以上就是我想把索菲娅的信件列入其中的理由。然而，由于这封信中包含了一些占星学的秘诀，而其中的一些内容远远超出了世人对女性学识的期待，我想也许我不应该将这些信件纳入其中。我明白自己在她的鼓励下会这样做，否则她不会把这封信写得如此细致。我会首先收入她从附近的斯堪尼亚寄来的、用丹麦文写的那封信。我还会原样保留索菲娅颇具艺术感的谐音梗（spoonerisms，意为斯普纳首音误置现象，即说话时把两个单词的首音调换，造成滑稽的效果，后逐渐发展成一种文字游戏，颇受十七世纪英国贵族的欢迎。此处为意译，即可能因为音素错配造成某种滑稽的谐音效果——译注），因为她很熟悉，并且会经常说起这些话。此外，我还会加入拉丁语的译文，从而让那些不懂丹麦语的人也能理解；我对索菲娅问题的回答也会如法炮制。其中包含的内容几乎肯定会对占星家有帮助。没人会因为我把丹麦语和拉丁语信件放在一处而感到不快，因为德国的伯爵也做过同样的事。既然德国人可以这样做，丹麦人也可以。很可能，有人会怀疑这样的信件是否出自丹麦贵妇之手，但他们一定知道，这些信是由我前面提到的妹妹写的，它们寄自妹妹位于斯科讷（Skane）的花园，更重要的是，她懂得信中所处理的问题。是的，只要家务事忙得过来，她就会孜孜不倦地研究更多的难题。这真的不应该让人感到惊讶，尤其在奥林匹娅·富尔维娅·莫拉塔（Olympia Fulvia Morata，一位意大利的早期女性古典学者）前往德国山区发表了同类风格且富有洞察力的作品后更是如此。也许这种行为更让人感到钦佩，因为我的妹妹从事的科学研究比意大利的这位女学者难多了，她使用的语言和西塞罗时期差不多。对意大利人而言，写作和言谈达到一定水平并不难（因为意大利语接近拉丁语）。在这些人中间，女性具备某种天赋（如果她们具备良好的洞察的话），因为月亮和水星的影响，许多人（实际上是所有人）都很健谈。但据我所知，还没有哪个女性从科学和知识的角度看待占星学；即便男性中也很少有人愿意被称为学者。我不怀疑，如果我的妹妹有拉丁语的知识，她会超过富尔维娅和其他任何女性的造诣，因为她对赋予她这种能力的天上的事情很有洞察力。索菲娅也应该跻身奥林匹娅·富尔维娅·莫拉塔之列，因为她对奥林匹亚和天国有着同样深刻的理解。她的天赋胜过富尔维娅，性格就算不比她强，也跟她一样好；她就是乌拉尼娅，我们早就这样称呼她了，因为她的天赋超群，缺乏直接的参照——不用说，她从小就被称为苏菲娅（智慧女神）。我说这么多并不是想要贬低富尔维娅·莫拉塔，我甚至希望这些人的名字更受世人敬仰——从而能够让她本人和其他出众的女性名扬四方，哪怕她们的学识不如我的妹妹，因为这样一来，世人就更容易相信下面这封信是她写的，也更容易相信，她能理解其中的内容，且每天都会学点儿更难的东西。我不相信这一切真会引起别人的反感或者不适，忽略常人的判断，因为我知道我妹妹的真实水平，我特别了解她。

如上所述，她没有学习拉丁语以及未及这样做的原因在于她还年轻，但她对这种语言有着极大的兴趣，甚至已经开始掌握其中一些门道了。她在信中不是很明确地指出了这一点。现在，我们想公布这封信，信中的内容会全面地解释我说的一切，随后，我们承诺的拉丁文译本也会随之而来。我们希望读者能坦诚地看待这封信，正如作者如实地书写和交流态度一样。

T.B."

弗里斯的著作中也收录了几封索菲娅后来写的信件。泽堡则收录了大量相关的一手材料（*Urania*, pp. 254–96）。马丁·哈斯戴尔（Martin Hasdale）在1610年也很开心地向伽利略提到了索菲娅。*Opere* v. 10, Nr. 375, p. 417.（"一位非常可敬的老太太，她的数学作品很不错，还自发地把一些拉丁语作品翻译成了德语。"）

76 *TBOO*, v. 4, p. 5.

77 *TBOO*, v. 4, p. 6.

78 *TBOO*, v. 4, p. 180.

79 *De Mundi Aetherei Recentioribus Phaenomenis Liber Secundus*, Book Two of the Recent Phenomena of the Aetherial World, printed in 1588.卷二先于卷一出版，因为第谷对他的《序曲》提前安排好了出版顺序，这个细节我故意略过了，以免读者混淆。

80 *TBOO*, v. 4, pp. 207–38.最终，第谷祝贺梅斯特林绕开了占星术："在梅斯特林的著作中，这并非什么重要的真理，在我们共同提出的意见中亦然，这种情况让人保持谦逊，并指引我保持应有的勤奋，这些习惯在我看来是值得尊崇的，其中包含了更加充分和审慎的考量。而另一些人在书写的内容上就不那么精明和谨慎了。"

81 Thoren, *Lord*, p. 86, *TBOO*, v. 1, pp. 172–3, Ferguson, Tycho, and Kepler, p. 62.

82 *TBOO*, v. 4, p. 158.有些俏皮的翻译。

83 相关评论见Kuhn, *Copernican Revolution*, p. 202。

84 如果我们从数学的角度对哥白尼体系和第谷体系建模，则它们可以建立起一个简单的同构关系。

85 Westman, "Three Responses to Copernican Theory," *The Copernican* Achievement, p. 329.

86 *TBOO*, v. 4, p. 159.

87 *TBOO*, v. 4, p. 162；也见Dreyer, *A History of Astronomy*, p. 366。

88 *TBOO*, v. 1, p. 149.这句话译自一篇被人遗忘的论文：Raymond Coon, "Tycho Brahe : Translation of De disciplinis mathematicis." *Popular Astronomy* 37（1929）: 311。

89 Brahe, *Mechanica*, p. 113.

90 Blair, Ann. "Tycho Brahe's Critique of Copernicus and the Copernican System." p. 364, *TBOO*, v. 8, p. 209.下文简作"*Critique*"。

91 Gingerich, Owen, and James R. Voelkel. "Tycho Brahe's Copernican Campaign." *Journal for the History of Astronomy* 29（1998）: 9.下文简作"*Campaign*"。

92 Blair, *Critique*, p. 359.

93 *Gingerich & Voelkel*, *Campaign*, p. 24.

94 Thoren, *Lord*, p. 223.

95 Christianson, *Island*, p. 109.原文为：*Quid si sic ?*

96 Jespersen, Leon. "Court and nobility in early modern Denmark." *Scandinavian Journal of History* 27.3（2002）: 132.我找不到第谷出席过葬礼的任何证据，尽管有材料推断说他当时在场。

97 Thoren, *Lord*, p. 341.

98 *TBOO*, v. 1, p. 199.

99 *TBOO*, v.7, pp. 321–2.第谷也提供过一个十分相似的引文版本。译文见Christianson, *Island*, p. 90 and Rosen, *Three Imperial Mathematicians*, p. 40。我更偏爱此处引述这个版本的叙事风格。

100 Rosen, *Three Imperial Mathematicians*, pp. 251–2.

101 这些措辞摘自：Rosen, *Three Imperial Astronomers*, pp. 247，251。

102 Granada, Miguel A. "Essay Review : Early Translations of De Revolutionibus De Revolutionibus : Die erste deutsche Übersetzung in der Grazer Handschrift,"（2008）: 265–71.乌尔苏斯也是第一个发表积化和差公式（prosthaphaeresis formulas）的人，但他并非这个公式的发现者（这个事实强化了抄袭的说法）。我认为这更像是一个"极化影响"（extreme influence）的案例。尽管世人对他的生平所知甚少，但

乌尔苏斯远非大多数传记中所描述的骗子。感谢尼克·贾丁（Nick Jardine）在这方面的出色研究。

103 Gade, *The Life*, p. 178, Ferguson, Tycho & Kepler, p. 222.他还声称与第谷11岁的女儿有染。

104 Rosen, *Three Imperial Astronomers*, p. 195; Thoren, *Lord*, p. 393.

105 Rosen, *Three Imperial Astronomers*, p. 223; *TBOO*, v. 8, p. 204.

106 *TBOO*, v. 14, pp. 100–101.引文有删节。这位大臣是克里斯蒂安·弗里斯（Christian Friis）。

107 TBOO, v. 14, p. 101.引文有删节。

108 Christianson, *Island*, p. 197, *TBOO*, v.9 p. 146.

109 Thoren, *Lord*, p. 214, *TBOO*, v. 9, p. 82.

110 Gade, *The Life*, pp. 152–7.

111 参阅克里斯蒂安松（*Island*, p. 196）对克里斯蒂安四世的专制和神圣权利的描述。

112 TBOO, v. 9, pp. 208–11.有删节。克里斯蒂安松不厌其烦地将其翻译成了英文：*Island*, pp. 216–7.

113 Dreyer, *Tycho Brahe*, p. 261; *TBOO*, v. 5, pp. 5–10.

114 此书是第谷作品中目前唯一被翻译为英文的著作：Brahe, *Mechanica*, trans. Raeder。如有译者感兴趣，我推荐翻译他的*Epistolae*。

115 这个浑天仪以赤道坐标系为基础。由于要记录固定恒星的资料，第谷开始使用赤道坐标系而不用黄道坐标系。赤道坐标系更受欢迎，因为它与地球每天的自转对应，黄道坐标系自此以后便不再流行。李约瑟（Joseph Needham）曾反复提到这一点，因为中国人用的也是同一种浑天仪。参阅*Science and Civilization in China*, v. 3, pp. 266，270，340，366，372, etc。也可参见Woolard, Edgar W. "The Historical Development of Celestial Co–ordinate Systems." Publications of the Astronomical Society of the Pacific 54.318（1942）：82。

116 Brahe, *Mechanica*, p. 63.

117 引文部分的全部内容见*TBOO*, v. 14, pp. 157–9（尤其是第二段以及最后一段）；Zeeburg, *Urania*, pp. 266–9。第谷的回复见*TBOO*, v. 14, pp. 178–82。很明显，这是索菲娅写给第谷的唯一一封信件。索菲娅的儿子泰格·托特也给第谷写过信，

见 *TBOO*, v. 14, pp. 170–2。

118 Thoren, *Lord*, pp. 374–5，398，408.

119 引自: *KGW*, v. 13, n. 82; pp. 154–5. 信件的完整译文见 Rosen, *Three Imperial Mathematicians*, pp. 83–4。

约翰内斯·开普勒

1 *Kepler*, *Optics*, p. 216. 这是他对自己近视的描述，但他还有些散光。见 Kepler, *Optics* p. 216; Koestler, p. 230。

2 Kepler, *Optics*, p. 217; Kepler, *Conversation*, p. 72; Burke–Gaffney, *Kepler and The Jesuits*, p. 17. 请注意，在距此几个世纪之前，双焦眼镜就已经发明出来了（尽管是件稀罕物），但此时仍很大程度上缺乏相关的解释理论。

3 "……艺术中明显的民族化倾向同样也增加了不安定的因素（远离了传统宗教）。" E. A. Burtt, *The Metaphysical Foundations of Modern Physical Science*, p. 28.

4 我指的是马蒂亚斯·格鲁内尔瓦德（Matthias Grunewald）的《伊森海姆祭坛画》（*Isenheim Altarpiece*，尽管他是个天主教教徒）。但我认为没有理由指名道姓地提到此人。开普勒可能已经听说了这幅画，因为鲁道夫皇帝会在1597—1601年间想办法将其据为己有，此时开普勒也在他手下任职。但我只想用这个例子证明德国的哥特式传统，而更具世界性的丢勒（Dürer）也属于这个传统。开普勒对丢勒的引述见 *Harmonies of the World*, Cf. *Harmony*, p. 75。格鲁内尔瓦德曾进一步加工过丢勒的作品，二者在历史上也曾被混为一谈。鲁道夫曾疯狂地搜集丢勒的画作。

5 *OO*, v. 8–2, p. 672. *KGW*, v. 19, p. 320.

6 这个推测我仅在 *Johannes Kepler and the New Astronomy*, Voelkel, p. 12. 中见到过，但我认为这种可能性很大。

7 *OO*, v. 8–2, p. 672. 译文也见 Koestler, *Sleepwalkers*, p. 231。

8 *OO*, *v.* 5, p. 262; *KGW*, v. 6, p. 281. 转引自: Aiton, Duncan, Field, *Harmony of the World*, pp. 376，379，引文进行了少许调整。

9 *OO*, v. 8–2, p. 672.

10 *OO*, v. 8–2, p. 672. 译文也见 Koestler, *Sleepwalkers*, p. 231。

11 开普勒向来是个语言大师，我们对轨道（“Orbita” 这个词此前仅表示“道路”。世人实在没有理由思考其含义，因为托勒密的模型仅涉及本轮的运动和角度，而非此前行星所在的位置。实际上，本书关于哥白尼的内容中给出的托勒密的关于“本轮”的插图是一种巧妙的现代表现手法，托勒密绝不会想到，自己的模型会以这种“轨道”的方式表现出来。Kremer, *Zagan*, p. 101, E. L. Davis，“Astronomia Nova：The Classification of Planetary Eggs”）的恰当理解要归功于开普勒，他也是第一个使用“惯性”（Unart；首先声明，他的运动概念自然也不是现代的。Kremer, *Zagan*, p. 59, William H. Donahue，“Kepler as a Reader of Aristotle.” Also Koyré, *Galileo Studies*, p. 144. 当我们稍后谈到他的《哥白尼天文学概要》时，还会再次提到开普勒的惯性概念）、暗箱（Kepler, *Optics*, p. 67）等概念的人，也是在光学研究中第一个把焦点概念理解为光线汇聚的炙热中心的人［罗森在《开普勒之梦》（*Kepler's Somnium*）一书的第 123 页提到了这个说法］。此外，开普勒也第一个在天文学中使用了“卫星”（Kepler, *Conversation*, pp. 76–7）这个术语。很明显，他也是第一个使用 “*pencil*” 这个词的人（“penicillum”，意为青霉属；*KGW*, v. 4, p. 368）。

12 *KGW*, v. 19, pp. 328–9, *OO*, v. 5, p. 476；Koestler, *Sleepwalkers*, pp. 239–40. 开普勒此处的拉丁语描述十分隐晦。我引用的两位译者的译文都有错译或遗漏。我也可能犯下类似的错误。以下是我根据自己的目的译出的重点内容：

“少年时代，他酷爱玩耍；青春期的时候，他的心思被其他事情所吸引……因为他对钱财很谨慎，于是被迫远离了（赌博）的游戏，常常自娱自乐（手淫）。要知道，这种谨慎并非为了保持富有，而是为了摆脱贫穷的恐惧……但对钱财的喜爱俘虏了许多人。”

“他的言谈、写作永远穿插着新的思想、语词，也总是会掺杂着新的言说或论证方式，而且他总会有新的打算。”

（开普勒对幸运、不幸及其原因展开了长篇累牍的论述。）“我们要注意，前面似乎谈到他渴望过上清闲的生活，但这严格说来并非事实。他不工作毋宁死。”

“如果他碰巧被拉去服兵役，那也完全是碰巧而已。因为他跟那些带着彻底的绝望进入军营的人一样，压根不像个士兵。军队里会有愤怒和欺骗的图谋，也要时刻警惕持续存在的突袭，完全没有幸福可言。”

13 提到这件事的是鲍姆加特（Baumgardt, *Johannes Kepler*, p. 23.）。浮士德的名字严格说应为约翰（Johann），他出现在毛尔布龙真是十分可疑了。见*Faust. Und Faust*, p. 128, Günter Mahal, Attempto–Verlag，1997。参阅：Northrup Frye, *Anatomy of Criticism*, p. 39："自负（alazon，指的是古罗马喜剧中的自负士兵——译注）可能也是悲剧英雄的一个方面：《帖木儿大帝》甚至《奥赛罗》中提到的骄兵给人的感觉，正如《浮士德》和《哈姆雷特》中执着的哲人不相上下，这一点确切无疑。"

14 Caspar, Kepler, p. 40; *KGW*, v. 19, p. 337.

15 开普勒形容自己为"身手敏捷、身材魁梧、比例匀称"，见Koestler，236。也见Caspar，369，出自：Frisch's *OO*, v. 5, p. 47。

16 *OO*, v. 8, pt. 2, p. 676; *KGW*, v. 14, Nr. 226, p. 275, ln. 479.

17 开普勒于1589年9月17日进入图宾根修道院，根据他的记录，他六年前曾跟随梅斯特林学习，当时24岁（1596年），见*KGW*, v. 1, p. 9, or Coelho, Victor, *Music and Science in the Age of Galileo*, v. 51, p. 46. Springer Science & Business Media, 1992.（"Kepler, Galileo, and the Harmony of the World" by Gingerich）。

18 这个描述明显出自开普勒的《奥秘》的附录，其中还对哥白尼体系进行了详细（尽管很基础）的数学阐述，实际上，这是我读到的所有作者和语言版本中最清晰的。相关译文见Grafton, Anthony. "Michael Maestlin's account of Copernican planetary theory." *Proceedings of the American Philosophical Society* 117.6（1973）：523–50。

19 *Mysterium Cosmigraphicum*, p. 63, or *KGW*, v. 1, p. 9.

20 Westman, Dobryzcki, *The Reception of Copernicus's Heliocentric Theory*, p. 8.

21 Westman, Dobryzcki, *The Reception of Copernicus's Heliocentric Theory*, p. 8.

22 Rosen, Edward. "7.1. Kepler and the Lutheran attitude towards Copernicanism in the context of the struggle between science and religion." *Vistas in Astronomy* 18（1975）：317.也可参见Gingerich, Owen. "Johannes Kepler and the new astronomy." *Quarterly Journal of the Royal Astronomical Society* 13（1972）：346。后面这篇文献指出，开普勒的优异成绩其实在所有学生中都很寻常。他的一些成绩记录可见*KGW*, v. 19, Nr. 7.9, p. 317。

23 Jarrell, Richard A. “The Life and Scientific Work of the Tübingen Astronomer Michael Maestlin.” PhD diss., University of Toronto（1971）, pp. 41，170.

24 Jarrell, Richard A. “The Life and Scientific Work of the Tübingen Astronomer Michael Maestlin.” PhD diss., University of Toronto（1971）, p. 160; *KGW*, v. 13, Nr. 119, p. 328.

25 开普勒在许多著名的诗句中都曾提出过异议。参见Donahue, *Astronomia Nova*, p. 30。

26 各路学者早已认识到，无论宗教还是科学，都不必内在融贯（谢天谢地！）。正是托马斯·阿奎纳（Thomas Aquinas）把这种区别说成是“自成一体的”，这种说法在《神学大全》(*Summa*) 中随处可见。有兴趣的读者可从下列文献中找到相关文本证据：Clark, Ralph W. “Aquinas on the Relationship between Difference in Kind and Difference in Degree.” *Thomist：A Speculative Quarterly Review* 39.1（1975）：116。

27 Kepler, *Nova*, p. 30.该文献中有一句很有趣的描述，可惜我无法将其放在自己的叙述中：“给白痴进一言：那些太笨而无法理解天文学，或者过于感伤而担心相信哥白尼的观点会损害自己信仰的人，我建议他们别多管闲事。他们应该回家照看好自己的一亩三分地。他们能够肯定的是，自己并不比天文学家更崇拜上帝。”

28 Rothman, *Strife*, p. 34, or *KGW*, v. 13, Nr. 80, p. 151.我为了增加戏剧效果而添加了省略符号。

29 Rothman, *Strife*, p. 42, citing D. Martin Luther Werke, Weimarer Ausgabe（Weimar, 1883–1929）, Schriften，26，332b.引文稍有改动。

30 *KGW*, v. 13, Nr. 8, p. 10.

31 *KGW*, v. 13, Nr. 8, p. 10.

32 原文出自：*Harmony of the World*, *KGW*, v. 6, p. 93。我相信艾顿（Aiton）、邓肯（Duncan）和菲尔德（Field）对原书第129页的翻译有误。（这也是我经常会犯的错误！）他们不小心把这句话译成了相反的意思。开普勒在原书第283页解释了“自然的方法”的含义。

33 Bruno, Giordano. *Jordani Bruni Nolani Opera Latine Conscripta*, v. 1, pp. 324–5. Niapoli：Frommann，1879; Rowland, *Giordano Bruno*, p. 219.

34 见Yates, *Giordano Bruno and the Hermetic Tradition*, p. 143：“无穷无尽的宇宙和无

数的世界对他来说意味着新的启示，也是他对神性反复强调的表现。”

35 *KGW*, v. 13, Nr. 23, p. 33.

36 Field, *Cosmology*, p. 47, with edits. Also, *KGW*, v. 1, pp. 11–2.

37 Kepler, *Secret*, p. 67.

38 Rothman, *Strife*, p. 150. 他们还解释了十分奇特的“鸡蛋”隐喻。

39 Koestler, *Sleepwalkers*, p. 251.

40 *KGW*, v. 12, Nr. 60, p. 105. 大象的说法见*KGW*, v. 12, Nr. 64, p. 113。梅斯特林的“大火”指的是火神武尔坎（赫菲斯托斯）。他是用希腊诸神作为隐喻。就开普勒的情况而言，我尤其注意到他把自己比作女人的隐喻。

41 原书中标题为：“*Prodromus dissertationum cosmographicarum, continens mysterium cosmographicum, de admirabili proportione orbium coelestium, de que causis coelorum numeri, magnitudinis, motuumque periodicorum genuinis & proprijs, demonstratum, per quinque regularia corpora geometrica*,”翻译过来为：“宇宙学论文的先驱，其中包含了宇宙的奥秘；关于天体的奇妙比例，以及天体的数量、量级和周期性运动的真理，以及具体原因；由五种正多边体组合而成。”我更喜欢艾顿的译名，尽管不是最准确的，但肯定最吸引人。

42 Kepler, *Secret*, p. 63.

43 Kepler, *Secret*. p. 63.“各面一致”在正多面体的定义中显得毫无意义，但又不显得冗长。它们还要求正多面体内所有的角都相等。

44 Kepler, *Secret*, p. 97（文中图片来自：p. 153）开普勒用的是“半径”的说法，它与轨道、周长保持相同的比例。摘自：*KGW*, v. 13, p. 32, Nr. 22。

45 开普勒在水星上的“作弊”用的是八面体中间形成的正方形的内接圆，而非八面体本身内接的球体。

46 *KGW*, v. 19, p. 336, and Caspar, Kepler, p. 40.

47 Kepler, *Secret*, p. 149.

48 摘自：King James, Wisdom of Solomon, chapter 11, verse 20. 感谢菲尔德对《世界的和谐》（*Harmony of the Worlds*）的精彩讨论，他先于克雷墨（Kremer）的*Zagan*一书而树立了这方面的参照。

49 Kepler, *Secret*, p. 19. 也见 Kepler, *Somnium*, p. 239。引文经过简化处理。

50 约翰·弥尔顿亦是如此。见《失乐园》卷三的开篇。开普勒一生都相信数字是永恒的，并且在《世界的和谐》第146页、第367页等处反复提到这个观点。

51 From Canto III, *Inferno*.

52 这种担心会让量子物理学家们感到好笑。见*Secret*, p. 123。

53 Kepler, *Secret*, p. 201.引文经过简化处理。

54 Kepler, *Secret*, p. 63.

55 Rothman, *Strife*, p. 51. Also, Voelkel, *Composition*, p. 64. Also *KGW*, v. 13, Nr. 52, p. 97.梅斯特林还添加了一份十分专业的材料。实际上，梅斯特林对开普勒处女作的贡献是非常大的，我甚至认为，若没有梅斯特林就不会有开普勒。开普勒也承认这一点。有关梅斯特林对《奥秘》贡献更全面的统计分析，以及对其所加附录的翻译，见Grafton, Anthony. "Michael Maestlin's account of Copernican planetary theory." Proceedings of the American Philosophical Society 117.6（1973）：523–50。

56 Kremer, *Zagan*, p. 113，"Kepler versus Lansbergen：On Computing Ephemerides, 1632–1662", O. Gingerich. Also *KGW*, v. 13, Nr. 52, p. 95.

57 *KGW*, v. 13, p. 36.

58 Kepler, *Secret*, p. 65.

59 Kepler, *Secret*, p. 225.多亏了该书第253页的脚注。艾顿添加的评论也十分有价值。

60 细节描写来自罗兰（Rowland；*Giordano Bruno*, p. 10），自然，我在此会加以戏剧化处理。

61 这本书的出版名为"*Acrotismus camoeracensis*"，见Kremer, *Zagan*, Michael A. Granada，"Kepler and Bruno on the Infinity of Solar Systems," p. 143；也见Evans, *Rudolf II*, p. 232。

62 这句话自然是写给伽利略的；因为我并不十分确定，开普勒此时是否和伽利略相互认识，也没有详细考证此事。*KGW*, vol 4, p. 304.也见Kepler, *Conversation*, pp. 36–7。

63 *KGW*, v. 16, p. 142, Nr. 488. Also Kremer, *Zagan*，"Kepler and Bruno on the Infinity of the Universe and of Solar Systems," Miguel A. Granada, p. 135.

64 1600年，德国农民人口1360万，占总人口的85%。

65 Caspar, *Kepler*, p. 237.奇怪的是，开普勒似乎只用他蹩脚的德语方言谈论下层阶级。

66 Caspar, *Kepler*, p. 172.引文稍有修改。

67 这是一句名言，“*Varium et mutabile semper foemina*”。*KGW*, v. 1, p. 36，也见艾顿的译本，第117页。

68 *KGW*, v. 13, Nr. 60, p. 104.

69 Caspar, *Kepler*, p. 75.这封信的全文见*KGW*, v. 13, Nr. 64, pp. 113–9。

70 *KGW*, v. 13, Nr. 64, p. 115.

71 Caspar, *Kepler*, p. 77; *KGW*, v. 13, Nr. 99, p. 228; Voelkel, *Johannes Kepler and the New Astronomy*, p. 38.

72 *KGW*, v. 13, Nr. 75, p. 143. Cf. Nr. 73，76.

73 Rosen, *Three Imperial Mathematicians*, p. 86.凯斯特勒认为，开普勒要求乌尔苏斯给第谷寄去自己的作品，但这（就我所知）不属实（p.298）。

74 Rosen, *Three Imperial Mathematicians*, pp. 90–1.

75 大量文献表明，开普勒给第谷寄去了一本《奥秘》(Christianson, *Island*, p. 299, Caspar, *Kepler*, p. 70)。罗森基于他在更早的时候给乌尔苏斯的信件而否认了这种观点（*Three Imperial Mathematicians*, p. 106）。我赞同罗森的看法。

76 *KGW*, v. 13, Nr. 92, pp. 197–202.这封信在别的著作中也有小幅删节版。部分内容也见*Three Imperial Mathematicians*, p. 110。

77 Koestler, *Sleepwalkers*, p. 298.

78 Kepler, *Defense*, p. 15.

79 乌尔苏斯这样做了不止一次而是两次。Kepler, *Defense*, pp. 53–4.

80 Rosen, *Three Imperial Mathematicians*, p. 145.

81 *KGW*, v. 14, Nr. 132, p. 43, lns. 1–4.本节引文的多数内容都出自一封十分重要的信件。

82 *KGW*, v. 14, Nr. 132, pp. 44, ln. 36，50，78，81–3，110，112–3.我在引文中删除了不相关的名字。关于lns.112–3的相关的评论见Grafton, Anthony. “Kepler as a Reader.” *Journal of the History of Ideas* 53.4（1992）：561。与乌尔苏斯相关的部分译文见Kepler, *Defense*, p. 66。

83 *KGW*, v. 14, Nr. 132, p. 56, ln. 523.

84 *KGW*, v. 14, Nr. 132, pp. 56–7, ln. 560–9. Also Caspar, Kepler, p. 98.

85 开普勒以某种方式对这两道菜进行过十分出名的评论；对乌龟的评论见Caspar,

Kepler, p. 76, or *KGW*, v. 13, p. 185, Nr. 89, ln. 227；对沙拉的评价见Ferguson, *Tycho & Kepler*, p. 296 or *KGW*, v. 1, p. 285。

86 *KGW*, v. 14, Nr. 132, p. 57, ln. 597–9. 开普勒接着说，他不介意保护妻子。

87 *KGW*, v. 14, Nr. 132, p. 46, ln. 135–40.

88 *KGW*, v. 14, Nr. 132, p. 54, ln. 469–70. 自然地，我在此略过了开普勒就世界和谐所做的大部分数学工作，后文会涉及此部分内容。

89 *KGW*, v. 14, Nr. 133, p. 59. 这是下一封信中的内容。在"Nr. 142, p. 86"中，开普勒直截了当地告诉梅斯特林自己要走了，但信中的内容并不那么有趣。这位官员是赫尔瓦特·冯·霍恩堡（Herwart von Hohenburg），他是巴伐利亚（Bavaria）而非格拉茨的主政官，虽然他是虔诚的天主教教徒。

90 此人是霍夫曼（Hoffman）男爵。

91 *KGW*, v. 14. Nr. 178. "我什么都不能给你"专指图宾根大学的教授职位。

92 *KGW*, v. 20.1, p. 18. 也见Kepler, *Defense*, p. 135。

93 *KGW*, v. 20.1, p. 18. 也见Kepler, *Defense*, p. 135。

94 *KGW*, v. 20.1, p. 18. 也见Kepler, *Defense*, p. 135。

95 乌尔苏斯可能是为了躲避第谷，也可能是为了躲避瘟疫，或者也可能因为与皇帝闹翻了而离开的。自然，第谷认为此事与自己有关。

96 *Triangulorum Planorum et Sphaericorum Praxis Arithmetica Qua Maximus Eorum Praesertim in Astronomicus Usus Compendiose Explicatur*（被特别且简明扼要地解释、在天文学中十分有用的平面和球面三角形算术实务）这本书并不经常被人提及，但布拉赫的研究计划体现的技巧十分吸引人。参阅：J. L. E. Dreyer, "On Tycho Brahe's Manual of Trigonometry," *The Observatory*, v. 39, pp. 127–31（1916）。

97 此处的解释参考了弗尔克尔（Voelkel；*The Composition of Astronomia Nova*, pp. 100–101）的说法。关于隆戈蒙塔努斯的有用信息可参考：*On Tycho's Island*, pp. 314–6。

98 这段马车路程约为100千米。见*TBOO*, v. 8, p. 246。托伦认为路程耗时约为6小时，见*Lord of Uraniborg*, p. 414。

99 *KGW*, v. 14, Nr. 187. 也见Thoren, *Lord*, p. 463。

100 *KGW*, v. 14, p. 109, Nr. 157.

101 *KGW*, v. 14, p. 109, Nr. 157.

102 源自约翰·济慈的最后一封信：“我经常会感觉真实的生命正在消逝，我正过着死后的生活。天知道那会是怎样的——但在我看来——我不会谈论这个话题。”

103 此处的内容综合了以下各处的信息：*KGW*, v. 19，2.1, pp. 37–40, ln. 1，7–8，11–3，42，54–5，122。我认为自己没有算错行数（每页五十行）。为了方便叙述，我把2.1和2.2号文件写成了大致相同的样子。

104 *KGW*, v. 19, Nr. 2.1, p. 40, ln. 148–52.

105 *KGW*, v. 19, Nr. 2.2, p. 42.

106 *KGW*, v. 19, Nr. 2.2, p. 42.

107 *KGW*, v. 19, Nr. 2.4, p. 45.

108 *KGW*, v. 19, Nr. 2.4, p. 46.

109 *KGW*, v. 19, Nr. 2.1, p. 40. 他好像不应该在此时才这样说（开普勒在这份契约之前应该就注意到了这一点）。

110 Caspar, *Kepler*, p. 374. 请注意，开普勒在《奥秘》完成后曾泣不成声。

111 这句话出自欧文·豪（Irving Howe）的《父亲之死的沉思》，这本书也以类似的话作为结束：“我把本该作为父亲哀悼的人编成了一个神话，把他放在我唯一讲述的故事中心，这样做是为了促成不同代际的人之间的和解。”

112 实际上，第谷所言远非于此。由于开普勒从布拉格寄给第谷的一封或多封信件现已遗失，此处的叙述已完全无法复原当时的情形（尽管为了行文的流畅，此处并未提到这一点），显然，这些信件非常不礼貌。第谷曾在给他的雇员杰赛尼乌斯（Jessenius；此人也是早先会议中的公证人）的信中提到过此事：

“你跟其他人都是听众和旁观者，见证了开普勒在离开之际和随后在马车旁告别时的言行举止，他当时承受着因之前的事情而产生的悔恨，所有人都无法控制情绪，他应该选择原谅，因为我不会赠予陌生人礼物。于是，我便悄悄地告诉你：你应该在布拉格为我准备一份剧作，以证明他行为的不检点，并且想和我重归于好。在你确认了这一点后，请事先单独告诉我，不要有任何顾虑。他在旅途中会受到你的严厉告诫和坚决斥责，因为他曾毫无主见地受到恶人的左右，违背了学者和高尚之人的本分。

“为此，我特意把他的亲笔信寄给你，信中体现的无边暴躁、过度傲慢，以及无理取闹都不对我的胃口，我也没有任何办法假装接受，如果他当时不是精神错乱（他的病情可能被他自己当成主要原因，他应该会暗中庆幸），而是以清醒的头脑亲自执笔，那这些都出于他无知的执念（虽然我现在已经开始原谅他了，如果他恢复理智的话）。”

上述内容出自：*TBOO*, v. 8, p. 298; *KGW*, v. 14, Nr. 161, p. 113。不幸的是，故事和篇幅不允许我完全表达出第谷超乎寻常的深奥思想，以及满是代词的拉丁语风格。我在上述译文中保留了很多“翻译腔”，以试图传达出原文的韵味。与此前的传记作者不同，我不认为第谷的上述论述值得重视。

113 托伦（*Lord of Uraniborg*, p. 441）认为有这种可能，原始出处：*TBOO*, v. 8, p. 299。虽然有些牵强附会，但也并非全无道理，而且可以达到很好的效果。

将开普勒与布拉赫相处的经历与克里斯蒂安松的《第谷的小岛》（第151页）上的另一个德国人的经历比较是非常有价值的。

114 *KGW*, v. 14, Nr. 161, p. 13（上文也引用过）。也可参见Koestler, *Sleepwalkers*, p. 306。

115 此处的描述综合了以下材料：*KGW*, v. 19, p. 336, Nr. 30。凯斯特勒的译文则要长得多（*Sleepwalkers*, p. 236）。

116 Nr. 162的开篇，摘自：*KGW*, v. 14, p. 114。有删节。凯斯特勒给出了更加详尽的译文。卡斯帕注意到，这封信可能从未寄给第谷，因为其中缺乏常见的致意用语（*Sleepwalkers*, pp. 306–7）。

117 *KGW*, v. 13, Nr. 117, p. 311.由此可见，开普勒在遇到第谷之前就有这样的想法，虽然这也于事无补。

118 Baumgardt, *Johannes Kepler*, pp. 62–3.

119 Caspar, *Kepler*, p. 76, *KGW*, v. 14, Nr. 188.卡斯帕提示这是布拉赫寄给开普勒的唯一一封信件，这封信因为开普勒在其页边写了天文学手稿而得以保存（Caspar, p. 119）。也见Dreyer, *Tycho Brahe*, p. 300。

120 Rublack, *Astronomer and Witch*, p. 147, *KGW*, v. 14, Nr. 188.

121 *KGW*, v. 14, Nr. 187, also p. 480.

122 *KGW*, v. 14, Nr. 191.这位秘书是约翰内斯・埃里克森；Christianson, *Island*, p. 273.

123 *KGW*, v. 14 Nr. 186.

124 Ferguson, p. 254.

125 *KGW*, v. 14, Nr. 168, ln 39，105，110–3.

126 *KGW*, v. 14, Nr. 170，也见p. 475.值得注意的是，隆戈蒙塔努斯那包含了月球理论的作品中的确用到了一些哥白尼的方法。

127 众所周知，这是一项不可能完成的事情。隆戈蒙塔努斯干的就是这件事。见Christianson, *Island*, p. 318。我在这里的确给了隆戈蒙塔努斯些许忏悔；参阅：Swerdlow, Noel M. "Tycho, Longomontanus, and Kepler on Ptolemy's solar observations and theory, precession of the equinoxes, and obliquity of the ecliptic." *Ptolemy in Perspective*，151–202. Springer Netherlands，2010。即便在斯韦德罗的描述中，隆戈蒙塔努斯似乎也错失了宏大格局。

128 *KGW*, v. 14, Nr. 203, ln. 21–3.

129 Caspar, *Kepler*, p. 120.

130 *TBOO*, v. 8, p. 371. Also Thoren, *Lord*, p. 454.引文有删节。

131 具体而言，留下来的是他的《天文学假设》(*Astronomicis Hypothesibus*)。见*The Book Nobody Read*, p. 118。

132 这位朋友是乔治·罗伦哈根（George Rollenhagen），见*Three Imperial Astronomers*, p. 126; *TBOO*, v. 8, p. 51。这让人想起了著名的塞尔定律："学术政治是最恶毒、最痛苦的政治形式，因为风险太低了。"

133 Thoren, *Lord*, p. 459, *Three Imperial Mathematicians*, p. 302.这本书被译为：*The Birth of History and Philosophy of Science：Kepler's A Defense of Tycho Against Ursus*，译者为：尼克・贾丁（Nick Jardine）。

134 *Kepler*, *Defense*, p. 27.

135 *TBOO*, v. 13, p. 283; Rosen, *Three Imperial Methematicians*, p. 313."喝酒"是一种"生活方式"（victus），罗森更加准确地将其译为"饮食方式"，但考虑到第谷的问题在于尿毒症，这种译法实在毫无意义。

136 Zeeberg, *Urania*, p. 61.

137 Dreyer, *Brahe*, p. 367.译文有改动。纵观基尔斯滕的一生，索菲娅似乎是布拉赫家族中唯一一位善意承认其地位的人，见Friis, *Sofie Brahe Ottesdatter*, p. 25。

138 Thoren, *Lord*, pp. 45–6，461.

139 Zeeberg, *Urania*, pp. 94, 136–7; *TBOO*, v. 9, p. 193, lns. 23–4.

140 Thoren, *Lord*, pp. 324–5.托伦尤其精通第谷的月球理论（尤其是他的章动说，或者“倾角的变化”学说）。参阅：An Early Instance of Deductive Discovery：Tycho Brahe's Lunar Theory, *Isis*, v. 58, No. 1（Spring，1967), pp. 19–36；*Tycho Brahe's Discovery of Variation*, Centaurus，1967 : v. 13 : no. 3 : pp. 151–66。

141 *Tycho Brahe's Discovery of Variation*, p. 16.

142 *Tycho Brahe's Discovery of Variation*, p. 165.

143 *Tycho Brahe's Discovery of Variation*, p. 163.我对标点符号进行了修改。开普勒在其《世界的和谐》(第163页）中用到了这个事实。

144 在中世纪欧洲的诗歌中，将日月类比为夫妻司空见惯，在德国尤其如此。参阅：Wunder, Heide. *He is the sun, she is the moon*：*Women in early modern Germany*, esp. pp. 205–6. Harvard University Press，1998。

145 *TBOO*, v. 9, p. 193, ln. 25; p. 202, lns. 10–4.引文有所简化。

146 这样的错误见 Arthur Koestler, *The Act of Creation*, p. 428。

147 Christianson, *Island*, p. 114.《哈姆雷特》中提到过几次值得注意的天文现象：“这对我们的欲望来说是最大的倒退（retrograde)”“即便把我关在果壳之中，我仍是无限宇宙之王”“她的生命和灵魂与我是如此相合（conjunctive)，正像星球不能跳出轨道一样。”(译文参考了朱生豪译本——译注）哈姆雷特刺死了国王克劳狄斯；而克劳狄斯正是托勒密的名字。第谷的《天文学剧场》也如出一辙。整个世界就是一个舞台，不是吗？我很高兴地发现，我并非唯一一个偏爱此类笨拙猜测的人，参阅 Usher, Peter. “Hamlet's Transformation.” *Elizabethan Review* 7.1（1999)：48–64。第谷与哈姆雷特的联系并非实际层面的，但莎士比亚的确自然而然地对当时的天文学做出了反应，就像第谷在诗歌中的做法一样。

148 Dreyer, *Brahe*, p. 376.

149 盗墓贼应该很失望，因为第谷“随葬的鼻子”并非平时戴的那个，而且其中含铜量很高。见 Johns Hopkins University Press，2002. Hellman, C. Doris. “Tycho Brahe,” *Dictionary of Scientific Biography*, v. 10, pp. 473–5。

150 “Nechci umřít jako Tycho Brahe,” *A Rough Guide to Prague*, Rob Humphreys, p. 92. Also Hven's Gate, J.L. Heilbron, *London Review of Books*, v. 22 No. 21，2

November 2000, p. 24.

151 这是作者非常刻意的误译，综合了以下信息：Christianson, *Island*, p. 164（“酒桶中的酒水喝到”）Ferguson, *Tycho & Kepler*, p.，112，376（“仅剩残渣”）。在*TBOO*, v. 7, p. 327中，“技术”（artem）一词直接意味着“饮酒”，但以上述风格讲述并未让我感到有愧于诗意无存。如今，汶岛上建有一间名为“汶岛之魂”的酒厂，出产的是特制的单一麦芽威士忌，名为“第谷之星”。

152 *KGW*, v. 12, p. 234, ln. 10.这句话出自开普勒的《悼第谷·布拉赫》(*Elegy Upon the Death of Tycho Brahe*)，作于第谷葬礼的后一天。德文译文见*KGW*, v. 12, p. 405。

153 此处的表述引自马蒂亚斯·哈芬利弗（Matthias Hafenreffer）的描述。见*KGW*, v. 14, Nr. 198, ln. 12, p. 194。此处的内容有部分误译，原因在于它是以下内容的概括：“我听说第谷过世了，不胜悲痛：我因为很擅长数学而悲痛……但上帝会安排好一切。别的希望减轻了我的悲痛，那就是，我们这些幸存者由于获得了上帝的恩典，从而能够完成第谷那不完美的工作，进而缓解了我从第谷的早逝中承受的悲痛，甚至达到了欣喜和庆贺的程度……”

154 *KGW*, v. 14, Nr. 203, ln. 5–13，26–9，37–40，245, pp. 202–8.此处的描述综合了各种文献的信息，有相当的删节。

155 *KGW*, v. 15, Nr. 357, ln. 22–7, p. 232；Voelkel, *Composition*, p. 144.

156 Kepler, *Optics*, p. 13.

157 Christianson, *Island*, p. 368.克里斯蒂安松整理了仅存的一些与腾纳格尔相关的英文资料。这件事发生在1604年，但很明显，腾纳格尔在此之前就已经在供养她们了。第谷的另外四个女儿分别是希尔斯廷（Kirstine）、索菲（Sophie）、西德尔（Sidsel）和玛格达莱妮（Magdalene）。只有西德尔于1608年成婚。见*Danmarks Adal Aalsborg*, v. 5, p. 105.腾纳格尔的女儿名为艾达·凯瑟琳（Ida Catherine）。

158 鲁道夫·第谷·甘斯内布·腾纳格尔（Rudolf Tycho Gansneb genannt Tengnagel）。虽然有关他的记载可以追溯至几个世纪前，但我并未找到他的出生日期的相关出处，丹麦阿德尔奥尔堡的相关记录中也未得见。算起来，他的生日应该在1604年的某个时候。

159 *KGW*, v. 15, Nr. 323, ln. 229–30.

160 *KGW*, v. 15, Nr. 323, ln. 14.此处开普勒谈的是月球理论，但他接着解释了过去几年中的大部分追求。

161 Field, J. V. "A Lutheran Astrologer : Johannes Kepler." *Archive for History of Exact Sciences* 31.3（1984）：232.我会跳过开普勒的《论新星》，更愿意在后文中提到这本书。

162 *Ad Vitellionem Paralipomena Quibus Astronomiae Pars Optica Traditur*，"《天文学中的光学》作为威特罗（Witelo）的作品的补充"，这个标题太可怕了。

163 Voelkel, *Composition*, p. 147, or *KGW*, v. 15, Nr. 232.

164 *KGW*, v. 15, Nr. 357, ln. 22–7, p. 232.这部分内容照搬自之前的引用。见Voelkel, *Composition*, pp. 150–1。合同内容见*KGW*, v. 19, Nr. 5.1，5.2, pp. 189–91。

165 *KGW*, v. 15, Nr. 281, p. 23. Koestler, *Sleepwalkers*, p. 346, Caspar, *Kepler*, p. 140.开普勒此处的措辞并不晦涩，但狗不（或者不应该）吃干草。他用狗作为隐喻实在高明。

166 Voelkel, *Composition*，148, *KGW*, v. 15, Nr. 281, p. 23.

167 *KGW*, v. 15, Nr. 296, p. 58.为理解乌尔苏斯和第谷的争论，腾纳格尔此前就寻求过开普勒的帮助，见Kepler, *Defense*, pp. 67–71。

168 他和腾纳格尔以及约斯特·比尔吉（Jost Bürgi）于1604年11月21日观察了新星。*KGW*, v. 1, p. 159.

169 Voelkel, *Composition*, p. 153, *KGW*, v. 15, Nr. 325, ln. 69–72.弗尔克尔的著作很精彩，并且善于引经据典。

170 *KGW*, v. 15, Nr. 304, p. 71，也见Voelkel, *Composition*, p. 152。

171 *KGW*, v. 15, Nr. 305, p. 73, ln. 59.引文有删节。见T.S.艾利奥特（T.S. Eliot），《J.阿尔弗雷德·普鲁弗洛克的情歌》（*The Love Song of J. Alfred Prufrock*）："呵，确实地，总还有时间/来疑问，'我可有勇气？''我可有勇气？'/……/我可有勇气/搅乱这个宇宙？/在一分钟里总还有时间/决定和变卦，过一分钟再变回头。"（译文出自查良铮译本——译注）开普勒自然是胆大的。

172 *Astronomia Nova ΑΙΤΙΟΛΟΓΗΤΟΣ, seu Physica Coelestia, tradita commentariis de Motibus Stellae Martis, Ex observationibus, G. V. Tychonis Brahe.*（在因果关系或天体物理学的基础上对第谷·布拉赫绅士的观测结果中的火星运动的评注得出的

新天文学。）年轻的开普勒的口气可真不小！

173 感兴趣的读者可能会喜欢这篇文献：Barreca, Francesco. “The Allegory of War in Johannes Kepler’s Astronomia *Nova*.” *Nuncius* 26.2（2011）：312–33。

174 此处的描述为我们呈现了一个惊人的哥白尼形象，它不同于任何常见的英文传记的描写！ *KGW*, v. 3, p. 8.引文有删节。

175 *Kepler*, *Nova*, p. 15.引文有删节。

176 *Kepler*, *Nova*, p. 5.

177 开普勒在自己的作品中引用过诸多文学作品，但维吉尔的影子最为显眼。引用奥维德的作品见Kepler, *Nova*, p. 316。贺拉斯见p. 376。维吉尔参见“荆棘之路”部分，他在第58章引用了《牧歌集》，见Kepler, *Nova*, p. 428。还有几次是在导言中，见Kepler, *Nova*, pp. 28–9, and p. 83和其他地方。维吉尔算得上非常标准的诗歌参考，对我而言似乎很清楚的是，开普勒喜爱维吉尔跟伽利略偏爱阿里奥斯托类似，但就我的阅读范围而言，开普勒的传记作者们没人注意到这个情况，对开普勒而言，维吉尔是其诗歌写作风格的学习榜样。

178 Kepler, *Nova*, p. 10.

179 Kepler, *Nova*, p. 379.

180 开普勒的《新天文学》是一部复杂的数学著作。想要完整了解开普勒数学风格的读者不妨参考书中附录：《新天文学诞生的七支小插曲》。

181 Kepler, *Nova*, p. 190.

182 这个角度由轨道的中心分别到弧线的末端和偏心匀速点的连线夹角构成。我想，之所以这样命名，是因为这项工作的前提就是假设轨道是等距的，这为行星运动提供了物理解释。见Koyré, *Astronomical Revolution*, Appendix I, p. 365。

183 我此前就坚持这个主张，但并未看到很多人也这样认为。金格里奇（Gingerich）提出现过同样的看法（*The Eye of Heaven*, p. 321）。无论如何，开普勒肯定发明了某种天体物理学。我相信这是第一个有科学依据的天体物理学。

184 Kepler, *Nova*, p. 285.

185 Kepler, *Nova*, p. 314.更准确地说，开普勒要求几何学家用几何学解决只能靠微积分才能解决的问题。

186 Whiteside, Derek T. “Keplerian Planetary Eggs, Laid and Unlaid，1600–1605.” *Journal*

for the History of Astronomy 5.1（1974）：11.开普勒在《新天文学》中的所有关键设置似乎都配有一篇精彩的数学文章。怀特赛德（Whiteside）的文章就是典型。

187 Kepler, *Nova*, p. 354. “它”指的是轨道符号，我把这个符号删去了。众人通常认为，开普勒通过三角测量的方法发现了椭圆，而这个方法只出现在《新天文学》的靠后章节；我认为这个三角测量并不重要，甚至我都没提到过它。参阅：Wilson, Curtis. “Kepler's Derivation of the Elliptical Path.” *Isis* 59.1（1968）：4–25。而在开普勒研究火星的初期，他也使用过类似的三角测量法，但这不过是为了证明偏心匀速点的合理性；请再次参阅威尔逊（Wilson）的文章，或者：Voelkel, *Composition*, p. 106。我会默认，开普勒的轨道假设最终从卵形到椭圆形的过渡本质上仅有美学价值。

188 Kepler, *Nova*, p. 338.开普勒的这番话谈论的是他发现的非圆形的第一均差，但我把这个事实和他发现的椭圆第一均差合在了几章之后，因为二者的区别太微妙了，并不适合这个简单的概括。

189 Kepler, *Nova*, p. 407.

190 Kepler, *Nova*, p. 437.多纳休很明智地选择了这幅画作为他们的译本的封面，这是个美丽的象征。而德林克沃特（Drinkwater）则在他们的《开普勒的一生》第34页中“更新”了版本。

191 但丁的天文学自然不那么科学，但它很引人入胜，值得深入研究。科尼什（Cornish）的《解读但丁的星辰》（*Reading Dante's Stars*）便是这个领域的近期作品（但书中相当合理地预设了读者对但丁诗歌十分了解）。该书第一章十分重要，尤其是第15页。

192 *Paradiso*, Hollander translation, Canto 22, p. 601.但丁共计穿越了九层天球，每颗行星位于不同的天球上，然后是刚刚抵达的恒星天球。上升的过程最终以纯洁之光中的上帝身影为终点。我认为“笑对苦难”这个观念是对开普勒整个世界观的极佳概括。（参考了朱维基译本——译注，下同）

193 *Paradiso*, Hollander translation, Canto 10, p. 250.

194 *Purgatorio*, Hollander translation, Canto 30, p. 669.

195 *KGW*, v. 15, Nr. 322. Also Koestler, *Sleepwalkers*, p. 347.此处呈现的是这封信的极简版。

196 *KGW*, v. 17, Nr. 643.开普勒引用这些话来质疑这种说法，但它们似乎并非空穴来风。也见Caspar, *Kepler*, pp. 173–6，206–8；Rublack, *Witch*, pp. 278–80.

197 Caspar, *Kepler*, p. 176.

198 我此处的描述包括了开普勒的继女雷吉娜（Regina），他对继女视如己出。他的儿子弗里德里希1611年2月19日死于天花，年仅6岁，这个年纪在我看来与婴儿无异。这让芭芭拉陷入抑郁。开普勒的另外两个孩子分别是1603年出生的苏珊娜（Susanna；按照他的长女命名的）和1608年出生的路德维希（Ludwig）。

199 Caspar, *Kepler*, p. 207.我在此的介绍有些时代错置，因而未讲明她死亡的具体日期。芭芭拉去世于1611年7月3日。我这样做出于三个理由。首先，我想在讨论伽利略之前把她引出来，因为很明显，伽利略必须在1610年之前出场；其次，我试图为芭芭拉的死亡披上永恒的外衣；最后，我想在此将她生儿育女之事和开普勒的创作并述。

200 Caspar, *Kepler*, p. 207. Also, *KGW*, v. 12, p. 214; v. 19, Nr. 7.14, p. 322.整本诗集极其感人；其中包含了他为夭折的幼子所写的诗，我在此并未提到。以下是更加忠于原意的翻译："因此，现在你看到的是空洞的形象/因为在遭受了痛苦之后/你会感受到/自身永恒的光芒/为何你害怕放弃这一切/啊，而要朝美好的东西望去呢？"

201 *KGW*, v. 12, p. 213.下一行诗写道："这是重婚。"开普勒因为妥协而对自己的残忍行为极为愧疚。

202 *KGW*, v. 15, Nr. 304, p. 71.部分译文来自：Voelkel, *Composition*, p. 152。

203 *KGW*, v. 15, Nr. 324, p. 144.请读者注意，他们是按照皇帝的意愿而一起做这件事的。

204 *KGW*, v. 15, Nr. 358, p. 247; Koestler, *Sleepwalkers*, p. 350.

205 Kepler, *Nova*, p. 134.敏锐的读者会注意到，我引用这本书的方式就像把它当作一个孩子一样。（与引用《奥秘》时一样。）

伽利略·加利莱伊

1 *Opere*, v. 9, p. 31.海尔布伦（Heilbron对此有详细的讲述）（*Galileo*, pp. 28–33）。

2 摘自：Alessandro Marsili, Olney, *Private Life*, p. 292。马尔西利（Marsili）的身份并

不是学生——这个开场只不过是模拟——它原本发生在1605年，但我们因为戏剧场景的需要而在很大程度上忽略了年表。不仅在这本传记中，而且在所有关乎伽利略的讨论中，1609年之前的所有事件的年表都仅表示大致的时间而已。

3 Benedetto Castelli；Heilbron, *Galileo*, p. 195.维维亚尼（Viviani）过于激动而不合我的口味，他说伽利略是“上帝派来的典范，他展示了艺术家的能力”。

4 Bethune, *Life of Galileo*, p. 16, Drake, *Work*, p. 105. Favaro, *Studio*, v. 1, p. 140这些作品争论说人数相当多。

世人对伽利略的公开教学情况知之甚少，但由于笔者估计这部分经历对伽利略而言具有塑造作用，于是有必要在此简单描述一些关于此事的重要信息。1593—1594年，1599—1600年，以及1603—1604年间，伽利略讲授了萨克罗博斯科（Sacrobosco）的《球体》和欧几里得的《几何原本》。1594—1595年，他讲授了《至大论》；1597—1598年，讲授了《几何原本》和亚里士多德的《力学》（*Mechanics*）。这些记录来自：Favaro, *Studio*, v. 1, p. 142。在上文提及的最后一年（即1604—1605年）间，伽利略讲授了“行星理论”，这可能为他提供了一个以冷静和公正的方式讨论其偏爱的哥白尼天文学计划的机会。

1600年左右的帕多瓦大学大约有1500名学生和55名教员。鉴于卡斯泰利（Castelli）在比萨大学教学（约500名学生，45名教员）吸引了约30名学生，似乎有理由认为伽利略公开授课时的学生人数约为100名，也可能稍微少些；数学显然是不必要的，帕多瓦大学的这个教席在伽利略的前任朱塞佩·莫莱蒂（Giuseppe Moletti）之后空缺了四年。他的公开课肯定没有私底下教学有趣，因为前者会受制于古典文本，尽管他显然相当受欢迎。

对此感兴趣的读者可参考：Favaro, *Studio*, v. 1, pp. 137–77; Biagioli, Mario；“The Social Status of Italian Mathematicians，1450–1600.” *History of Science* 27.1（1989）：41–95; Grendler, Paul F. *The Universities of the Italian Renaissance*. JHU Press，2002, and a rather fun case study on Galileo’s first university, Schmitt, C. B. “The University of Pisa in the Renaissance.” *History of Education* 3.1（1974）：3–17。

5 Guidobaldo del Monte；*Opere*, v. 10, Nr. 33, p. 45.

6 Virginio Cesarini, Drake, Work, pp. 263–4; *Opere*, v. 12, Nr. 1，349, p. 414.

7 此处谈到的数学家是贝内代托·卡斯泰利，见 *Opere*, v. 11, p. 605 or Drake, *Work*, p.

222。滑稽的是，在引文的上一段里，卡斯泰利拒绝了伽利略针对自己的反亚里士多德主义指控。

8 Vincenzo Viviani, Santillana, *Crime*, pp. 145–146.

9 Favaro, *Studio*, v. 1, p. 142.

10 Favaro, *Amice*, book VIII, p. 17; *Opere*, v. 11, p. 170. 我把此处的描述变成了对话；这句话实际上是萨格雷多从叙利亚回来之后说的。这是一个十分寻常的观点：让·博丹（Jean Bodin）在几十年前游览这座城市的时候指出："内战、对暴政的恐惧、毁掉研究的激烈政治——这似乎是唯一一个不受这些因素左右的城市。" *Galileo e Keplero*, Bucciantini, p. 24.

11 关于伽利略的情人，除了她的名字、威尼斯人的身份以及于1612年去世以外，世人对其一无所知。她被当时的人称为妓女。见Heilbron, *Galileo*, p. 104。她几乎可以肯定是个妓女（又称"高级妓女"）。

12 他们于1599年搬进这座别墅，1603年建成花园，见Favaro, *Studio*, v. 2, p. 55。

13 在其著作的第92—93页中，海尔布伦提供了关于伽利略两个女儿的占星术内容的译文。

14 这句话广为引用，比如：Heilbron, *Galileo*, p. 63. From *Opere*, v. 18, p. 209。

15 这些都是伽利略寄给修道院里的给女儿维尔吉尼娅的食物和原材料，见Galilei, *Father*, pp. 9，37，41，53，67，73，153，171，279。我做了一个创造性的跳跃，首先，很确定的是，伽利略没有在市场上购买这些东西；其次，几乎可以确定的是，他此时正种植这些作物。伽利略可能还种植了肉桂和石榴。

16 1620年左右，伽利略为他和塔索的争论，也对阿里奥斯托的作品做了认真的笔记，此后，在他的著作当中开始出现大量的对于阿里奥斯托作品的引用。但他也提到过奥兰多，见Ariosto's *Orlando Furiosa*, in the *Dialogue of Cecco*,（*Opere*, v. 2, p. 332），也见他早期的其他几个模糊的参考文献。阿里奥斯托在其第六部讽刺诗中"创造"了人文主义这个词（但这种事情永远无法彻底追根溯源），见Campana, Augusto. "The Origin of the Word 'Humanist'." *Journal of the Warburg and Courtauld Institutes*（1946）: 60–73。

17 Ludovico Ariosto, *Orlando Furiosa*, Canto X, st. 63. 我采用的是圭多·瓦尔德曼（Guido Waldman）的散文译本（第100页），但为了保持本书通篇采用的"散文

诗”风格而增加了行数。伽利略向塔索推荐了这段话，见 *Opere*, v. 9, p. 137。也见 Panofsky, Erwin. “Galileo as a Critic of the Arts：Aesthetic Attitude and Scientific Thought.” *Isis* 47.1（1956）：6。

18 Vincenzo Viviani, Favaro, *Studio*, v. 2, p. 55.

19 Shea, W. “Galileo and the SuperNova of 1604.” *1604–2004：Supernovae as Cosmological Lighthouses*. v. 342. 2005, p. 17. 此处谈论的是他关于星体演讲材料的出版事宜，但人们可能认为这个判断也适合以下作品：*Dialogo de Cecco di Ronchitti da Bruzene in perpuosito de la stella Nuova*。

20 Galilei, *Two*, pp. 178–9. 除非另有说明，所有与此实验有关的引文均来自此处相关章节。因为伽利略的长篇描述稍显烦琐，所以我对引文进行了改动。

此处的引文并非伽利略发现自由落体定律的全部过程。但进一步的阐述会极其枯燥且充满不确定的因素，因为这要依靠他那晦涩的工作笔记，所以我们无法直接引用伽利略的原话。想要从伽利略的工作笔记中得出相关解释的读者，请参见 Drake, *Pioneer*, pp. 9–31。然而，没有哪种解释是毋庸置疑的——伽利略的工作笔记没有标明日期。

21 Galilei, *Two*, pp. 178–9.

22 这里指的是詹巴蒂斯塔·德拉波尔塔（Giambattista della Porta）出版于1558年的《自然的魔法》（*Natural Magic*）一书。该书卖得很好，它描述了暗箱和望远镜。世人通常认为，伽利略把亚里士多德意义上的“原因”赶出了科学的领地，进而不需要再考虑它们，但这种说法并无多大意义。数个世纪以来，宫廷里的魔术师和医生一直在做这样的事情。

23 Galilei, *Two*, pp. 178–9.

24 算是新的发现吧。伽利略并非第一个提出自由落体定律的人。我确信尼科尔·奥雷姆（Nicole Oresme）曾提出过，多明戈·德索托（Domingo de Soto）也提出过。在微积分尚未发明的时代，人要辨明加速度、速度、距离和时间之间的关系是非常困难的，但时间平方的关系却很容易被发现，也容易被再次发现，几乎所有的自然哲学家——迈克尔·瓦罗（Michael Varro）、列奥纳多·达芬奇（Leonardo da Vinci）、萨克森的阿尔贝特（Albert of Saxony）等——都弄错了速度与时间之间基本的线性比例关系，伽利略一开始也弄错了。在纠正了这个错误之后，伽利略所做的事情就是把匀加速原理作为新物理学的起点，然后普及这个定律，所以这个定律就成了“他的”。在这个定律基础上建立物理学思想体系的任务耗费了他三十年的时间，之后才最终得以发表。

可参阅：Wallace, William A. *Prelude to Galileo : Essays on Medieval and Sixteenth-Century Sources of Galileo's Thought*. v. 62, pp. 43，84. Springer Science & Business Media，2012；Drake, *Pioneer*, chapter 2, Drake's *History of Free Fall*, or Koyré's *Galileo Studies*。很多书籍和文章都对这个问题进行了讨论，但它们都没有成功地澄清萦绕在这个问题周围的困惑。我认为这种讨论过于跟主题不合，不适合拿来做文章。

25 这句话出自伽利略写给声名狼藉的保罗·萨尔皮（Paolo Sarpi）的信件，见 *Opere*, v. 10, Nr. 105, p. 115; Koyré, *Galileo Studies*, p. 67; Renn, Jürgen, et al。译文可见“Hunting the white elephant : When and how did Galileo discover the law of fall ?” *Science in Context* 14.1（2001）：137。最后这篇论文包含了一些非常值得商榷的论断，但也深刻地表明了学者们对伽利略早期工作的猜测程度之深。

26 单独就伽利略的工具为主题的著述也值得一读，见 McMullin, *Man of Science*, pp. 256–92，“The instruments of Galileo Galilei” by Silvio Bedini。

伽利略读的是威廉·吉尔伯特的《论磁石》。让我感到遗憾的是，吉尔伯特的传记永远无法写成了，因为他几乎所有的传记材料都在1666年的伦敦大火（Great London Fire）中被烧毁了。他是一位一流的科学家，其重要性怎么强调都不过分。

27 此处为意译，见 *Opere*, v. 10, Nr. 97, p. 106。

28 *Opere*, v. 10, Nr. 97, p. 107.此处提到的是曼托瓦公爵温琴佐·贡萨加（Vincenzo Gonzaga of Mantua）。

29 Guidobaldo del Monte, in Naylor, Ronald H. “Galileo's Theory of Projectile Motion.” *Isis* 71.4（1980）: p. 551.

30 这番话引自：Silvestro Pagnoni. Poppi，Antonino. *Cremonini, Galilei e gli inquisitori del Santo a Padova*. Centro，1993.；pp. 54–5。考虑到伽利略事件的年代和知名度，这些文件直到很晚的时候才被发现，更加准确的详细记录见 Heilbron, *Galileo*, pp. 104–5。

31 Drake, *Work*, p. 47.这个故事与他在1599年被重新任命有关，但用在这里同样合宜。

32 德雷克下了一番苦功夫，他筛选了伽利略的账目，并编辑了一份伽利略私人课程的表格，以方便查阅；见 *Work*, p. 51。

33 Favaro, *Amice*, book XXI, p. 2. 我们并不清楚卡斯泰利是否出身贵族（很可能不是），但因为加入所属宗教派别之故，他也会放弃贵族头衔的所有权利。

34 此处提到的是奥托·布拉赫（Otto Brahe），见 *Opere*, v. 14, p. 150, Biagioli, *Credit*, p. 8, Favaro, *Studio*, v. 1, p. 185。

35 *Opere*, v. 10, Nr. 95, pp. 104–5，译文见 Wilding, *Idol*, p. 30。第谷亲自给伽利略去过一封信，伽利略并未回复，原因不明；信件译文见 Heilbron, *Galileo*, pp. 118–9；相关讨论见 Drake, *Studies*, p. 130。

36 *Opere*, v. 10, Nr. 57, pp. 67–8, *KGW*, v. 13, Nr. 73, pp. 130–1. 这封信在世上有多个译本，例如：McMullin, *Man of Science*, "Galileo's Contribution to Astronomy," Willy Hartner, p. 181; Koestler, *Sleepwalkers*, p. 356; Drinkwater, *Life*, p. 15。

37 这也是欧几里得《几何原本》卷五的全部内容。

在本书中，我对伽利略整个一生的"比例感"（sense of proportion，或译"分寸感"，此处根据上下文选择了"比例感"的译法——译注）的处理得益于斯蒂尔曼·德雷克，他的《科学传记》（*Scientific Biography*）让我彻底相信，比例感就是伽利略看待世界的方式；参阅：*Work*, pp. 422–35。比例关系是伽利略处理数学问题的方式，而这些问题只有通过微积分才能得以正确地解决。

然而，在同样的意义上，我也要感谢弗吉尼娅·伍尔夫（Virginia Woolf）在其《达洛维夫人》（*Mrs. Dalloway*）中对威廉爵士（Sir William）和塞普蒂默斯·史密斯（Septimus Smith）的描写："比例，神圣的比例，威廉爵士的女神……威廉爵士崇拜比例，这不仅让他自己得志，也让英国繁荣，更让境内的疯子遁形，它还禁绝了生育、惩罚了绝望，让不合宜的人无法宣传自己的观点，直到他们也具备了威廉爵士的比例感……""对我们来说，他们抗议道，生活并未赐予这样的恩惠。他默认了这个说法。他们缺乏比例感。也许，上帝终究不存在？他耸了耸肩。总之，生死难道不在我们自己吗？"

在这个问题上，我并未完全遵从伍尔夫的判断。我与之不同，我笔下的人物也有所不同。政治氛围更是天差地别；十七世纪跟现在完全不同，二十一世纪跟那个时候也迥然有别。

38 Drake, *Compass*, p. 52.

39 *Opere*, v. 2, p. 371; Drake, *Compass*, p. 41.

40 这本小册子名为"*Astronomical Considerations Concerning the New Star of the Year 1604*"。它很可能是卡普拉的导师西蒙·迈尔(Simon Mayr)以卡普拉的名义写的,但我的故事中并未提到迈尔;参阅:Westman, *Copernican Question*, p. 582。

41 *Opere*, v. 2, pp. 291, 293.

42 *Opere*, v. 2, pp. 289, 292.

43 *Opere*, v. 10, Nr. 131, pp. 153–4. 伽利略辅导的是科西莫二世(Cosimo II)。

44 *Opere*, v. 2, p. 519. 与之前一样,这个译本很可能也是卡普拉的导师西蒙·迈尔完成的。

45 *Opere*, v. 2, p. 518. 译文为意译。

46 *Opere*, v. 2, p. 532.

47 Brodrick, *Saint*, pp. 254–5.

48 我会在恰当的时候引入耶稣会士们的故事。法瓦罗(Favaro)是如此谈论萨格雷多的:"总之,对一个威尼斯贵族而言,他的职务相当卑贱。"我觉得他很讨人厌。

49 Drake, *Studies*, p. 140; Drake, *Work*, p. 139; Van Helden, *Messenger*, pp. 36–37.

50 *KGW*, v. 13, Nr. 76, pp. 144–5; *Opere*, v. 10, Nr. 59, pp. 69–71.

部分译文见Koestler, *Sleepwalkers*, p. 359。正文中摘取的信件内容已获授权。以下是信件的全文。

"好心人啊,您落款为8月4日的信件已于9月1日收悉,这封信为我带来了双重惊喜:首先,它标志着我和您这位意大利人的友谊的开端;其次,这封信也意味着我们对哥白尼学说的看法一致。因此,既然您在这封热情洋溢的信中邀请我回信,我也不愿错过这样的机会,尽管我现在是以贵族青年的身份给您写信。我认为,如果此前您一直时间宽裕,那应该看过我的书了。我也想得知您的思想进展:因为我习惯给那些毫不掩饰自己观点的人写信,不管他是谁。我多么希望,智识过人的您能察觉到时局的变化。尽管您大智若愚,但正如您所言,您会在大众的无知面前退却,从不轻率地斥责或反对通常教义所产生的疯狂,也不会轻易遵循柏拉图和毕达哥拉斯等祖师爷教导的办法,这种形象的当代榜样就是哥白尼!在他之后,包括最聪明的数学家在内的许多人都开始了推动地球的艰巨任务。这项任务现在已经不那么怪异了。也许在学者们的支持下，这项工作会成功地促使疾驰的历史车轮转向。如此，即便少数人会出于各种理由而摇摆不定，但我们这边越来越多的人会开始推翻固有的观念。也许经由这种办法，我们就能够引导众人对真理的认识。为此，您的工作也能影响那些散布不利信息的人，因为他们能从您的认可中获得安慰，并得到您的支持。也许意大利还风平浪静，大众尚未觉醒，无法相信新的观点，我们德国人也未对这种学说表示极大的热忱，但我们还是有一些避免麻烦的理由。首先，很多人的意见并不统一，因此，单凭一个行为还不足以判定众生的喧嚣。其次，与我走得近的都是些普通人，这些知识对他们来说太深奥了。因此，尽管很好奇，但他们并不理解，哪怕稍微想一想，他们就不会相信。更为明智的做法是，教导大家无动于衷，从而让人小心地把这种观点与数学争论相混淆。实际上，根据我的经验，众人听说我们根据哥白尼学说建立了星表后，可能会对数学占星术的法令痴迷不已。如今，无论谁编写星表，都可能遵循哥白尼的学说，编写者被要求略去能够被数学证明的部分，但如果没有地球转动的假设，就不会有如此局面。尽管这一点没有被宣布为自明的（αὐτόπιστα），因为他们并不承认数学的证明；而且既然数学证明为真，那为何不把它作为无可辩驳的东西提出来呢？因此，这些观点是在缺少数学证明的情况下建立的，而数学证明必然是这项工作更重要的部分。因为他们都有同一个名字，他们不会在未经证明的情况下放弃相应的主张，但因为他们不谙此道，于是还需要努力练习。尽管如此，其中还是包含了一个补救之道：避世。数学家可以生活在任何地方，不管在哪里都是最好的选择。于是，如果另一个地方的人也有相同的看法，二者就会交换信件。基于此，您的示范就意味着好的兆头（它们于我有利），并且能激发教师们的想象力，就好像各地所有的教授们都同意这一点。但为何要用这种成就来行骗呢？伽利略，自信点，站出来吧！如果我的猜测是对的，则欧洲仅有少数教师试图反对我们——这就是真理的力量。

“如果您所在的意大利不适合出版，如果您遭遇什么阻碍，也许德国能给您更多的自由。这些我就不多说了。如果您不愿公开谈论，至少可以私下给我回信，因为您已经获得了哥白尼的恩泽。

“现在，我想向您请教几个观测方面的问题：很自然地，我因为缺乏工具而向您求助。您是否有可用来准确测量80角秒（scrupules，后文有解释——译注）和四分之一度的象限仪？如果有，还请推算出12月19日晚大熊座和小熊座尾部的高度。接着，在12月26日左右再次观测这两个星座和北极星的高度。首先观察北极星，接着在1598年3月19日左右的夜里十二点观测其高度；然后在9月28日左右夜里十二点左右观测另外一颗。如果按照我选择的观测，两次观测的差异会在160角秒之间，具体值大于800或1 200角秒。为了天文学之故，这个观点必须广为传播；如果不这样做，就抓不住任何可理解的差异。然而，胜利可能恰好表现在这些最崇高的难题上，到目前为止，没有任何人抓住过这些难题，我们会向大家报告进一步的情况。我这样说应该是合理的。

“我再送两本书，因为（使者）汉贝格（Hamberg）对我说，您希望能多得到几本。不管您想把它们送给谁，送出去本身就已经是莫大的回馈了。再见了，睿智的人啊，请回复一封长信给我吧。1597年10月13日，不胜感激。

“尊重和崇敬您的

约翰内斯·开普勒教授

至最聪明的伽利略·加利莱伊先生。

帕多瓦大学德高望重的数学家。帕多瓦。”

开普勒的信很讨人开心，他在其中要求伽利略检查星星之间的视差，（就好像此前无人想到这一点一样！）并提到了（据我所知）“scrupules”一词，它是古老的迦勒底语单位，意为80角秒（而非度或分）。尽管他是个令人愉快的人，但也会给人造成隐约的烦恼，我们很容易看到伽利略为什么没有回应了。我不清楚伽利略一生中是否开展过哪怕一次肉眼天文观测，尤其在1598年之前。

51 我读过的材料显示，伽利略身高近两米（6英尺3英寸，约1.92米）。但我找不到任何支持这个观点的学术材料，尽管德雷克在其《先锋科学家》（*Pioneer Scientist*）中指出，6英尺（约1.83米）对伽利略而言是个“方便描述的高度”。

52 这要直接归结于凸透镜，不过在奥塔维奥·莱昂尼（Ottavio Leoni）所作的两幅伽利略的肖像画中，他的眼睛都因为变动（fluxion）而故意被严重扭曲。这种情况不知起于何时。在其年轻时的肖像中，伽利略的眼睛看起来是黄褐色的，但随着年纪渐长，似乎又变成了棕色。他的眼睛总是引人注目。这些肖像以彩版画的形式重印于海尔布伦的《伽利略》（*Galileo*）一书中。

53 *KGW*, v. 16, Nr. 547, p. 268；也见Bucciantini et al., *European*, p. 95。该书中的《周

游》篇算得上英文世界中对霍基的最佳描述了；也见Rothman, *Strife*, pp. 168–88。对整个旅程最好的概览可见法瓦罗对马吉尼所写的传记：Favaro, Antonio, and Giovanni Antonio Magini, *Carteggio Inedito Di Ticone Brahe, Giovanni Keplero, E Di Altri Celebri Astronomi E Matematici Dei Secoli Xvi. E Xvii. Con G.A. Magini, Tratto Dall' Archivio Malvezzi De' Medici in Bologna, Pubblicato Ed Illustrato Da A.F. Bologna : Nicolò Zanichelli*, 1886, pp. 118–37。另外，韦斯特曼（Westman）对此也有十分恰当的阐述（*Question*, pp. 460–83）。以上便是我们对霍基所知的全部，所有这些实际上都来自他寄出的信件。他的故事经常被伽利略的传记作者们歪曲，但我想不出谁能比他更能向大众传播伽利略的天文学了。

54 Drake, *Work*, p. 14.

55 Birkenmajer, Ludwik Antoni. *Mikołaj Kopernik. Część Pierwsza : Studya Nad Pracami Kopernika Oraz Materyaly Biograficzne. Krakow : Skład Główny W Ksifgarni Spółki Wydawniczej Polskiej*, 1900, p. 424.

56 这也是伽利略提出的问题，此前我们提到过；Heilbron, *Galileo*, p. 119; Drake, *Studies*, p. 130。马吉尼和伽利略一样拒绝了；据我所知，直到1653年的皮埃尔·伽森狄为止，一直无人愿意接受为第谷书写传记的任务，此事于科学史不利。

57 *KGW*, v. 16, Nr. 548, p. 271.信中提到，这本书是一位德国贵族赠送的，而德雷克则暗示赠送者为霍基（*Studies*, p. 131）。其实我并不清楚实际情况是否如此，但我遵循了德雷克的假设，因为我个人十分偏爱这个说法。

58 *KGW*, v. 16, Nr. 547, pp. 268–9.

59 *KGW*, v. 16, Nr. 552, p. 280, ln. 11.

60 这种做法确切地说也谈不上是第谷风格的延续，参阅：Voelkel, James R., and Owen Gingerich. "Giovanni Antonio Magini's 'Keplerian' Tables of 1614 and Their Implications for the Reception of Keplerian Astronomy in the Seventeenth Century." *Journal for the History of Astronomy* 32.3（2001）: 237–62。总的来看，马吉尼的科学实践似乎是带着疑问开场的，但依然可以在新发现面前做出修正。

61 *KGW*, v. 16, Nr. 560, pp. 295, 449. Kepler apologized in *KGW*, v. 16, Nr. 574, p. 310。霍基接受了这个称呼，但做了一个保全面子的回复："几乎所有来自波希米亚（Bohemia）的人都起了个温塞斯劳斯的名字。"（Nr. 577）这个错误实际上是

个十分严重的冒犯，其他几封信中也提到过。

62 我找不到任何具体的数据，但作为欧洲现存最古老的大学，这种说法肯定是真的。关于这个主题的有趣作品见Blair，Ann M. *Too Much to Know*：*Managing Scholarly Information before the Modern Age*, especially pp. 37，161.Yale University Press，2010。

63 “Bucciantini et al., *European*, p. 84. Blair, *Too Much*, p. 52”提及，多数作品的库存通常为1000册，但这种说法并不适用于专门的天文学作品。相关背景介绍见Gingerich, *No One*, pp. 126–7。该书称1000本为“海量”，并且暗示开普勒的《鲁道夫星表》印刷了550册，哥白尼的《天体运行论》为500册，牛顿的《原理》的初版和再版分别为400册和750册。

64 我根据“*KGW*, v. 16, Nr. 562, p. 298”的描述认为，鉴于霍基在意大利为马吉尼打下手，他实际上读过这本书的说法是站得住脚的，但该书的注解没有具体说到这一点。“Bucciantini et al., *European*, p. 83”等文本相当精彩地指出，“世人甚至不需要掌握拉丁语就能理解这本书，因为悖谬的是，人实际上是否读过它并不重要”。

65 Galilei, *Sidereus*, pp. 26–7.人们在对《星际信使》展开学术讨论之前，一定会听说该领域最出名的迂腐表现，即关于其标题该如何翻译的长期争论。因为本书的叙事性质，我已经把这个变化融入我们的故事之中，这个故事始于伽利略的罗马之行。对此感兴趣的读者，我建议他们直接阅读：Van Helden, *Sidereus*, p. ix–xi。

66 Galilei, *Sidereus*, p. 40.

67 Galilei, *Sidereus*, p. 59；*Opere*, v. 3 pt. 1, p. 76.

68 Galilei, *Sidereus*, p. 64，译文稍有改动。

69 Galilei, *Sidereus*, p. 84.此处的译文有大幅删节。

70 *KGW*, v. 16, Nr. 562, p. 298.

71 Bucciantini et al., *European*, pp. 90，264；*Opere*, v. 10, Nr. 303, p. 345.

72 *KGW*, v. 16, Nr. 564, pp. 299–300；*Opere*, v. 10, Nr. 288, p. 311.马吉尼让霍基卷入了一场非常琐碎的争吵之中，即跟一位名叫奥里加努斯（Origanus）的天文学家争论马吉尼的星表的质量。

73 *KGW*, v. 16, Nr. 564, pp. 299–300；*Opere*, v. 10, Nr. 288, p. 311.

74 *KGW*, v. 16, Nr. 570, p. 306.这封信后来遗失了。“亲一口”是（据我所知，现在仍旧是）意大利人表达欢乐和尊重的极为寻常的方式；这个方式也体现了霍基和伽利略的诸多往来信件的风格。波希米亚人霍基很可能开始习惯了意大利生活方式。

75 经常有人把这种出名而不着边际的描述译为英文。*KGW*, v. 16, Nr. 570, p. 306; *Opere*, v. 10, Nr. 301, pp. 342–3; Heilbron, *Galileo*, p. 161; Wilding, *Idol*, p. 119; Bucciantini et al., *European*, p. 92.

76 *KGW*, v. 16, Nr. 570. p. 308.

77 *KGW*, v. 16, Nr. 570. p. 308.

78 *Opere*, v. 3, p. 145.译文有删节。

79 《星际信使》的写作速度约为每天250字，并且还包括为期一个月的不必要的观测活动。对伽利略而言，这是个让他不爽的速度，他一直为这本书操劳到出版的前一刻。伽利略非常幸运地保持了自己的优先权，这个事实也的确证明，他的技艺超出当时其他天文学家的水平。

80 *KGW*, v. 16, Nr. 585, p. 323, *Opere*, v. 10, Nr. 376, p. 419.译文有删节以删除名字。

81 *Opere*, v. 10, Nr. 334, p. 376.

82 *KGW*, v. 16, Nr. 597, p. 342, lns. 20–7, 34; *Opere*, v. 10, Nr. 419, p. 457.译文有删节。

83 *KGW*, v. 16, Nr. 599, p. 345.这也是霍基存世的最后一封信。

84 *KGW*, v. 4, p. 288; Kepler, *Conversation*, p. 9.

85 *KGW*, v. 4, p. 288; *Opere*, v. 3 pt. 1, p. 105; Kepler, *Conversation*, p. 9.

86 Kepler, *Conversation*, pp. 12–3.译文有删节。如果开普勒在写这封信时参考了伽利略此前写给他的信件，我认为也是非常正常的事情。

87 我并不认为这种说法有确凿的证据，但请想一想：这本书非常薄，也是开普勒唯一能被外行看懂的天文学作品。一个有趣的案例佐证是，该书也是罗伯特·伯顿（Robert Burton）在其《忧郁的解剖》(*Anatomy of Melancholy*）一书中唯一提到的开普勒的作品。

88 Kepler, *Conversation*, p. 5.

89 Kepler, *Conversation*, p. 20.译文稍有改动。

90 *KGW*, v. 4, p. 304; Kepler, *Conversation*, p. 37.

91 *KGW*, v. 4, pp. 295–6; Kepler, *Conversation*, p. 22.

92 *KGW*, v. 16, Nr. 587, p. 327; *Opere*, Nr. 379, p. 421. 我对伽利略和开普勒的关系提供了一个大体上正面的描述。值得注意的是，开普勒的《对话》并非一部完全正面的作品。它是彼时对这位顶尖天文学家公正且多为好评的描述，但一些批评也足以令人相信。霍基误读了开普勒，认为他反对伽利略，梅斯特林则认为开普勒“揭了伽利略的老底”。善意而诚实的意见往往是这样，开普勒的批评立刻被大家歪曲了，从而让他成了任人打扮的小丑。

93 *KGW*, v. 4, p. 344; *Opere*, v. 19, p. 229. 我非常开心地破解了这些变位词。原文为：“smaismrmilmepoetaleumibunenugttaurias”。

94 并不一定就是变位词。见 Mosley, *Bearing*, p. 91。

95 这个记述见 Martin Hasdale. Bucciantini et al., *European*, p. 117; *Opere*, v. 10, Nr. 378, p. 420。

96 这一整段描述摘自（稍微进行了诗意的润色）：E. Neumann, “Das Inventar der Rudolfinischen Kunstkammer von 1607/11” in *Queen Christina of Sweden, Documents and Studies*（*Analecta Reginensia*, I, Stockholm 1966）, pp. 262–5 和 Evans, *Rudolf*, pp. 181, 198，多亏了“布钱蒂尼等人指出望远镜和鲁道夫奇物柜的重要关联”（*European*, p. 116）。

97 *Opere*, v. 3 pt. 1, p. 183; *KGW*, v. 4, p. 317. Heilbron, *Galileo*, p. 219. 根据这两部作品的描述，妇科医学被认为是淫秽的，因此，此处的介绍也算相当惊人了。

98 开普勒想表达的是“万岁，炽烈的双胞胎，火星的孩子”，见 *KGW*, v. 4, p. 344。实际上，开普勒对伽利略的两个变位词的猜测在几百年后被证明为真，这也着实令人震惊。

99 Galilei, *Comets*（*Assayer*）, p. 185.

100 Bucciantini, et al., *European*, p. 126; *Opere*, v. 10, Nr. 384, p. 426.

101 *Opere*, v. 10, Nr. 231, p. 253. 见 Drake, *Work*, p. 141; Drake, *Studies*, p. 150, Bucciantini et. al, *European*, p. 39。

102 *Opere*, v. 10, Nr. 277, p. 302; Thiene, G., and C. Basso. “Galileo as a Patient.” *The Inspiration of Astronomical Phenomena VI*, v. 441. 2011. 后者详细列举了伽利略的病情。

103 *Opere*, v. 10, Nr. 190, p. 213.

104 *Opere*, v. 10, Nr. 277, p. 298.很多背景信息都来自这封重要信件。

105 *Opere*, v. 10, Nr. 313, p. 358.这封信是写给马泰奥·卡罗西奥（Matteo Carosio）的，他似乎依附于玛丽·德·美第奇（Marie de Medici）和法国宫廷；他也是法瓦罗的《埃米希》（*Amici*）最后一卷（Nr. XLI）的主角，但成为主角的原因几乎完全因为这封信。

106 *Opere*, v. 10, Nr. 359, p. 400.

107 *Opere*, Nr. 209, p. 233.有删节；Biagioli, *Courtier*, p. 29。

108 *Opere*, v. 11, Nr. 570, p. 173; Allan–Olney, *Private*, p. 66.

109 1627年，伽利略又亲自写信给开普勒，信件的风格十分不着边际，他写这封信是为了给自己的学生推荐工作。见*KGW*, v. 18, Nr. 1054, p. 308；*Opere*, v. 13, Nr. 1838, p. 374。

110 *Opere*, v. 10, Nr. 379, p. 423.此处的引文有删节，并且调整过顺序。

111 伽利略的实际解法是"*altissum planetum tergenum observavi*"（我观测到最高的行星为三体星球）。见*KGW*, v. 4, p. 345。

112 *Opere*, v. 10, Nr. 402, p. 440，伽利略对朱利亚诺·德·美第奇（Giuliano de Medici）说，他在万圣节前都无法安顿下来。*Opere*, v. 10, Nr. 382, p. 424，他告诉贝利萨里奥·文塔（Belisario Vinta），自己因为"微恙"而不能一路上都骑马。这真是个聪明而委婉的说法。

113 此处的描述基于朱塞佩·佐基（Giuseppe Zocchi）的雕版画《梅佐港》（*Porto di Mezzo*），这幅画大约创作于1750年。

114 *Opere*, v. 11, Nr. 476, p. 46.

115 *Opere*, v. 11, Nr. 461, p. 27.

116 伽利略的第一个传记作者温琴佐·维维亚尼（Vincenzo Viviani）声称伽利略曾在帕多瓦大学教过萨尔维亚蒂。这几乎可以肯定是错的。卡拉乔洛（Caracciolo）推测，二人的关系起源于伽利略早年的佛罗伦萨之行，这倒可能是真的，但要等到伽利略搬到这里后，这段关系才真正得以展开［*Salviati*（"Homo Novus"）, pp. 100–103］。

117 1602年，萨尔维亚蒂与奥登西亚·弗朗切斯科·瓜达尼（Ortensia Francesco

Guadagni）结婚，举行了克里斯蒂安娜（Christiana）大公夫人出席的宴会、舞会，第二天早上还举行了盛大的早餐宴会。见Biagioli, Mario. "Filippo Salviati : A baroque virtuoso." *Nuncius* 7.2（1992）: p. 85，后文简作"*Baroque*"。

118 他的女儿名叫亚力山德拉（Alexandra）。她生于1603年，夭折于1610年。

119 Biagioli, *Baroque*, p. 90, ft. 1.

120 见萨尔维亚蒂的葬礼演说，Arrighetti, Niccolò. *Delle lodi del Sig. Filippo Salviati*, Florence, Giunti，1614, p. 28；后文简作"*Orazione*"。此事发生的原因可被理解为萨尔维亚蒂一生的核心问题。没人有任何线索。但从微观的角度看，这个问题的答案跟巴洛克式意大利的整个科学文化有关。

121 Arrighetti, *Orazione*, p. 30.

122 法瓦罗为伽利略对阿基米德的引用（超过一百次！）编列了一份清单，见*Opere*, v. 20, pp. 69–70。

123 *Opere*, v. 11, Nr. 878, p. 510.见下列古老文献：*Salviati*，"Filippo Salviati filosofo libero, un homo novus accanto a Galileo" by Allì Caracciolo, pp. 77–127。

124 我在此指的是玛格丽塔·萨罗基（Margherita Sarrocchi），她是法瓦罗的《朋友》（*Amici*）一书卷一的主角。尤其参见以下作品的优美描述：Ray, Meredith K. *Margherita Sarrocchi's Letters to Galileo : Astronomy, Astrology, and Poetics in Seventeenth-Century Italy*, p. 17–8 Springer，2016。

125 这几乎不需要证据，但"新的"这个词在萨尔维亚蒂简短葬礼的演讲中出现了十七次！新奇的说法跟常见的赞颂的目的截然相反。参阅：Thorndike, Lynn. "Newness and Craving for Novelty in Seventeenth-Century Science and Medicine." *Journal of the History of Ideas*（1951）：584–98。

126 他反复念叨这些事情直到去世的前一年。见*Opere*, v. 12, pp. 258，273，335，342，377，452。

127 *Opere*, v. 11, Nr. 915, p. 553.

128 *Opere*, v. 10, Nr. 219, pp. 242–3.

129 *Opere*, v. 11, Nr. 915, p. 554.

130 Favaro, *Amici*, Bk. 8, p. 16, Opere, v. 12, Nr. 1096, p. 157.

131 *Opere*, v. 10, Nr. 287, p. 310.引文有删节。

132 *Opere*, v. 10, Nr. 434, p. 481.

133 上图出自以下有趣的文章："Copernicus Didn't Predict the Phases of Venus" by Neil Thomason in *1543 and All that : Image and Word, Change and Continuity in the Proto-scientific Revolution*, v. 13, p. 293, edited by Guy Freeland and Anthony Corones. Springer Science & Business Media，2013。这张图经常被人使用；也见Heilbron, *Galileo*, p. 168。

134 *Opere*, v. 10, Nr. 402, p. 441; Bucciantini et al., *European*, p. 64.他也订购过开普勒的《论新星》。但我们不清楚他是否收到了这两本书。

135 此处讲述的是约翰内斯·帕皮乌斯（Johannes Papius）。摘自：Görlich, Paul. "14.5. Kepler's Optical achievements." *Vistas in Astronomy* 18（1975）: pp. 843–4; *KGW*, v. 15, Nr. 375, p. 314。有删节。

136 伽利略的真实变位词为"*Haec immatura a me iam frustra leguntur o.y.* "（这些不成熟的东西被我徒劳地汇聚一处，简称为"*o.y.*"), *Opere*, v. 10, Nr. 435, p. 483。

137 *Opere*, v. 10, Nr. 435, p. 483.值得注意的是整个句子的内容："我期待着开普勒对有关土星的夸张说法有何看法"，也即对上一个（已解决的）变位词而非这个的看法。

138 *Opere*, v. 11, Nr. 455, p. 15; *KGW*, v. 16, Nr. 604, p. 357.开普勒的猜测是"*nam Jovem gyrari macula hem rufa testatur*"（我的天，一道红色的疤痕证明了木星星环的存在）。和以往一样，木星确实有一个红斑，数百年来都没被发现，这似乎也成了科学史上一个十分惊人的巧合了。卡斯帕译出了这封信的上半部分（*Kepler*, p. 201）。

139 *Opere*, v. 11, Nr. 451, p. 12; *KGW*, v. 4, p. 348.伽利略的解决方案是"*Cynthiae figuras aemulatur mater amorum*"（爱之母模仿着辛西娅的形象）。

140 *Opere*, v. 11, Nr. 497, p. 71; Shea and Artigas, *Rome*, p. 29.

141 *Opere*, v. 11, Nr. 505, p. 79; Shea and Artigas, *Rome*, p. 31.

142 此处是对艾利奥特的《J.阿尔弗瑞德·普鲁弗洛克的情歌》(*The Love Song of J. Alfred Prufrock*）的错置。现代图景的形成是缓慢的，但无可阻挡。

143 " *Dioptrice seu Demonstratio eorum quae visui & visibilibus propter Conspicilla non ita pridem inventa accidunt. Praemissa Epistolae Galilei di iis, que post editionem*

Nuncii Siderii ope Perspicilli；*Nova & admiranda in caelo deprehensa sunt. Item Examen prefationis Ioannis Penae Galli in Optica Euclidis*, *de usu Optices in philosophia*（折射光学，或者用前不久碰巧发明的某种工具对视觉的证明）。”此前伽利略就此写过几封信，他是在写作《星际信使》之后借助望远镜完成的，伽利略在天空中发现了新奇而惊人的现象。另外，可以参考高卢人让·佩纳（Jean Pena）为欧几里得的《光学》所作的序，其中讨论了《光学》在哲学中的运用。

144 见Bucciantini, *Keplero*, p. 200：“几乎可以肯定，开普勒并未告知伽利略，他临时计划把朱利亚诺·德·美第奇（他们的中间人）的信件插入到《折射光学》导言中。”

145 Caspar, *Kepler*, p. 198; Neugebauer, *Ancient*, p. 893.

146 *KGW*, v. 4, p. 331.

147 *KGW*, v. 4, p. 334; *Kepler*, Caspar, p. 199.

148 *KGW*, v. 4, p. 387. “*Diopter*” 一词从未被译为英文，但以下这篇文章起到了关键作用：Malet, Antoni. “Kepler and the telescope.” *Annals of science* 60.2（2003）：107–36；同样重要的文章也见Ronchi, Vasco, trans. Edward Rosen. *Optics*：*the science of vision*. Courier Corporation，1991, pp. 43–54。我已经绕开了开普勒的光学工作，但对光学史感兴趣的读者最好以龙基（Ronchi）的有趣著作为入门读物。

149 Galilei, *Sidereus*, p. 37.引文进行了简化处理。“Bucciantini et al., *European*, p. 1”中记录到，伽利略的望远镜装配的是双凸透镜。

150 *Opere*, v. 11, Nr. 455, p. 16; *KGW*, v. 16, Nr. 604, p. 358.

151 这一则日记片段来自：Jean Tarde, *Opere*, v. 19, pp. 589–90。

152 在此，开普勒邀请的是马丁·哈斯达尔（Martin Hasdale），见*Opere*, v. 10, Nr. 375, p. 418。我认为这是个可爱而令人印象深刻的小细节，我必须把它囊括进来。我想他也邀请过西蒙·马里乌斯（Simon Marius）。

153 开普勒向马里乌斯提出这个建议，马里乌斯在其“*Mundus Iovialis*”中有过记录；Pasachoff, Jay M. “Simon Marius's Mundus Iovialis：400th Anniversary in Galileo's Shadow.” *Journal for the History of Astronomy* 46.2（2015）：p. 229；Owen, Tobias. “Jovian satellite nomenclature.” *Icarus* 29.1（1976）：pp. 161–2。在这四颗卫星的发

现问题上，马里乌斯与伽利略产生过比较和气的争论，但这已经超出了本书讲述的范围。罗森在《科学传记词典》(*Dictionary of Scientific Biography*)中撰写了一篇简短的记载，对于有兴趣的读者而言，这是最有用的介绍。

154 *Opere*, v. 11, p. 31; Shea and Artigas, *Rome*, p. 31.

155 *Opere*, v. 11, Nr. 517, p. 89.

156 这是他对红衣主教贝拉尔米内的答复；*Opere*, v. 11, Nr. 520, pp. 92–3；英文译文见 Brodrick, *Bellarmino*, p. 144。

157 此处谈到的是弗朗切斯科·赛西（Francesco Sizzi）的作品，见 *Opere*, v. 11, Nr. 517, p. 91; Drake, Stillman. "Galileo Gleanings III：A Kind Word for Sizzi." *Isis* 49.2（1958）：155–65。

158 见里夫斯和范黑尔登对伽利略的精彩描述：*Sunspots*, first chapter, pp. 9–24。

159 传道书1：9，"太阳底下没有新鲜事"。

160 Otto von Maelcote；*Opere*, v. 11, Nr. 810, p. 445; *KGW*, v. 17, Nr. 641, p. 37; Galilei, *Sunspots*, p. 47.

161 *Opere*, v. 11, Nr. 517, p. 91.

162 Bindman, *Pedagogy*, p. 36; Freedberg, David. *The eye of the lynx：Galileo, his friends, and the beginnings of modern natural history*, p. 66. University of Chicago Press, 2003. Gabrieli, *Contributi*, p. 4.根据加布里埃利（Gabrieli）的说法，切西与母亲的关系（母亲过于疼爱他）也会对他产生一定的心理影响。我在为切西作传时，当然也会被他的活力所感染；不能否认，他太有趣了。从我所读到的内容来看，我相信，针对他的同性恋指控并不是真的，尽管可能性也不小。当生活充满如此多的压抑的时候，很多事情都可能发生。

163 在读过一些关于切西的评论和大量原始材料后，我完全同意理查德·韦斯特福尔（Richard Westfall）的相关分析，见 "Galileo and the Accademia Dei Lincei," *Galluzzi, Paolo." Novità celesti e crisi del sapere." Novità celesti e crisi del sapere. P. Galluzzi（Editor）. Supplemento agli Annali dell'Istituto e Museo di Storia della Scienza, Monografia N. 7, Florence, Italy.（1983）*, pp. 189–200。我的抱怨在于，韦斯特福尔表现得太克制了。

164 Biagioli, Mario. "Knowledge, Freedom, and Brotherly Love：Homosociality and the

Accademia dei Lincei." *Configurations* 3.2（1995）, p. 141，其中列举了切西仇恨女性的表现。

165 Carutti, Domenico. *Breve storia della Accademia dei Lincei*. R. Accademia coi tipi del Salviucci，1883. p. 8.

166 翻译这些名字让我饶有兴致。它们分别是*Caelivagus*（天空漫游者，费代里科·切西）, *Illuminatus*［Johannes Eck（约翰内斯·埃克）］, *l'Eclissato*［日食, Anastasio de Filiis（阿纳斯塔修斯·德菲利斯）］，以及*Tardigrado*［塔迪格拉多, Francesco Stelluti（弗朗切斯科·斯泰卢蒂）］。

167 Eamon, William. *Science and the Secrets of Nature：Books of Secrets in Medieval and Early Modern Culture*, p. 231. Princeton, NJ：Princeton University Press，1996.引文有小幅修改。

168 "猞猁味儿"即"*lincealita*"。见Bindman, *Pedagogy*, p. 3，其中列举了"兄弟情义"相关的语汇。

169 此人就是詹巴蒂斯塔·德拉波尔塔，加入学社之后，他写作了《自然的魔法》一书，见Gabrieli, *Contributi*, p. 14。

170 Bindman, *Pedagogy*, p. 47; Gabrieli, *Contributi*, p. 5.引文有小幅修改。

171 这是开普勒于1610年6月7日写给马丁·霍基的信中谈到的！见*KGW*, v. 16, Nr. 580, p. 315。

172 Drake, *Studies*, p. 80.

173 摘自最终于1624年出版的学术《指南》。重印于：Odescalchi, Baldassare. *Memorie istorico critiche dell'Accademia de'Lincei e del Principe Federico Cesi, Secondo Duca d'Aquasparta, fondatore e principe della Medesima*. Salvioni，1806, pp. 307–17. Also Drinkwater–Bethune, *Life*, p. 37; Drake, *Studies*, p. 81。

174 我在此前一段时间里开始收集望远镜的别名，却发现多数名字都能在以下作品中方便地寻得：Bucciantini et al., *European*, p. 10。也见Allan–Olney, *Private*, p. 54。

175 几乎所有关于望远镜命名的信息都来自：Rosen, Edward. "The Naming of the Telescope." *New York, H. Schuman*（1947）。其中第31页印有一个关键信息。第67页有一个关键的推论："望远镜一词最初由德米西亚尼（Demisiani）发明的，

1611年4月14日，切西在以伽利略之名举办的宴会上公开使用了这个词。”罗森的推论似乎广为接受，尽管正如他所言，历史记录并不是那么条理分明。

176 Evans, *Rudolf*, p. 198.这部分内容是宫廷人物菲利普·朗（Philipp Lang）转述的，相当公正的埃文斯（Evans）称他为“邪恶的天才”。

177 *KGW*, v. 17, Nr. 710, p. 137, ln. 27.从行文来看，我们并不清楚开普勒是否被迫留下，不过我认为这种可能性不大。

178 这幅画是朱塞佩·阿尔钦博多（Giuseppe Arcimboldo）所作的《威尔图努斯》（*Vertumnus*），尺寸为70.5厘米 × 57.5厘米。这幅画本想表明鲁道夫是天选之神，但从历史和美学意义的后见之明看来，它达到的效果似乎截然相反。开普勒一定知道这幅画作，但我找不到他对此的任何评论。对伽利略的相关研究可见 *Opere*, v. 5, p. 190; Galilei, *Sunspots*, p. 257; Panofsky, Erwin. “Galileo as a Critic of the Arts : Aesthetic Attitude and Scientific Thought.” *Isis* 47.1（1956）: p. 7。

179 Christianson, *Island*, pp. 366–72，这部分内容是“Grindely, *Zeit*, p. 38, 59, 60, 192.”等处内容的英文版极佳概括。

180 这段记载来自威廉·林利思戈（William Lithgow），他是一位四处旅行的英国新教教徒，后被西班牙宗教裁判所抓去当了间谍（他也没料到会如此）。这段记述的出处很长，本文对它进行了大幅重构和删减。见G.R. Scott, *A History of Torture*（1959）, pp. 172–6; Lithgow, *The Totall Discourse of the Rare Adventures & Painefull Peregrinations of long Nineteene Yeares Travayles from Scotland to the most famous Kingdomes in Europe, Asia and Affrica*（1906）, pp. 398–407。

181 Grindely, *Zeit*, p. 254.值得注意的是，腾纳格尔在受刑期间否定了自己事先说过的话，用一种不确定的态度代替了看似真实的内容。

182 Allì Caracciolo, *Salviati*（“Homo Novus”）, p. 104; Gabrieli, *Contributi*, p. 986.讽刺的是，鉴于我接下来所写的内容，这幅作品似乎并未留存下来（即与永恒的友谊相比——译注）。

183 *Opere*, v. 11, Nr. 720, p. 351; Gabrieli, *Contributi*, p. 973.

184 此处的说法得自间接证据。我们很容易就会认为情况与此截然相反。我认为二人相互影响。有时候这又被称为“伽利略式转向”（远离德拉·波尔塔）；见 Bindman, *Pedagogy*, p. 74。

185 这个称号并非卡斯泰利独享；见Gabrieli, *Contributi*, p. 16。“猞猁之友”这个称号有些过于官方了；加布里埃利就说这个称号意味着“学社的特定类型的‘朋友’”。

186 此处对切西、伽利略和萨格雷多的描述分别见*Opere*, v. 11: Nr. 732, p. 366, Nr. 687, p. 315, Nr. 668, p. 290。萨尔维亚蒂想讨论的是鲁赞特（Ruzzante）的戏剧。

187 关于马费奥·巴尔贝里尼生平的最佳描述，见安德烈亚·尼科莱蒂（Andrea Nicoletti）为其撰写的官方传记“*Della Vita di Papa Urbano VIII, e historia del suo pontificato*”，但这本书不易获取。相应地，英语世界中最好的材料为：Rietbergen, Peter. *Power and religion in baroque Rome* : *Barberini cultural policies*。另外，下述作品也很有帮助：Brill，2006. V. 28 of Ludwig Pastor's *History of the Popes*。

188 *Opere*, v. 11, Nr. 690, p. 318.伽利略的信件内容为“Nr. 684”，译文以“伽利略的两面”之名，作为附录收在：Sunspots, p. 337。

189 *Opere*, v. 12, Nr. 999, p. 53; Gabrieli, *Contributi*, p. 977. Gabrieli p. 986.这些材料指出，萨尔维亚蒂具体的去世时间为1614年3月22日。

190 Westfall, “Galileo and the Accademia dei Lincei” in *Celesti*, p. 197.我并不清楚伽利略是否在场，尽管我推测他一定在场。

191 Arrighetti, Niccolò. *Delle lodi del Sig. Filippo Salviati*, Florence, Giunti, 1614, pp. 34–5.尤其见p. 38，其中用到了“宇宙的巨大机器”这种表达。译文偏意译。

192 Wilding, *Idol*, p. 104.这是恺撒·巴罗尼乌斯（Caesar Baronius）的作品：*History of the Council of Trent*第10卷，第775页。

193 *Opere*, v. 11, Nr. 793, p. 427; Shea and Artigas, *Rome*, p. 52; Drake, *Work*, p. 197.

194 我在此用“教条的”[dogmatic一词中也带有dog之意，但哲学派别的名字中，跟dog相关的为犬儒学派（Cynicism）——译注]旨在一语双关。这位多明我会修士的形象见Heilbron, *Galileo*中的彩图。在这位作者看来，上帝唯一真正的猎犬显然是开普勒。

195 Ricci-Riccardi, *Caccini*, p. 21.我发现此处的意大利原文十分混乱。托马索大约在35岁的年纪就在一处大教堂里讲道，这的确是十分年轻的了。

196 Ricci-Riccardi, *Caccini*, p. 31.“脾气大了点”也可译作“体液过剩”（excess of humors）。

197 *Opere*, v. 11, Nr. 827, p. 461; Shea and Artigas, *Rome*, p. 53.引文稍有删节。

198 Drake, *Studies*, p. 165.引文按照阅读习惯进行了编辑。德雷克的文章是描述这次争论最清楚的英文文献了。比亚焦利（Biagioli）也对此进行了深入分析（*Courtier*, chapter 3）。我非常同意比亚焦利的观点，即此事尚无“最终结论”。

199 Drake, *Work*, p. 173.斜体为作者所加。这位手持乌木的人是卢多维科·德勒·科隆贝（Ludovico delle Colombe）。科隆贝在意大利语中表示“鸽子”的意思。这个冲突导致伽利略撰写了一篇名为《论浮体》（*Discourse on Floating*）的小论文，但我认为这篇文章和相关争论对我的故事并无帮助，于是没有提到它们。德雷克曾在其《原因、实验和科学》（1981年）（*Cause, Experiment, and Science*, 1981）中翻译过这篇文章，而且还在其中重新刊印了托马斯·索尔兹伯里（Thomas Salusbury）更早以前的译文。

200 Shea and Artigas, *Rome*, p. 51.

201 这句话摘自米兰·昆德拉（Milan Kundera）的《笑忘书》（*Book of Laughter and Forgetting*），引文有小幅修改。我第一次读这本书还是在很久以前，但直到最近，我才意识到笑声对这本书的影响有多大——尤其《天使》这一节。以下描述摘自《彼特拉克（Petrarch）谴责博卡乔（Boccaccio）的笑声》一节：“‘另一方面，笑声，’彼特拉克继续说道，‘是一种爆炸形式，它把我们从世界上剥离，然后抛回到自身冷漠的孤独之中。笑话是人与世界之间的阻隔。’”试把此处的笑声与开普勒的笑声，或者与伽利略本人在威尼斯时的笑声做出比较。

202 Galilei, *Sunspots*, pp. 60，331.这位对话者是马克·韦尔泽（Marc Welser）。在很大程度上，我故意略过了伽利略在1611—1615年期间所经历的相当复杂的冲突，而完全把它们当作伽利略受审的背景材料。《论太阳黑子》（*On Sunspots*）从各方的角度对关于太阳黑子的争论进行了丰富、透彻且条理清晰的阐述，我十分推荐这本书。

203 Galilei, *Sunspots*, p. 67.

204 Galilei, *Sunspots*, p. 69.

205 Galilei, *Sunspots*, p. 95，引文根据阅读需要进行了小幅调整。

206 Galilei, *Sunspots*, p. 109.

207 Galilei, *Sunspots*, p. 103，引文根据阅读需要进行了小幅调整。

208 我认为我们可以有把握推断，伽利略从未收到、阅读或理解他早先在文中或者在“*Opere*, v. 10, Nr. 402, p. 441”中提到要订购的开普勒的《光学》一书。然而，在很久之后的《试金者》一书中，他才引用了开普勒的这本书。

209 Biagioli, *Courtier*, p. 114，该书部分列举了伽利略拥有或读过的礼仪方面的书籍。容我稍加分析一下伽利略的性格，他常常被指责为故意刻薄。在我看来，更准确的说法是，他无力理解社会上无处不在的间接社交礼仪。

210 *Opere*, v. 11, Nr. 795, p. 429, Galilei, *Sunspots*, p. 239.

211 *Opere*, v. 11, Nr. 849, p. 485; Galilei, *Sunspots*, p. 248. 这封信寄自卢多维科 · 奇戈利（Ludovico Cigoli）。

212 Rublack, *Witch*, p. 50.

213 *KGW*, v. 9, p. 12.

214 *KGW*. v. 5, p. 225:“我希望未来会好些；就目前而言，我已经完成了该做的事情，主要是为了妻子和工作之故而承担起新的事业。”

215 *KGW*, v. 17, Nr. 669, p. 80. 在其《梦游者》（*Sleepwalkers*）相关部分（pp. 399–405），凯斯特勒并未做出进一步的评论，这是受到凯斯特勒的性偏好的影响。凯斯特勒试图证明，开普勒在这个时期的行为就像他自己对科学工作的理解一样，他在科学中就是“梦游”着做出了“正确的选择”，而“没有经过刻意的考虑”。但即便在凯斯特勒自己的译文中，开普勒也认为，自己的行为属于道德败坏（因此是有意如此认识的）。对此事而言正确的隐喻是我在此表达的醉酒状态。

216 *KGW*, v. 9, p. 9.

217 *Nova Stereometria Dolorium Vinariorum, in Primis Austriaci, figurae omnium aptissimae ; et Usus in eo Virgae Cubicae compendiosissimus et plane singularis. Accessit Stereometriae Archimediae Supplementum*（酒桶的新测量法，主要来自奥地利，适合所有形状的酒桶；测量棒对立方体和平面的恰当使用。近乎阿基米德测量方法的补充）。俗称“Stereometria Doliorum”，这个缩写漏掉了标题中绝对滑稽的“新的”一词。这部作品的一小部分已被翻译为英文，见 Struik, *A Source Book for Mathematics*（1969）, pp. 192–7，其中提到了德文全译本，见 Ostwald, *Klassiker*, No. 165, ed. R. Klug（Engelmann, Leipzig, 1908）。

218 我对此的观点与目前学术界不一致，后者主要代表为“Voelkel, *Composition*, and

Stephenson, *Physical*”，二者把这两本书看作开普勒很有说服力的作品。我相信，如果你日复一日地沉浸于开普勒的材料中，这样的观点似乎自然就会出现，但他同时代的人，或任何一个普通读者都无法合理地相信这种观点。开普勒也认识到了自己作品的晦涩：“这两本书没印多少本，因为可以说，它把关于天体原因的教导隐藏在了无数计算之中。”

219 当然，阿基米德在中世纪并未销声匿迹，但他也没有像如今与欧几里得和亚里士多德一样一起受人颂扬。这方面的标准参考资料为马歇尔·克拉格特（Marshall Clagett）的史诗级材料作品《阿基米德在中世纪》（*Archimedes in the Middle Ages*），尤其参看第一篇文章《阿基米德对中世纪科学的影响》：“我想我们必须得出这样的结论：在希腊数学和物理学的瘠薄传统中，他扮演了一个谦逊但举足轻重的角色，这个传统从中世纪一直延续至现代。”

220 KGW, v. 9, p. 38，43. 引文经过了意译处理。

221 KGW, v. 9, pp. 42，43，46. 如今的数学家和科学家绝少（如果有的话）告诉读者，他们是未割包皮的。

222 KGW, v. 17, Nr. 672, p. 89, lns. 1–20，35，43. 我不骗你，文中的朋友是一位唤作“佐伊斯博士”［Dr. Seuss，也作约翰内斯·佐伊休斯（Johannes Seussius）］的人。我认为这封信很有趣味，它应该以删繁就简的方式重新加以理解。

223 KGW, v. 17, Nr. 634, p. 24.

224 Rublack, *Witch*, p. 147; Kepler, *Harmony*, p. 360，“一位快乐的妻子，换言之，她能愉快地感知发生在自己身上的事情，并以恰当姿势配合丈夫”。也见 Kepler, *Harmony* pp. 309–10。

225 开普勒的多瑙河之行见 KGW, v. 17, Nr. 783, p. 254; Kepler, *Somnium*, p. 184。他其实是跟随母亲一起旅行的，他还在多瑙河见到了温琴佐·加利莱伊。开普勒的继女名叫雷吉娜。他的另一个女儿稀里糊涂地就被起名为苏珊娜。开普勒对他的妹妹玛格丽塔（Margaretha）很有保护欲，见 KGW, v. 15, Nr. 376, p. 315。鲁布拉克（Rublack）的《女巫》（*Witch*）一书大量描写了开普勒身边女性的情况（尽管其信息来源有些随意，但仍不失为一本非常有帮助和学术性很强的作品）；见第42、125页（妹妹耳聋一事），尤其见203、292等页。

226 开普勒的母亲搬来搬去，从埃尔廷根（Eltingen）到魏尔德施塔特（Weil der

Stadt）再到莱昂贝格（Leonberg），但这些地方基本算同一个地区。这让我想起了威廉·科贝特（William Cobbett）的话："如果认为人总是待在一个地方会变得愚蠢，那就大错特错了。"

227 此处的描述摘自KGW, v. 11, pt. 2, p. 477中的有益评论。这是一种委婉的说法。开普勒认为母亲很勤奋，也很关心教育，但她从根本上说还是无知的。但他几乎认为所有人都是无知的。在母亲的案子中，开普勒提出的一个辩护理由是，她老糊涂了。

228 KGW, v. 11, pt. 2, p. 33；Kepler, *Somnium*, p. 36.开普勒写下这句话的时候的确想到了自己的母亲；这里的描述涉及他的《月之梦》（*Somnium*）中一位名叫菲尔希尔德（Fiolxhilde）的人物，这个人物以开普勒的母亲为原型。鲁布拉克试图表明，菲尔希尔德不是以开普勒的母亲为原型（*Witch*, p. 283；我不同意这个说法）。

229 Rublack, *Witch*, p. 76."镇长"是卢卡斯·艾因霍恩（Lukas Einhorn）。

230 为了方便，有人列举了20项初步的指控，见*OO*, v. 8, pt. 1, p. 443。这些指控涉及的不敬程度渐增。

231 Caspar, *Kepler*, p. 240；KGW, v. 17, Nr. 725, p. 155；*OO*, v. 8, pt. 1, p. 363.

232 Caspar, *Kepler*, p. 254；Koestler, *Sleepwalkers*, p. 386.

233 Caspar, *Kepler*, p. 255.

234 Favaro, *Maria*, p. 97；Heilbron, *Galileo*, p. 164.众多文本都用一份不相关的结婚证来说明玛丽娜·甘巴活着并再婚的情况。这个故事涉及很多人，我并未用维尔吉尼娅和利维娅加入修道院之后的新头衔来称呼她们，她们的头衔分别是玛丽亚·塞莱斯特（Maria Celeste）修女和阿坎格拉（Arcangela）修女。

235 Galilei, *Father*, p. 17.

236 最值得一提的是贝妮代塔·卡利尼（Benedetta Carlini），朱迪斯·C.布朗（Judith C. Brown）在其《不检点的行为：文艺复兴时期意大利女同性恋修女的生活》（*Immodest Acts : The Life of a Lesbian Nun in Renaissance Italy*）一书中对此进行了有趣的描述。而比这更常见的则是，修女与修道院外的男人有染的现象。

237 维尔吉尼娅也向伽利略说过十分类似的事情；见Galilei, *Father*, p. 93；Allan-Olney, *Private*, p. 161。我并不是要描绘一个歇斯底里的同性恋修女纷纷自杀的世界，然后震惊地发现人们反复举例说明这样的想象。这并不会减损其他修女的幸福、独身主义和女性主导的团体的可能性，也不会抵消侍奉上帝的生活所带来的精神和经济价值。但它动摇了强迫妇女进入其中的社会。宗教和治疗一样，最多只能对有心人起作用。

238 Galilei, *Father*, p. 53. 我根据少量史料得出了大量推论，但大家也必然会担心，她的“净化”之路是否是真正的治疗。

239 费代里科·切西于1614年和阿尔泰米西娅·科隆纳结婚，后者生于1600年，卒于1616年。她因为年轻而死于分娩也不足为奇。“Dispersed Collections of Scientific Books：The Case of the Private Library of Federico Cesi（1585–1630）” by Maria Teresa Biagetti in *Lost Books：Reconstructing the Print World of Pre–Industrial Europe*, p. 389，这篇文章认为，她死于“双胞胎早产之后”，虽然我并未在其他地方看到别人谈起这个死因。

240 此处谈到的是伊莎贝拉·萨尔维亚蒂。我不清楚他们的真实关系，但并非如一些二手材料报道的表兄妹关系。他的第一任新娘也跟一位名叫法比奥·科隆纳（Fabio Colonna）的猞猁学社成员沾亲带故。

241 Bindman, *Pedagogy*, p. 111.

242 此处谈到的大学是比萨大学，而非帕多瓦大学。

243 *Opere*, v. 11, Nr. 956, p. 605; Drake, *Work*, p. 222; Galilei, *Affair*, p. 47. 我已经删去了此处引文中无关紧要的名字和复杂的句法。公爵夫人的“朋友”是哲学教授科西莫·博斯卡利亚（Cosimo Boscaglia）。两次提到的“美第奇家族另一位成员”指的都是安东尼奥（Antonio）阁下。公爵夫人的寝宫里多出的一个人是大公夫人保罗·焦尔达诺（Paolo Giordano）阁下。

关于卡斯泰利的经历，海尔布伦指出，“数学家的推测有些跑题了”（Galileo, p. 205）。

244 *Opere*, v. 5, p. 285; Galilei, *Affair*, p. 53; Drake, *Work*, p. 227. 一直以来，我都无法抗拒“向权力说真话”（speak truth to power，实际上没有“向权力”的表达）这个新式的用语。我在文中增加了“像《圣经》”这样的用语，旨在让表述更加清楚。

245 在伽利略的编年史中，托马索引用了《使徒行传》中的一段传说，但并无原始材料做证，最早提到这个情节的时间为十八世纪七十年代。见Galilei, *Affair*, p. 330。

246 这句话出自伽利略；见Galilei, *Affair*, p. 55。

247 托马索在其证词中声称，在卡斯泰利布道之后，洛里尼才给他看了伽利略的信件。见Galilei, *Affair*, p. 138。

248 伽利略曾多次与人交换信件，他把开普勒寄来的信寄给自己的朋友，开普勒也曾发表过伽利略的来信。第谷·布拉赫则收集了许多朋友的信件加以出版。这是预料之中的行为，虽然这并不是说伽利略也料到了这一点。以下出自Galilei, *Affair*, p. 62（有删节）："你看，这是一封私人信件，只能他自己看。他在我不知情的情况下又抄了一份。"

249 Ricci–Riccardi, *Caccini*, p. 69; Santillana, *Crime*, p. 104. 此处的引文被大量删节。这封信发自马泰奥（Matteo）。切西称它们是"1月2日的噩耗"。我在翻译这段话的时候感觉很好玩儿。译文除了语气，其他表述并非完全忠实于原文。虽然托马索继续对伽利略口诛笔伐，但看起来他的确停止了传教活动。

250 *Opere*, v. 12, Nr. 1065, p. 123; Drake, *Work*, p. 239. 此处指的是比萨。

251 *Opere*, v. 19, p. 297; Galilei, *Affair*, p. 134. 引文有大量删节。

252 *Opere*, v. 5, p. 291, Galilei, *Affair*, p. 55; Drake, *Work*, p. 240.

253 Galilei, *Affair*, p. 58; Drake, *Work*, p. 243. 有删节。出自写给皮耶罗·迪尼（Piero Dini）的信件。

254 我在这里稍稍往前推动了故事的节奏，一直推到了"*Letter to the Grand Duchess*. Galilei, *Affair*, p. 91"。

255 Westfall, *Essays*, "Bellarmino and Galileo", p. 19，这份文献谈到，伽利略接受了卡斯泰利的帮助。我认为这个可能性很大，我自己也在关注这方面的线索，但没有找到任何无可辩驳的证据。

256 在伽利略身后，这些笔记以"关于哥白尼学说的思考"为名发表，其开端为：*Opere*, v. 5, p. 349。它们也被翻译成了伽利略的《事件》的第二章。我不知道究竟有多少页笔记；我随口猜的数字源于我看到的伽利略其他信件的扫描件的规模。

257 Ricci–Riccardi, *Caccini*, p. 111.

258 此人可能是"米开兰杰洛·塞吉兹，O.P.（Michelangelo Segizzi, O.P.）神父，神

学硕士、神圣罗马和世界宗教裁判所的代理总主教等”。参见Galilei, *Affair*, p. 136。我并不是完全清楚这一点，但相信这是在圣所里发生的，这就是我要说的。我认为细节的描写是必要的，但这一段稍显夸张。

259 他也的确这么做了。见Ricci-Riccardi, *Caccini*, p. 195。似乎该书和“Santillana, *Crime*”都夸大了托马索的重要性。除开一些到1620年便停止的小伎俩，我相信他并未对伽利略的生活产生进一步的影响。托马索兄弟间往来信件的诸多选段也出现在：*Opere*, v. 18。

260 Galilei, *Affair*, p. 139.其中也包含了别的与托马索的简短证词相关的引文。

261 *Opere*, v. 12, Nr. 1085, p. 146; Shea and Artigas, *Rome*, p. 64.此话出自：乔瓦尼·钱波利（Giovanni Ciampoli）。有删节。

262 *Opere*, v. 12, Nr. 1089, p. 150; Shea and Artigas, *Rome*, p. 67.有小幅删节。

263 此处原文为：“*Iudicium populi numquam contempseris unus / Ne nulli placeas, dum vis contemnere multos.*” 摘自：*Distichs of Cato*。

264 出自Paolo Antonio Foscarini：*Sopra l'opinione de' Pittagorici, e del Copernico. Della mobilita' della terra*。这个作品曾被托马斯·索尔兹伯里（Thomas Salusbury）用古英语改写。两个版本都可以在网上找到。这段叙述立足于伽利略的角度，但从神学的角度看，这本书的轰动性难以言表。

265 *Opere*, v. 5, p. 340; Galilei, *Affair*, p. 112.

266 *Opere*, v. 5, p. 322, Galilei, *Affair*, p. 98.

267 *Opere*, v. 5, p. 333, Galilei, *Affair*, p. 106.人们可能会想起埃德蒙·伯克（Edmund Burke）的名言：“学问与它的自然守护者和捍卫者都将被扔进泥潭，任由狡猾之人践踏。”

268 *Opere*, v. 5, p. 311, Galilei, *Affair*, p. 89.

我在此会对伽利略的《致大公夫人的信》给予一些简单的评论。我发现它广受赞誉。但它其实是垃圾。伽利略在此需要做的——假设没有妥协——是证明在自然哲学中，物理推理相对于经文字面解释的主导地位，以及它们之间的互斥关系。而他所做的，则是假设这一点，然后继续用35页的篇幅告诉神学家们，他们应该根据这个最明显的事实做些什么。如果它能说服哪怕一个人，我都会惊诧不已。我所能做出的最善意的解读是，伽利略并不想说服任何人，他只是觉得在道德上，有必要为他眼中的天主教会即将做出的可笑失误做证。从批判的角度讲，我尽量不会对它下狠手。我同意罗森的分析：这封信的巨大失败主要源于“他的斗争强度”，以及伽利略的一些性格缺陷（见《伽利略对哥白尼的错误陈述》）。它在很多地方是自相矛盾的（我只在文中列出了印象深刻的），而且条理不清、粗制滥造。我们从《试金者》中得知，伽利略是一位才华横溢的辩论家和作家；这一点并未在信中表现出来。这甚至都算不上好的诡辩。我几乎不知道该说些什么。我认为所有对这封信的赞美都是为现代主义者（presentist，即以现代人的眼光看待过去的人，与历史学中的辉格史相应——译注）背书。它真的就是垃圾。因为伽利略关心的是自己的安全、他人的意见或文学价值，我认为他完全搞砸了他传记中这个绝对关键的时刻。

269 *Opere*, v. 12, Nr. 1164, p. 223. 摘自他写给库尔齐奥·皮切纳（Curzio Picchena）的信件。

270 *Opere*, v. 12, Nr. 1142, p. 203.

271 Watson, Peter G. “The enigma of Galileo’s eyesight : Some novel observations on Galileo Galilei’s vision and his progression to blindness.” *Survey of ophthalmology* 54.5（2009）：633. 这篇文献很有价值。这是在一年后报道的，但我想这个状况大概始于此时。

272 雅努斯，罗马的二元神和门神。其庙门在和平时期是关闭的，在战时是打开的。我这里描述的是一扇通往美第奇家族别墅的门。它可能建造于1616年之后。

273 此处的描述几乎全部摘自普鲁斯特（Proust）的《在斯万家那边》（*Swann's Way*），关于罗伯特和他姐姐的约定，见Brodrick, *Blessed*, v. 1, pp. 12–3。布罗德里克还坦言，年轻的罗伯特不喜欢早上起床，在后来的生活中，他需要一个闹钟才行（Brodrick, *Saint*, p. 161）。

274 我一直没能找到罗伯特家族大部分人的出生日期（各大传记中甚至缺乏他每个姐妹的名字，而兄弟的名字只有一个）。我是从他自己的出生日期推算出这个结论的。他的母亲钦齐亚·切尔维尼（Cinzia Cervini）十二岁结婚，十六岁的时候生下第三个儿子罗伯特。（实在惊人！）

臣服是罗伯特一个不同寻常的特征，但他总是向教会和《圣经》臣服，而非教皇。虽然罗伯特的绰号是“异端之锤”（The Hammer of the Heretics），但锤子只是工具。

275 此处进行了戏剧化处理，罗伯特说他翻出了一只旧脚凳，且穿着“一条绳子”。这种描述来自他的自传，转载于“Brodrick, *Blessed*, v. 1, pp. 460–81”。独立出版社“梅地亚崔克斯”（Mediatrix，意为女仲裁者——译注）的瑞安·格兰特（Ryan Grant）开启了一项令人肃然起敬的项目，即用晓畅的英文翻译罗伯特的《全集》（*Omnia*），并冠以“圣罗伯特·贝拉尔米内自传”的标题。

276 Bellarmino, Roberto Francesco Romolo. *Disputationum Roberto Bellarmino：E. Societate Jesus, R.E. Cardinalis：De Controversiis Christianae Fidei...* Apud Josephum Giuliano，1856, v. 5, *Concio III*, p. 22，其中一句有趣的话与我们的主旨贴合。“日月星辰中会有征兆。大地之上，各国会因大海的咆哮和翻腾而感到痛苦和困惑。”略有删节。

277 Brodrick, *Blessed*, v. 1, pp. 93–4.

278 选自：*Hell and Its Torments*, TAN Books，1990。

279 这位传教士就是帕斯塞斯·布洛特（Paschase Bröet），第一批耶稣会成员。

280 Brodrick, *Blessed*, v. 1, p. 31.

281 我曾试图用几段文字尽可能详细地介绍耶稣会士，但他们的文献资料过于庞大，且与本章主题不合。总的来说，“耶稣会科学”是一门奇怪的学问。例如，没人会问科学是否培养了优秀的耶稣会士。

在这方面很有可读性的作品首先是J. W. O'Malley, *The Jesuits：A History from Ignatius to the Present*。较为重要的论文集为：*Jesuit Science and the Republic of Letters*, ed. Mordechai Feingold。难读而详尽的参考书则是：Agustin Udias, *Jesuit Contribution to Science：A History*，但这本书很有参考价值。

282 这个主题最引人注目的作品为：Burke– Gaffney's *Kepler and The Jesuits*。

283 我特别想到了克里斯托弗·格里恩伯格（Christopher Grienberger）；见Sharratt, Michael. *Galileo：Decisive Innovator*, pp. 105–6, Cambridge：Cambridge University Press，1999。哥白尼的学说遭到谴责之后，耶稣会士们就彻底放弃了哥白尼主义的立场（严格说，伽利略也是如此）。

284 Bachelet, Xavier–Marie Le. *Bellarmin Et La Bible Sixto–Clementine：Études Et Documents Inédits*, p. 29. Gabriel Beauchesne & Cie, Éditeurs Ancienne Librairie

Delhomme & Briguet Rue De Rennes，1911.

这其实是罗伯特在卢万（Louvain）的时候寄回给红衣主教西莱托（Sirleto）的。类似的观点也见第161页，且正如巴切莱特（*Bachelet*）指出的，《争论》一开始的章节关注的是希腊语《旧约圣经》（*Septuagint*）和希伯来语《圣经》（*Tanakh*）。

285 Brodrick, *Blessed*, v. 1, p. 132: *Non te fugit quid sit libros edere.* 引文为意译。

286 Brodrick, *Blessed*, v. 1, p. 400.

287 *KGW*, v. 19, p. 333; Burke-Gaffney, *Kepler & Jesuits*, p. 15.

288 Gabrieli, *Contributi*, p. 415. 这大约是1604年的事，也是我能找到他们交往的最早记录。

289 Bruno, Giordano, and Christian Bartholmess. *La cena de le ceneri : descritta in cinque dialoghi per quattro interlocutori con tre considerazioni circa doi suggetti.* v. 36. G. Daelli，1864；p. 35，下文简作：*Cena*；Yates, *Hermetic*, p. 253。此处的引文最能概括我对伽利略事件的总体感受。

290 Bruno, *Cena*, p. 21; Yates, *Hermetic*, p. 236.

291 摘自罗伯特的自传；*A Papatu liber me Domine*。对这个情节更为深入的讨论见Brodrick, *Blessed*, v. 2, chapter XXI。

292 *Opere*, v. 11, Nr. 515, p. 87；最好的英译本见Brodrick, *Blessed*, v. 2, p. 343。

293 这是皮耶罗·迪尼的看法（Galilei, *Affair*, p. 58）。实际上，这也是伽利略第二次前往罗马之后与罗伯特的唯一一次对话。德雷克讲述了他们见面的事实，在场的还有恺撒·巴罗尼乌斯，但这是没有根据的。别的地方也没有相同的记录（*Work*, p. 47）。而在"*Opere*"中，巴罗尼乌斯的名字也仅仅在伽利略写给大公夫人的信中出现过。

294 *Opere*, v. 12, Nr. 1071, p. 129; Shea and Artigas, *Rome*, p. 60.

295 *Opere*, v. 12, Nr. 1110, p. 171; Brodrick, *Blessed*, v. 2, p. 358.

296 Galilei, *Affair*, p. 146; *Opere*, v. 19, p. 321. 引文略有删节。委员会的成员包括：伦巴第人彼得（Petrus Lombardus）、哈辛图斯·彼得罗纽斯（Hyacintus Petronius）、拉斐尔·里夫斯（Raphael Riphoz）、迈克尔·安杰卢什（Michael Angelus）、希罗尼穆斯·德卡萨利迈奥里（Hieronimus de Casalimaiori）、托马斯·德莱莫

斯（Thomas de Lemos）、格雷戈留斯·努尼乌斯·科罗内尔（Gregorius Nunnius Coronel）、贝内迪克特斯·查士丁尼（Benedictus Justinianus）、拉斐尔·拉斯泰利（Raphael Rastellius）、迈克尔·纳波利（Michael Neapoli）和雅各布·廷图斯（Jacobus Tintus）。

297 所有例子都摘自：Brodrick, *Saint*, pp. 7，15，23，87，122，129，168，184，211。二人父亲的名字也一样。他们的书籍也都曾遭到教会的禁止。这些相似之处还蛮有趣。

298 布罗德里克多次提到罗伯特一生都患有严重的头痛。我在这里忍不住要引用布尔加科夫（Bulgakov）的《大师与玛加丽塔》（*Master and Margarita*）中的描述，即哈–诺茨里（Ha–Notsri）被拖到殉道者庞修斯·彼拉多（Pontius Pilate）面前时的情景；此处的罗伯特就是圣洁的庞修斯，而布鲁诺就是单纯的基督。

299 Rowland, *Giordano Bruno*, p. 274. 罗兰把国家实施的谋杀的法律术语翻译得很搞笑，但我还是把它简化处理了。裁决书让人觉得罗伯特在相关人员向布鲁诺宣读判决的时候是在场的，但我们并不清楚实际情况如何。

300 这是给国务秘书库尔齐奥·皮切纳的信件内容。文中提到的“修士”应该是托马索·卡奇尼。*Opere*, v. 12, Nr. 1187, p. 243; Finocchiaro, Maurice A. *The Trial of Galileo : Essential Documents, p. 108* Hackett Publishing，2014.

301 *Opere*, v. 12, Nr. 1187, p. 243. 引文略有删节。

302 *Opere*, Nr. 1198, p. 257. 引文略有删节。

303 *Opere*, Nr. 1195, p. 254.

304 *Opere*, Nr. 1189, p. 248; Shea and Artigas, *Rome*, pp. 89–90. 引文有删节。

305 *Opere*, v. 12, Nr. 1202, p. 261. 这句话出自库尔齐奥·皮切纳。他实际上说的是“沉睡的狗”。

306 Brodrick, *Blessed*, v. 2, p. 372; Allan–Olney, *Private*, p. 100. 引文有删节。

307 用我自己的习惯表达来说，我会称罗伯特为原教旨主义者，但这完全是不合时宜的，尽管这个表达带来的很多联想有一定价值，但并不准确。

308 *Opere*, v. 12, Nr. 1209, p. 265; Nr. 1215, p. 271. “罗马”为作者所加。

309 *KGW*, v. 17, Nr. 827, p. 328. 出自写给文森佐·比安奇（Vincenzo Bianchi）的信。

310 *Opere*, v. 12, Nr. 1119；说这句话的是皮耶罗·圭恰迪尼（Piero Guiccardini）。

311 很遗憾，法瓦罗、德雷克和奥马利（O'Malley）的译文都没有囊括围绕彗星的争议内容。此处的内容是以下书籍评论的汇总：Santillana, *Crime*, p. 152。

312 此人是马里奥·圭杜奇（Mario Guiducci）。伽利略把他从法律领域引入了科学领域，然后他还成了猞猁学社的成员。此人是“Favaro, *Amici*, book 37”的主角。

313 有用的批注出自Besomi, *Ottavio*. “Galileo Reader and Annotator.”：*The Inspiration of Astronomical Phenomena VI*, v. 441. 2011。伽利略的批注尤为重要；它们是我们了解伽利略意图的捷径。

314 此人名叫霍拉肖·格拉西（Horatio Grassi）。关于他的进一步描述见Heilbron, *Galileo*和Pietro Redondi, *Galileo Heretic*，他在伽利略故事中的唯一重要性便是他信教。

315 *Opere*, v. 13, Nr. 1429, p. 499.此处这位朋友指的是乔瓦尼·钱波利（Giovanni Ciampoli）。

316 Galilei, *Comets*（*Assayer*）, p. 152.出自尼科洛·里卡尔迪（Niccolo Riccardi）。里卡尔迪对伽利略的《对话》也起到了类似的作用；Drake, *Work*, pp. 313，337–9。

317 *Opere*, v. 6, p. 232；Galilei, *Comets*（*Assayer*）, pp. 183–4.后面这句话是伽利略常被引用的文字。

“哲学书写在这本伟大的书籍中——我指的是宇宙——彻底呈现在我们眼前，但除非人首先学会理解书中的语言，并解读出其中的文字，否则便无从理解。这部巨著由数学语言写成，它的文字是三角形、圆形和其他几何图形。如果没有这些图形，人们便无法理解其中的只言片语；如果没有这些图形，人们就会在黑暗的迷宫中徘徊不前。”

这句话常被用作思考世界的革命性新方式的证据，但这种主张不过是疏于思考和自娱自乐而已。这实际上是寻常的数学态度，没有任何意义。格拉西也在自己的作品中发表过类似的评论（尽管不如伽利略这样深刻），《试金者》便是对他的回应。在前面关于菲利波·萨尔维亚蒂的悼词中，我也引用了十分类似的说法。马丁·霍基在《短途旅行》中说过类似的话。毕达哥拉斯更是如此。再比如，以下是罗伯特·格罗斯泰斯特（Robert Grosseteste）在1200年左右说过的话：“对线条、角度和图形的思考最为有用，因为没有它们就不可能理解自然哲学……一切自然现象的原因都要通过线条、角度和图形得到表达，否则我们就不知道这些现象背后的原因。”

或者，我们来看看公元前300年左右的庄子说过的话：

此名实之可纪，精微之可志也。随序之相理，桥运之相使，穷则反，终则始，此物之所有。言之所尽，知之所至，极物而已。（“极物而已”英文原文无，乃译者所加，旨在照顾《庄子》原文完整性，作者引用的时候没有标注章节，这段话出自《庄子·则阳》。但作者似乎对庄子及中国哲学整体的把握不足，认为中国哲学缺乏知识论的关切，更对纯粹数学和外部自然世界的现象没有认知取向，中国哲学更倾向于从伦理和政治哲学的角度看待世间万物。就引文内容而言，庄子谈到的名和实的关系并非“name”和“processes”的关系；而“principle”也并非庄子意义上的“理”。若非如此，便不会有李约瑟之问。因此，作者在此更多是一种可爱的掉书袋行为——译注）。

318 *Opere*, v. 6, p. 277; Galilei, *Comets*（*Assayer*）, p. 232.

319 *Opere*, v. 6, p. 237; Galilei, *Comets*（*Assayer*）, p. 189.

320 *Opere*, v. 6, p. 237; Galilei, *Comets*（*Assayer*）, p. 189.

321 *Opere*, v. 12, Nr. 1349, p. 415.引文略有删节，并进行了适合现代阅读习惯的修饰。伽利略此处对话的人是维尔吉尼奥·切萨里尼（Virginio Cesarini）；文中谈到的“我的朋友”和“我们的诗人”指的是乔瓦尼·钱波利。“像我鼓励他那样”指的是，切萨里尼要把自己的书籍题献给伽利略的想法，这是一种善意的互动。

322 *Opere*, v. 18, Nr. 4008.伽利略这项研究的注释见*Opere* v. 9, p. 59；我们并不清楚其写作时间，但我把它设定为1620年左右。英语世界中对此最重要的分析见Panofsky, Erwin. “Galileo as a critic of the arts : Aesthetic attitude and scientific thought.” *Isis* 47.1（1956）和Heilbron, *Galileo*, pp. 16–23，这部分内容包含了一个有用但有些不连贯的讨论。（例如，“伽利略：‘除了马儿睾丸附近，我没见过什么地方的汗水会变白。’他反对明确的描述。”）

323 *Opere*, v. 9, p. 66.

324 这是我自己的译文，出处见Tasso, *Jerusalem Delivered*, Canto 16, Stanza 9。最后两行说的是意大利臭名昭著的“斯普里查图拉”风格（sprezzatura，指的是以某种无聊的东西，掩盖所有艺术品质，让任何人都能毫不费力地看起来光鲜亮丽，通常又称“潇洒”或者“装酷”等——译注）。

325 *Opere*, v. 9, p. 138.引文有删节。

326 *Opere*, v. 13, Nr. 1452, p. 27.萨格雷多去世于1620年3月5日。

327 Wilding, *Idol*, pp. 9–10.

328 *Opere*, v. 12, Nr. 1138, p. 200; Heilbron, Galileo, p. 82.

329 *Opere*, v. 12, Nr. 1350, p. 416.

330 *Opere*, v. 12, Nr. 1339, p. 404.

331 Favaro, *Amici*, Bk. 8, p. 26.

332 *Opere*, v. 16, Nr. 3283, p. 414.

333 此处的描述来自：Brodrick, *Blessed*, v. 2, chapter 23–4，尤其见pp. 450，456。罗伯特去世于1621年9月17日。

334 Galilei, *Father*, p. 1.我主要参照了索贝尔（Sobel）的译文，尽管不是很准确，但很符合现代人的语言习惯。这些文字是英意对照版。

335 *Opere*, v. 10, Nr. 34, p. 46.

336 *Opere*, v. 13, Nr. 1885, p. 429.

337 Bindman, *Pedagogy*, p. 80.整个引文内容十分出彩，但也让人伤感。记录者是约翰-巴普蒂斯特·温特（Johann–Baptist Winther）。

338 *Opere*, v. 13, Nr. 1479, p. 48.

339 这是奥塔维奥·莱昂尼（Ottavio Leoni）于1624年为伽利略创作的画像；彩图版见Heilbron, *Galileo*。

340 为简便起见，我的行文让读者认为这里去世的是教皇保罗五世，但实际上是教皇格列高利十五世（Gregory XV），即亚历山德罗·卢多维西（Alessandro Ludovisi），他在保罗去世后短暂在位两年时间。

341 “至于拉丁文的创作，没有人能跟教皇相提并论。”富尔维奥·泰斯蒂（Fulvio Testi）写道。见Rietbergen, Peter. *Power and religion in Baroque Rome：Barberini cultural policies*, p. 95. Brill，2006。这一整章都相当有料。富尔维奥的评论很可能为真，但前提是拉丁文诗歌明显快消亡了。

342 令人震惊的是，这首诗并未收录在法瓦罗的“*Opere*”里。法瓦罗倒是提到过Maphaei S. R. E. Card. Barberini, nunc Urbani PP. VIII, *Poemata*. Antwerp, office of

Balthasaris Moreti，1634，pp. 278–2（原文如此——编者注）。我不清楚这是不是这首诗最早的出版时间。Santillana，*Crime*，p. 156，这份材料印了一些拉丁文，并且提到这些文字很大程度上并非伽利略之谜的组成部分，但按道理应该是。这个问题依旧未能得到解决。我找到的唯一的部分翻译版本是：Reston，James. *Galileo：A life*，p. 189. Beard Books，2000。以下是我对全部十九节的意译：

Cum Luna caelo fulget, et auream	明月映照天堂
Pompam Sereno pandit in ambitu	平静地揭开了金光闪闪的天体
Ignes coruscantes, voluptas	耀眼的火光在四周围绕
Mira trahit, retinetque visus.	神奇的乐趣把我们吸引。
Hic emicantem suspicit Hesperum,	须臾间，夜晚把我包围，
Dirumque Martis sidus, et orbitam	可怕的火星，以及晕环
Lactis coloratum nitore;	像乳汁一样散发着光芒；
Ille tuam Cynosura lucem.	还有那点亮小径的星星。
Seu Scorpii cor, sive Canis facem	蝎子之心，狗嘴里的火炬（传教士常用的标志物——译注）
Miratur alter, vel Iovis asseclas,	它们的荣耀，或者说朱庇特的仆人，
Patrisque Saturni, repertos	土星之父，它们
Docte tuo Galilaee vitro.	是您，博学的伽利略用望远镜发现的。
At prima Solis cum reserat diem	然而，太阳的光辉最早涌现，
Lux orta, puro Gangis ab aequore	天色为之渐明，日光弥漫
Se sola diffundit, micansque	散布在平静的恒河，万物苏醒，
Intuitus radiis moratur.	一如萦绕的光线中所见的。
Non una vitae sic ratio genus	独树一帜引来了杀身之祸：
Mortale ducens pellicit: horrida	这个人拿起了剑柄，
Hic bella per flammas et enses	坠入火海，
Laetus init, meditans triumphos.	投入战斗，一心想着取胜。
Est, pacis ambit qui bonus artibus	和平的好处与它的技艺相互交织，
Ad clara rerum munia provehi.	在它自身前进的责任之下。
Illum Peruanas ad oras	岸边的秘鲁人

Egit amor malesuadus auri.	认为热爱金钱是一种愚昧。
Hunc sumptuosus dum Siculae iuvat	这里物产丰富，而西西里（Sicilia）人则钟情于
Mensae paratus, spes alit aleae	它的富庶，他们的希望
Mendacis, ac fundis avitis	被赌博的伎俩蛊惑，失去了
Exuit, et laribus paternis.	先民的所得和家园。
Nil esse regum sorte beatius,	没有什么高贵的命运，
Mens et cor aeque concipit omnium,	气味相投，
Quos larva rerum, quos inani	朝向邪恶的目标，他们的眼中只有
Blanda rapit specie cupido.	潮流和空洞的欲望。
Non semper extra quod radiat iubar,	辉煌不总是内在于
Splendescit intra：respicimus nigras	光芒四射的爆发之中：想一想黑子。
In sole（quis credat？）retectas	太阳中发现的黑子，（谁又能信呢？）
Arte tua Galilaee labes.	都是根据您的技艺，靠着您的辛劳才被发现的——伽利略。
Sceptri coruscat gloria regii	荣光像权杖一样挥舞着，
Ornata gemmis；turba satellitum	饰以宝石；追随的大众
Hinc inde praecedit, colentes	朝四面散去，仆人们
Officiis comites sequuntur.	为主人主宴。
Luxu renidet splendida, personat	稀罕物散发着灿烂的光芒，
Cantu, superbit deliciis domus：	哼着它们的小调，为自己的家仆地位而自豪：
Sunt arma, sunt arces, et aurum：	它们是士兵、城堡和金色的一切：
Iussa libens populus capessit.	众人渴望巴结。
At si recludas intima, videris	但如果朝内望去，你会看到
Ut saepe curis gaudia suspicax	喜悦掺杂着痛苦
Mens icta perturbet. Promethei	折磨着内心。否则，老鹰
Haud aliter laniat cor ales.	不会吃掉普罗米修斯（Prometheus）的心脏。

Cui sensa mentis providus abdita	审慎的国王是否相信
Rex credat ? Aut quos caverit ? Omnium	他不知道的事情？还是会产生警觉？
Sincera, seu fallax, eodem	虚实相间，不分彼此，
Obsequio tegitur voluntas.	一些人宁愿被保护。
Fugit potentum limina Veritas ：	真理逃出了强者的掌控：
Quamquam salutis nuntia nauseam	纵使信使安全无虞，但偏见
Invisa proritat, vel iram ：	也会让人恶心或者愤怒：
Saepe magis iuvat hostis hostem.	它们往往偏爱敌人的敌人。
Ictus sagitta Rex Macedo videt	马其顿国王中了箭，
Non esse prolem se Iovus. Irrita	看不见朱庇特的孩子们。
Xerxem tumentem spe trecentis	三百勇士手持萨里沙长矛，镇守温泉关，
Thermopylae cohibent sarissis ；	挡住了薛西斯（Xerxes），膨胀了希望。
Docentque fractum clade, quid aulici	他们教导他可以破阵，因为，豪言壮语
Sint verba plausus. Ut nocet, ut placet	可能会落空。祸福相倚，
Stillans adulatrix latenti	言语中暗藏奉承，
Lingua favos madidos veneno!	就像潮湿蜂窝里的蜜饯！
Haec in theatri pulvere barbarum	它用圆形剧场里的黑血
Infecit atro sanguine Commodum,	玷污了野蛮的康茂德（Commodus）
Probrisque foedavit Neronem.	耻辱也因此上了尼禄（Nero）的身。
Perdidit illecebris utrumque.	二人受到诱惑，招致毁灭。
Artes nocendi mille tegit dolis	无数人会灰飞烟灭，
Imbuta ：*Quis tam Lynceus aspicit*	谁来防备招徕痛苦的艺术：
Quod vitet ? Intentus canentis	林叩斯（Lynceus）如何看到想要避开的东西？
Mercurii numeris, sopore	回响的水星之歌，
Centena claudens lumina, sensibus	百眼巨人踉跄着睡去，
Abreptus, aures dum vacuas melos	空洞的旋律闭塞了感官，
Demulcet, exemplum peremptus	麻木了耳朵，这就是阿耳戈斯·潘诺普斯特（Argus Panoptes）

Exitii grave praebet Argus. 他的毁灭教训沉重。

我认为，作为诗人的巴尔贝里尼才华横溢，但被这段说教限制了。这首诗有近乎邪恶预言的一面，但是它似乎整体上肯定了伽利略。巴尔贝里尼通篇都在暗示亚里士多德主义的衰落。伽利略向巴尔贝里尼表示："他的才能深不见底，竟然选择描写无知。"

343 *Opere*, v. 13, Nr. 1576, p. 130.

344 Heilbron, *Galileo*, p. 254; Shea and Artigas, *Rome*, p. 122.

345 Santillana, *Crime*, p. 157.

346 *Opere*, v. 13, Nr. 1719, p. 264.此人是约翰内斯·法贝尔（Johannes Faber）。

347 *Opere*, v. 13, Nr. 1628, p. 175; Shea and Artigas, *Rome*, p. 110.

348 *Opere*, v. 13, Nr. 1749, p. 295.在此说这句话的人是乔瓦尼·钱波利（Giovanni Ciampoli）。引文有删节。

349 Galilei, *Affair*, p. 197.引文有删节。摘自常被引用的《致英戈利》(*Letter to Ingoli*)。

大量著作都对伽利略的潮汐理论进行过讨论。但其实它不应该产生如此多的争议。相关讨论中，最有价值的为下列作品：Aiton, Eric J. "Galileo's Theory of the Tides." *Annals of Science* 10.1（1954）：44–57; Burstyn, Harold L. "Galileo's Attempt to Prove that the Earth Moves." *Isis* 53.2（1962）：161–85; Aiton, Eric J., and Harold L. Burstyn. "Galileo and the Theory of the Tides." *Isis* 56.1（1965）：56–63; and Palmieri, Paolo. "Re–examining Galileo's Theory of Tides." *Archive for History of Exact Sciences* 53.3–4（1998）：223–375。

我相信艾顿的分析已经确立了最后的结论，但这个理论并不像大家说的那么尴尬。它解释了很多东西，而且与伽利略看待世界的方式（尤其与他的《对话》之前的方式）非常吻合。甚至在我看来，他提出这个办法一点儿也不奇怪。伽利略此处对不确定性的不寻常感叹也十分惹眼；他认为自己的解释与哥白尼的相比并不重要，这并非因为他的解释为真，而是因为它对平常读者的意义胜过任何天文学论证。在我看来，众多历史学家在此试图"拯救现象"，而这所谓的现象就是伽利略那神一般的天纵之才。还有历史学家认为错误的理论本身就是咎由自取，所以它难以获得众人充分的情感认同。

350 Galilei, *Affair*, p. 122.说起潮汐，值得注意的是开普勒在《论新星》第26页对这个问题的简要描述：“引力是同类物体之间相互吸引和联合的倾向。”“大海之所以起伏不定，是因为月球的吸引力一直延伸到地球上，并把地球的水召唤了出来。”“如果地球不把海水吸附住，所有的海水都会被抬升，并一直流到月球上。”伽利略对此回应道：“对于开普勒的说法，我比任何人都要惊讶，因为他听信了神秘的东西和一些别的愚蠢想法。”（Galilei, *Dialogue*, p. 462）开普勒的假说虽然明显属于猜测，但大体上完全正确。

351 Galilei, *Affair*, p. 124.

352 Galilei, *Dialogue*, pp. 447，448.

353 Galilei, *Affair*, p. 133.

354 Mascardi, Agostino. *Le Pompe del Campidoglio per la Sta. di NS Vrbano VIII quando piglio il posesso. appresso l'herede di Bartolomeo Zannetti*, p. 22；Reston, James. *Galileo*：*A life*, pp. 189–90. Beard Books，2000.马斯卡尔迪（Mascardi）的描述精彩而热烈，非常值得一读。

355 *Opere*, v. 14, Nr. 1993, p. 88.这句话是卡斯泰利从切西那里听来的，而切西又是从托马索·坎帕内拉（Tommaso Campanella）处听来的，后者就是此处提到的多明我会修士。

356 *Opere*, v. 18, p. 75.

357 Kepler, *Secret*, p. 39.

358 Kepler, *Secret*, pp. 119，125.

359 这种说法有些夸张；二者分别为第44页和第77页；Field, *Cosmology*, p. 74。菲尔德对这些注释的讨论是我见过最好的了，我认为他的讨论一针见血（*Cosmology*, pp. 73–95）。我们并不清楚开普勒写作注释的速度有多快，但的确很快。我猜测是一星期。

360 Kepler, *Secret*, p. 39.引文略有删节。

361 *KGW*, v. 18, Nr. 893, p. 43.此处提到的这个朋友是马蒂亚斯·伯尼格（Matthias Bernegger）。

362 *KGW*, v. 17, Nr. 748, p. 193.

363 *KGW*, v. 16, Nr. 619, p. 389.

364 *KGW*, v. 7, p. 359. 查尔斯·格伦·沃利斯（Charles Glenn Wallis）为《西方世界的伟大著作》系列（*Great Books of the Western World series*）卷十六翻译了《概要》的第四册和第五册。这些译文之差有目共睹。然而，沃利斯是第一位把哥白尼和开普勒的作品的大量章节翻译为英文的人，当时他才二十出头，科学史也尚未成为一个成熟的专业。感谢他的贡献。

开普勒的《概要》值得耗费心力去翻译。从科学史的教学角度讲（作者本人也很推崇），这是开普勒最重要的作品。

365 *KGW*, v. 7, p. 251.

366 *KGW*, v. 7, p. 7. 关于《概要》创作方面的信息并不多（相比《新天文学》），因此，此处多数引文来自其中不同卷册的序言。

367 *KGW*, v. 7, p. 23.

368 *KGW*, v. 17, Nr. 846, p. 364. 开普勒指的是他的作品。他担心奥地利也会兴起审查制度："在我对这种教条主义发表意见之后，如果没人反驳的话，我可能需要放弃赖以为生的天文学。最后，如果奥地利不能成为自由哲学的家园，我会放弃奥地利，我的奥地利。"

对《概要》的讨论中，很有帮助的是：Rothman, *Strife*, chapter 4。

369 Caspar, *Kepler*, pp. 217，259.

370 *KGW*, v. 18, Nr. 1072, pp. 331–3, lns. 39–41，58–60，114–6.

371 *KGW*, v. 7, p. 360. 我并未谈到开普勒的《概要》中的数学，但有兴趣的读者可以参考斯蒂芬森的卓越研究：*Physical*, pp. 138–202。

372 Kepler, *Harmony*, p. 296. 开普勒在第490页把这种关系定义为"统一"。这种统一的基础大致指的是圆形，但我已尽量避开了数字神秘主义中错综复杂的具体内容。

373 *Harmony*, p. 217.

374 *KGW*, v. 6, p. 299；*Harmony*, p. 407. 这个图形如今又称开普勒–普安索多面体（Kepler–Poinsot polyhedron）。这张图实在了不起，因为此前从未有人对这种图进行过数学分析（据我所知）。而如今，它的地位尤其重要，因为它成了伊姆雷·拉卡托什（Imre Lakatos）精彩的《猜想与反驳》（*Proofs and Refutations*）中"怪物禁锢"的典型例子。

375 Kepler, *Harmony*, pp. 106，108. 之所以提到这个模式，主要是因为它对罗杰·彭罗斯（Roger Penrose）的周期性平铺研究产生了启发。这是开普勒提出的最复杂的平铺模式，它具备五倍的五边形对称性。彭罗斯曾公开承认开普勒的影响，并且把这种平铺模式收敛到了一个更小的集合中，接着又产生了完全的周期性平铺。1982年，达恩·谢赫特曼（Dan Schectman）发现了准晶体，这是一种以周期性和非周期性平铺为模型的物理结构。如果我们今天怀疑开普勒的《世界的和谐》已经没有意义了，那么至少数学思想是不同的。

376 Kepler, *Harmony*, p. 264. 摘自其中实在令人费解的《论三种手段》。

377 Kepler, *Harmony*, p. 397; Stephenson, *Heavens*, p. 131.

378 *KGW*, v. 6, p. 105; Kepler, *Harmony*, p. 147.

379 他多数时候能做到这一点，见*Harmony*, p. 217。

380 Kepler, *Harmony*, p. 449.

381 Kepler, *Harmony*, p. 491. 值得注意的是，此处也是该书的结尾。

382 Stephenson, *Heavens*, p. 145. 此处包含了开普勒列出的全部可能性："行星的周期；每日的偏心弧；日常弧或者角运动，就像位于太阳处的观察者看到的那样。最后，其每天的真实轨道，要沿着轨道路径而非圆弧来测量。"

383 *KGW*, v. 6, p. 324; *Harmony*, p. 443.

384 在此处表达自己的观点时，我试图冲破语言的限制，我不确定是否做到了。如果我们把歇斯底里的常见意思理解为"无法控制的极端情绪"，那么开普勒显然不属于这种情况，他受理性的支配。但理性的支配并不限制情感，它只会限制信仰。情感套上了理智就不会过度。这个词的意义模糊了；是开普勒让它模糊的。这个词有了"尽可能体验生活"的意思。我曾有意引导读者重新做出这种定义。

385 开普勒的《世界的和谐》总共有498页，完成日期为1618年5月17日（一说是27日——编者注）。这本书的完美概要见Gingerich, Owen, "10.9. The origins of Kepler's Third Law," *Vistas in astronomy* 18（1975）: 595–601，这篇文献非常值得对更多细节感兴趣的读者一看。

386 *KGW*, v. 6, p. 290; Stephenson, *Heavens*, p. 129; *Harmony*, p. 391.

387 本段的引述分别见*KGW*, v. 15, Nr. 431, p. 491; v. 16, Nr. 560, p. 295; v. 17, Nr. 734, p. 173; Nr. 783, p. 254; v. 18, Nr. 965, p. 145; Nr. 983, p. 181。

388 *KGW*, v. 8, pp. 267，278，401.我把第谷原话中的第二人称改成了第三人称。参引文献中的后记很有帮助：见第470—475页。

389 Galilei, *Comets*（Appendix to Hyperaspistes）, p. 344; *KGW*, v. 18, p. 417.

390 Galilei, *Comets*,（*Assayer*）, p. 185.

391 Kepler, *Harmony*, p. 404; *KGW*, v. 6, p. 297.虽然是笼统地说，但这里显然指的是耶稣会士。

392 我仅找到一篇直接讨论伽利略拒绝第谷体系的论文：Margolis, Howard. “Tycho's system and Galileo's Dialogue.” *Studies in History and Philosophy of Science* 22（1991）：259–75。我认为这篇文章没有说服力。伽利略的拒绝在海尔布伦所写的传记中形成了一条贯穿始终的线索，但并未被明确和加以论证。实际情况似乎是，伽利略根本就没有就此写过什么文字。我们可以根据自己的喜好来猜测原因。我倾向于认为，伽利略的拒绝源于他对物理学的研究。没有什么合理的物理学（至少肯定不是伽利略式的）能够映射到第谷的系统；接受第谷（或托勒密）的天文学便是拒绝了作为物理实体的行星。

393 Scipione Chiaramonti, *Apologia Pro Antitychone*.摘自其中序言第一页。略有删节。

394 *KGW*, v. 18, Nr. 1045, p. 295.即便这份询问曾经发出过，也已荡然无存。

395 戏剧性的描述见*KGW*, v. 18, Nr. 1037, p. 278。

396 *KGW*, v. 18, Nr. 1024, p. 258.

397 此处的引文仅仅是完整内容的一小部分，全部内容可参见Gingerich, Owen, “Johannes Kepler and the new astronomy,” *Quarterly Journal of the Royal Astronomical Society* 13（1972）：360–73；但这篇文章也提到了引文的原始拉丁语版本：*KGW*, v. 10, pp. 36–44。我完全没有涉及《鲁道夫星表》的内容；有兴趣的读者可以参考：Bialas, Volker. *Die Rudolphinischen Tafeln von Johannes Kepler*. 1968; and Gingerich, Owen. “A Study of Kepler's Rudolphine Tables.” *Actes du XIe Congrès International d'Histoire des Sciences*. 1965。

398 这句话摘自艾丽斯·詹姆斯（Alice James）的日记，她是一位十分深刻的女性——比她的疾病更极端的事情就是她对生活说“是”的能力。“永恒的微笑”是比尔·卡拉汉（Bill Callahan）提出的一个隐喻。所有更糟糕的表达恐怕都归于我自己。

在开普勒生命的尽头，他曾制订过出色的计划，旨在出版第谷的观测资料和讨论日食的《希帕恰斯》(*Hipparchus*)，但这些计划并非《世界的和谐》或《鲁道夫星表》那样重要的终身承诺。他的长子路德维希在爱德华·罗森翻译的《月之梦》(*Somnium*)的附录B中有详细介绍。开普勒的长女苏珊娜在他去世前嫁给了雅各布·巴尔奇(Jacob Bartsch)。雅各布和苏珊娜的详细介绍见《月之梦》的附录A。

399 *Opere*, v. 13, Nr. 1604, p. 155.

400 *Opere*, v. 13, Nr. 1682, p. 228.

401 *Opere*, v. 13, Nr. 1880, pp. 422–3. 有删节。这位“监管者”就是巴伐利亚大公的代理人弗朗切斯科·克里韦利(Francesco Crivelli)。令人困惑的是，伽利略的侄子也叫温琴佐。

402 *Opere*, v. 13, Nr. 1892, p. 437.

403 *Opere*, v. 13, Nr. 1855, p. 393.

404 *Opere*, v. 13, Nr. 1892, p. 437; Nr. 1818, p. 358.

405 Allan-Olney, *Private*, p. 138; *Opere*, Nr. 1747, p. 294; Favaro, *Maria*, p. 149.

406 *Opere*, v. 13, Nr. 1805, p. 347; Nr. 1876, p. 416; Heilbron, *Galileo*, p. 266.

407 *Opere*, v. 12, Nr. 1422, p. 494; Favaro, *Maria*, p. 127. 他的兄弟米开朗琪罗的上一句话提到，伽利略热切地希望“记录家中之事”(*haver nota della mia famiglia*)。而在第106页，法瓦罗指出，伽利略的母亲在孙女们进入修道院后就与她们断绝了往来。伽利略的母亲是茱莉娅·阿曼纳蒂(Giulia Ammannati)。她于1620年8月去世。

408 Galilei, *Father*, pp. 15，21. 虽然我们不清楚此处具体所指是什么，但我估计要么是金融问题，要么是宗教问题。

409 Galilei, *Father*, pp. 53，135，163.

410 Galilei, *Father*, p. 53. 意译。

411 Allan-Olney, *Private*, p. 114. 该书提供了一个深刻的洞见：“玛丽亚·塞莱斯特修女渴望家庭生活。”

412 维尔吉尼娅曾三次消极地提到伽利略的花园；见 Galilei, *Father*, pp. 55–6，69–71。此处的引文是后面两个出处的综合。这明显是一种并列关系，但如果这还不够，维尔吉尼娅还在书中的第111页以同样的方式直接提到了伽利略的学术研究。

413 Dark. Galilei, *Father*, p. 137.

414 *Opere*, v. 14, Nr. 1971, p. 60.略有删节。

415 我没有在本节的注释中给出完整书名。除非特别说明，所有引文均来自德雷克的译文。

416 In *Opere*, v. 7, p. 31.这里的括号并无实际意义，虽然读起来似乎应该有。德雷克的译文第7页也是如此。

417 此处的引文有大幅删节。

418 Drake, *Dialogue*, p. 279.这句话很重要。这本书的序言受到天主教审查员的严重限制，但这句话没有。

419 最好的证明就是菲诺基亚诺的删节译本，它把《对话》按主题分为多个部分，其中任何两个部分之间的关系都不大。

420 *Opere*, v. 7, p. 276.被我译为“反驳”的“scalzare”值得留意。

421 *Opere*, v. 7, p. 171.“暴力“的原文为“violenza”。

422 引文摘自：Aristotle, *Complete Works*, Jonathan Barnes（ed.），1984, *On The Heavens* § 14 p. 51。我认为此处的引文很重要，因为它表明亚里士多德从未提出过船只落体实验。前文中还有一个单独的船只隐喻，它可能是伽利略的灵感来源。

423 我抛出“不变性原理”并不是突发奇想，而是因为它是一个重要的表示无时间性的特征，我相信读者也能够理解。如果硬要给科学下个定义，我会说它是不变性原理的发现和应用；如果非要给艺术下个定义，我会说它是对变化的处理。

424 Drake, *Dialogue*, p. 198.这些示范与当前的问题全然无关。这一点特别有趣，因为这个寻常的实验明显符合实情。在一处脚注中，德雷克正确地指出，他们讨论的是微积分方法，但缺乏进一步的思路。

425 Gabrieli, *Contributi*, “Cesi e Caetani,” p. 135.此语出自他写给吉奥范尼·费伯（Giovanni Faber）的信件。这句话基本上为意译，实际上，“在这样一场激烈的冲突中，塞内卡（Seneca）和爱比克泰德（Epictetus）都不够好。承蒙上帝的眷顾，我希望能让自己脱离苦海，可外部的力量和自己的无能阻碍着我”。

426 *Opere*, v. 14, Nr. 2042, p. 127.出自弗朗切斯科·斯泰卢蒂。切西去世于1630年愚人节那天。

427 此人为尼科洛·里卡尔迪。我选择略过了大量关于伽利略的书籍出版许可的事情，因为我认为这个问题相当无聊（尤其在我的故事脉络中）。最为连贯的讲述见 Shea and Artigas, *Rome*, pp. 142–55。实际上，伽利略通过某种方式合法地获得了许可。

428 Galilei, *Affair*, p. 208. 韦斯特福尔正确地指出，问题不在于"为何《对话》被拖延了这么久？"而在于"当初怎么一来就让它出版了？"（Westfall, *Essays*, "Patronage and the Publication of the Dialogue."）

429 Galilei, *Affair*, p. 208.

430 *Opere*, v. 14, Nr. 2250，2257. 尤其见 2256。

431 *Opere*, v. 14, Nr. 2295, p. 378. 这位学生是布纳文图拉·卡瓦列里（Buonaventura Cavalieri）。略有删节。

432 *Opere*, v. 14, Nr. 2300, p. 386. "渴望"指的是十分贪婪地渴望（*tanto avidamente desideravo*）。

433 *Opere*, v. 14, Nr. 2325, p. 411.

434 *Opere*, v. 13, Nr. 1818, p. 358; Favaro, *Amici*, Bk. 21, p. 44.

435 *Opere*, v. 14, Nr. 2277, p. 360; Geymonat, Ludovico. "Galileo Galilei：A biography and inquiry into his philosophy of science."（1965）, p. 137; Shea and Artigas, *Rome*, p. 162.

436 Galilei, *Affair*, p. 206. 出自马里奥·圭杜奇。

437 *Opere*, v. 14, Nr. 2301, p. 387. 这基本上也是我的看法。

438 Brodrick, *Blessed*, v. 1, chapter 8; p. 269 on. Also Santillana, *Crime*, p. 90. 单纯的禁止其实无足轻重；但直接的禁止（而非"有待修改"）才是更要命的。

439 *Opere*, v. 14, Nr. 2286, p. 372. 出自富根齐奥·米坎齐奥（Fulgenzio Micanzio）。

440 *Opere*, v. 14, Nr. 2269, p. 351. 有删节。伽利略声称这句话出自彼得拉克；他可能试图记住坎佐尼（Canzone）294：实在地讲，希望是骗人的。

441 *Opere*, v. 14, Nr. 2318, p. 402. 有删节。这封信发自 1632 年 10 月 6 日星期六；"下周日"就是 10 月 14 日。

442 *Opere*, v. 14, Nr. 2324, p. 407. 意译。

443 *Opere*, v. 19, p. 334.

444 此处的描述稍显夸张，见 *Opere*, v. 19, p. 335。

445 具体的神学问题见 Wisan, Winifred Lovell. "Galileo and God's creation." *Isis* 77.3（1986）：473–86。这是我看过最好的一篇阐述教皇乌尔班八世内心想法的文章了，但我觉得它并不令人满意。最可能的答案是，拥有不应得的权力的老人很容易产生奇特的念头和愤怒。历史学家一般不会对这种说法感到满意。但我很满意。

446 与审判相关的引文除非注明，否则都来自菲诺基亚诺的《事件》。

447 Galilei, *Affair*, p. 147；Santillana, *Crime*, p. 126.有删节。这个禁令的真实性一直存在很大争议［最明显的争论见 Santillana, *Crime*；也见埃米尔·沃尔威尔（Emil Wohlwill）的作品］。现在世人普遍认为它是合法的。我对这个问题没有看法，其真实性也跟我的故事主旨无关。

448 Galilei, *Affair*, p. 264.这些描述都出自耶稣会士梅尔希奥·因乔弗（Melchior Inchofer）的重要报告。我通常会避开1600年左右的教会政治的可怕迷宫，但诸多进一步的细节可以参考：Blackwell, Richard J. *Behind the Scenes at Galileo's Trial：Including the First English Translation of Melchior Inchofer's Tractatus Syllepticus*. University of Notre Dame Press，2008。

449 "酷刑之争"是有关伽利略的史学研究的一大焦点。目前的学术界似乎已经得出结论，即伽利略是在施加酷刑的口头威胁下做证的，但他既没有遭受酷刑，也没有见过刑具。我同意这种说法。但我认为，施加酷刑似乎有些不寻常，但合乎法律，这仍是一个有争议的问题。见 Finocchiaro, *Retrying Galileo*, chapter 11；也见其中第11页；也见 Santillana, *Crime*, p. 297。

450 *Opere*, v. 19, p. 411.

451 Galilei, *Father*, p. 253.

452 Galilei, *Father*, p. 267.这两位"学生"是尼科洛·阿基恩替和格里·博钦涅里。

453 Galilei, *Affair*, p. 291.

454 Opere, v. 16, Nr. 2970, p. 116；Santillana, *Crime*, p. 223；Favaro, *Maria*, p. 203.有删节。

455 这是斯蒂尔曼·德雷克的生动重述。"Galileo Gleanings I：Some Unpublished Anecdotes of Galileo." *Isis* 48.4（1957）：393.这件逸事也是德雷克的《作品》

（*Work*）一书的开端。德雷克认为这个故事为真，我十分同意他的看法。

456 *Opere*, v. 16, Nr. 3075, p. 209.

457 *Opere*, v. 17, Nr. 3780, p. 370. 伽利略自己本来更倾向于《关于运动的对话》（*Discourse on Motion*）这个标题。

458 本段三处引文分别为：Galilei, *Two*, pp. 148，41，126。三处引文分别出自卢卡・瓦莱里奥（Luca Valerio）、布纳文图拉・卡瓦列里（Buonaventura Cavalieri）和主教迪格瓦拉（Di Guevara）。卡瓦列里"怀着敬佩之情阅读"的作品正是伽利略受审前遭到审查的那本《对话》。

459 Galilei, *Two*, p. 215. 多数研究伽利略的历史学家没有把惯性定律的发现归于伽利略，其中最著名的当属《伽利略研究》（*Galileo Studies*）的作者亚历山大・柯瓦雷（Alexandre Koyré），但其中也包括德雷克。我的标准比较宽松，因而会这样评论他。

460 这个演示的基础是亚里士多德《力学》中的一个著名悖论，即"亚里士多德之轮"。伽利略对此进行了详尽的讨论。

461 *Opere*, v. 17, Nr. 3513, p. 126.

462 *Opere*, v. 17, Nr. 3635, p. 247. 稍有删节，意译。

463 温琴佐是Favaro, *Amici*. 卷十三的主角。

464 *Opere*, v. 18, Nr. 3992, p. 179. 意译。

465 *Opere*, v. 16, Nr. 3259, p. 391. 引文大幅删节，并稍有调整。我意在描绘此时伽利略内心的悲苦。更恰当的译文见Galilei, *Sunspots*, p. 330。

466 Heilbron, *Galileo*, p. 345. 这本书的售价为6斯库多；相比之下，《两门新科学》的售价为2斯库多，且卖得不好；见Raphael, Renée, and Renée Jennifer Raphael. *Reading Galileo：Scribal Technologies and the Two New Sciences*. JHU Press，2017. p. 15。《两门新科学》被教会明智地忽略了，因此销量平平。然而，它是一本缓慢产生影响的作品，于我而言，它也可被恰当地视为伽利略对十八世纪以后的世界产生影响最大的一本书。值得注意的是，该书大多最终流入英国，而英国显然也是继承伽利略科学事业的地方。

467 "工业"一词其实不适合用在这里，但我想暗示即将发生的事情，还有为何我觉得这些主题比其他任何原因都更具长久的社会意义。我坚信，如果没有工业革命的后续影响，公众压根儿不会（真正）关心科学。

468 这显然说的是温琴佐·维维亚尼（Vincenzo Viviani），他在1639年17岁的时候请求做伽利略的帮手。维维亚尼后来一直把伽利略尊奉为神，为他写了一本滑稽的圣徒传，维维亚尼家的门楣上方立了一尊伽利略的肖像雕刻，他还编纂了伽利略的第一部著作集。虽然维维亚尼最为糟糕，但伽利略的其他学生中跟他半斤八两的还大有人在，最著名的是埃万杰利斯塔·托里切利（Evangelista Torricelli）。

469 学者们围绕二人此次会面展开的学术讨论甚至比《两门新科学》的都要多。会面的真实性基于弥尔顿在其《论出版自由》（*Areopatigica*）中一句轻描淡写但意思明确的评论，这句话看起来很有道理，但备受质疑。《失乐园》暗中指涉伽利略的各种发现，但我在阅读过程中发现其中直接提到伽利略的地方分别是：bk. 1 ln. 287, bk. 3 ln. 589, and bk. 5 ln. 262。

我承认，我曾对弥尔顿暗中指涉伽利略的内容的性质困惑不已，这似乎显得有些随意，直到我读到了：Neil Harris, "Galileo as Symbol : The Tuscan Artist in Paradise Lost." *Annali dell'Istituto e Museo di storia della scienza di Firenze* 10.2（1985）: 3–29。我沿用了哈里斯（Harris）的解释，这显然出自威廉·恩普森（William Empson）的《七种歧义》（*Seven Types of Ambiguity*）和《弥尔顿的上帝》（*Milton's God*）。

470 *Paradise Lost*, bk. 1, ln. 288.

471 *Paradise Lost*, bk. 5, ln. 263.（译文参考朱维之译本，略有改动——译注）

472 Drake, *Work*, p. 370; Jesseph, Douglas M. "Galileo, Hobbes, and the Book of Nature 1." *Perspectives on science* 12.2（2004）: p. 196.霍布斯的这次造访比弥尔顿的更值得商榷，引起的关注也更少，不过霍布斯受伽利略的影响更大，在我看来，他颇有伽利略之新教化身的意味。其他有帮助的参考见Martinich, Aloysius P. *The two gods of Leviathan : Thomas Hobbes on religion and politics*. Cambridge University Press, 2003。

473 Hobbes, *Leviathan*, Pt. 2, chpt. 17, sect. 1.

474 Hobbes, *Leviathan*, Pt. 3, chpt. 33, sect. 1.去掉了原文中的强调符号。（译文参考藜思复、黎廷弼译本——译注）

475 Voltaire. Finocchiaro, *Retrying Galileo*, p. 117.

476 Finocchiaro, *Retrying Galileo*, pp. 168, 170.引文稍有调整。

477 这显然是对爱因斯坦的刻薄评价，但也不是诽谤。就好比说，人把枪支交给了孩子。见“On the method of theoretical physics.” *Philosophy of science* 1.2（1934）：p. 164。

478 这句话出自让–保罗·萨特（Jean–Paul Sartre）的《没有出口》（*No Exit*，中译本也作《他人即地狱》——译注）。我非常强烈地认为（但也没有过于强调），伽利略的故事就是史上第一部可算得上存在主义的戏剧，因此，我认为贝托尔特·布莱希特（Bertolt Brecht）的戏剧《伽利略》也是如此。这句话的正确解读绝对是对整个伽利略研究领域的嘲讽。

479 *Opere*, v. 18, Nr. 3972, p. 154; Heilbron, Galileo, p. 356.

480 这是我自己的恶意解读，出处见 *Opere*，v. 17，Nr. 3780，p. 370。我是想证明伽利略的落魄；我的整个伽利略故事的开篇就是个错误的引导，至少从正文看是这样。

481 *Opere*, v. 16, Nr. 2927, pp. 84–5. 我很抱歉在此打破了这么多时间顺序，但我在这一节主要关心营造悲剧的效果。

482 我们再次经由E.P. 汤普森（E.P.Thompson）重要的时间纪律观念提到了工业革命。

483 我想到了鲁米（Rumi）的经典名言：“我和你终将相遇在是非之外的某个地方。”不过，我并非鲁米那样的灵性论者。

484 *Opere*, v. 8, p. 349. 完整译文见Drake, *Work*, p. 422 及以后。

附　录　新天文学诞生的七支小插曲

1 Kepler, *Optics*, p. 14.

2 这样的说法见Kepler, *Optics*, pp. 336，342。

3 参阅：Voelkel, James R. “Publish or perish：Legal contingencies and the publication of Kepler's Astronomia *Nova.*” *Science in context* 12.01（1999）：33–59。围绕《新天文学》的法律困境，弗尔克尔展开了一个非常独特的叙述，我已经在很大程度上讨论过这个话题了。他们会把审查制度放在该书写作的核心位置。我非常重视弗尔克尔的工作，但还是认为他们的结论走得太远了。政治并非《新天文学》的出发点；它只是这本书诞生过程中起作用的众多因素之一。

4 Kepler, *Nova*, p. 106.

5 当然，伊曼努尔·康德也并非本书的主角。这种说法可能是不真实的，但也不一定；见Stuckenberg, *John Henry Wilbrandt*; *The Life of Immanuel Kant*［斯图肯伯（Stuckenburg）报告说是“三点半”，似乎不正确］; Macmillan and Company，1882, p. 163。康德宅院的照片见Kuehn, Manfred. *Kant*：*A biography*. Cambridge University Press，2001，pp.234–5。

6 这一整段话是我在阅读任何与开普勒或者康德的相关文字之前写成的（尽管其中很多话反过来也适用，因为康德在其著作中曾多次提到开普勒的名字）。因此，我非常高兴地看到，自己的直觉得到了别的作者的呼应，见E.J. Aiton，“Johannes Kepler in Light of Recent Research” p. 83。这正是开普勒最早的学术研究的核心所在，这种研究本质上属于哲学，见Ernst Cassirer, *The Individual and the Cosmos in Renaissance Philosophy*, Dover, p. 165。康德的“哥白尼革命”隐喻的性质非常奇怪；他的做法实际上与哥白尼完全相反。

7 Kepler, *Nova*, p. 217.

8 更明确地说，第一均差和第二均差（有时也称异常点）仅仅指的是黄道上匀速运动的偏差。二者的区别在于周期不同。一般而言，第一均差的周期为每次绕黄道的时间，第二均差的周期则是根据朔望（或者合冲——译注）时间而定。然而，情况也不一定如此；它们完全只是数学上的表达。

9 哥白尼并未成功做到这一点，并且明智地承认了自己的失败，见Swerdlow, *Mathematical*, pp. 157–61。

10 Kepler, *Nova*, p. 110.

11 在月球理论中尤其如此，月球理论在冲日时比正交时准确得多；哥白尼提出了一个复杂的模式来调和真正的冲日和平均冲日的对立；Swerdlow, *Mathematical*, pp. 39，194，274–5。

12 说得更具体一点，这种重新计算会让开普勒成为第一批试图纠正错误的太阳视差测量结果的人之一，而这种错误的测量结果早先曾在测量火星视差时就困扰过布拉赫。见Galilei, *Comets*, p. 371, ft. 3, or Kepler, *Nova*, pp. 149–50。

13 Kepler, *Nova*, p. 99，此处译文经过编辑以适应我的译文。开普勒在此改用了希腊语“progymnasmata”（该词的含义为古希腊和罗马帝国时期12岁至15岁的孩子为学习修辞学而接受的初步训练——译注）。这个计算结果与他在“两个家族”一节下的计算结果直接相关，我认为他选取这个词并非出于巧合。

14 Kepler, *Nova*, p. 189.此处为了表达更为明确，我把“星星”换成了“火星”。

15 我在开普勒有关偏心匀速点的问题上，采用了柯瓦雷的看法，见 *Astronomical Revolution*, p. 185。

16 Kepler, *Nova*, p. 187.

17 出自开普勒寄给赫尔瓦特·冯·霍恩堡的信件，后者原本打算把这封信寄给弗朗索瓦·维埃特（François Viète）。见 Koyré, *Astronomical Revolution*, p. 399。

18 Kepler, *Nova*, p. 186.

19 Kepler, *Nova*, p. 190.

20 Kepler, *Nova*, p. 208. 日落的专门表达是“acronychal”。

21 这种说法出自：Y. Maeyama, *Kepler's Hypothesis Vicaria*, *Archive for history of exact sciences* 41.1（1990）, p. 63。

22 Kepler, *Nova*, p. 211.

23 Kepler, *Nova*, p. 274.

24 Kepler, *Nova*, p. 309.

25 Kepler, *Nova*, p. 269.

26 椭圆因为阿波罗尼奥斯（Apollonius）的圆锥体早已广为人知。欧几里得式的卵形有很多种，但其复杂程度也高得多，而且这些卵形彼此之间没有明显的关系。见 *Mathographics*, Robert A. Dixon, pp. 5–10，该书收录了一些让人愉悦的视觉例子。其中的金蛋尤其漂亮。

27 我略过了这个对开普勒来说十分困难的原因，这是个有意义的问题，因为他的椭圆脱胎于标准的托勒密机制。但据我所知，他的行星并不是按照托勒密规定的均匀速度（相对于偏心匀速点而言）运动的；见 Koyré, *Astronomical Revolution*, pg 229。而为了把《新天文学》中盘根错节的问题概括进一个线性的叙事，我略过了这一点。据此，我在最后勾勒出了开普勒的物理学假设。

28 开普勒之所以这样做，是因为他在这里考虑的是地球和太阳的距离，这个距离形成的图形十分接近于圆。但后来，他继续用圆形来模拟火星轨道，这种做法的确显示出其对中世纪思想产生的影响。

29 Kepler, *Nova*, p. 309.

30 Kepler, *Nova*, p. 309.

31 我不清楚这句话的出处。它是帕斯卡（Pascal）的赌注中的著名部分。我第一次看到这句话是在：Koyré, *From the Closed World to the Infinite Universe*, p. 34。它出现在阿尔贝托斯·马格努斯的作品中，也以别的形式出现在托马斯·阿奎纳的作品中。

32 我想这就是原因所在。我不认为开普勒真的解释过这些名词，他只是说自己“已经习惯于这样称呼它们”。正是在这个意义上，开普勒的面积定律中的“光学方程三角形”成了“物理方程”的同义词。不过，我把开普勒物理学的讨论留到了最后一个小节。

33 准确地说，全正弦指的是圆心处直角对应的正弦，即半径本身，但在插图中，我为了简单起见而直接用它指代三角形本身。虽然这种术语的滥用可能会惹恼一些数学史学者，但我相信它会让一般的读者更容易理解。

34 开普勒称之为“蚌线”（conchoid）。他还稍稍减小了三角形底部的长度（Kepler, *Nova*, p. 314），尽管他并未明确指出这一点，我认为这仅仅意味着光学方程的“反面”——正弦波——而非底轴长度的减少。我已经按照斯蒂芬森的说法将其删除（Kepler's *Physical Astronomy*, p. 82）。开普勒说，这个方法“有如神助”般地达到了效果，因为这个误差抵消了他使用正圆形而非卵形造成的误差。

35 *KGW*, v. 3, p. 267; Kepler, *Nova*, p.313. 开普勒据此认为，距离定律和面积定律是不一样的，见 Stephenson, *Physical*, p. 83，也见 *KGW*, v. 15, Nr. 281。

36 Kepler, *Nova*, p. 314.

37 *KGW*, v. 3, p. 288, Kepler, *Nova*, p. 339. 据我所知，这句话并非一句谚语。它是开普勒自创的。

38 Kepler, *Nova*, p. 172.

39 Caspar, *Kepler*, p. 87. 引文的时态有改变。

40 Davis, E. L. “Kepler's ‘Distance Law’ –Myth, not Reality.” *Centaurus* 35.2（1992）: 103–20，这篇文章提出上述情况的确发生过。这种观点并不常见。尽管我对《新天文学》的了解肯定不如戴维斯（Davis），但恐怕仍不会同意他的看法。

41 *KGW*, v. 3, pg 288, Kepler, *Nova*, p. 339. 由于我感觉剩余的部分至关重要，于是我

已经开始对照开普勒的拉丁语著作原文核对多纳休的译文。多纳休的译文相当贴切。我略去了章节名称，并且对译文进行了小幅修改（我一贯如此），但我始终忠于译文。

42 此时，开普勒已经从卵形轨道转向了卵形第一均差，同时也放弃了球形轨道。我把这一点和他对椭圆的发现结合起来看待。如同书中常见的讨论一样，我必须开始略过诸多有趣的细节。开普勒是在替代假设和理想轨道，以及地球或太阳之间的等分点所形成的不同的平近点角间相互调节的情况下，发现这种新的卵形的。

43 Kepler, *Nova*, p. 353

44 Whiteside, Derek T. "Keplerian planetary eggs, laid and unlaid, 1600–1605." *Journal for the History of Astronomy* 5.1（1974）：11.《新天文学》中，开普勒的每个重要设置，似乎都对应着一篇对其做出精彩论述的数学文章。怀特赛德（Whiteside）的文章就是典范。

45 Kepler, *Nova*, p. 354.原文中的“它”表示轨道，我已将其删去。通常认为，开普勒是通过某种三角测量方法发现椭圆的，但这种方法仅仅出现在《新天文学》的最后几章；我认为这种三角测量方法意义不大，于是没有在文中提及。参阅：Wilson, Curtis. "Kepler's derivation of the elliptical path." *Isis* 59.1（1968）：4–25。开普勒最初研究火星的时候也曾使用过类似的三角测量法，但这不过是为其偏心匀速点提供辩护而已；参见威尔逊的文章，或者：Voelkel, *Composition*, p. 106。我理所当然地认为，开普勒从卵形到椭圆的最终过渡实际上是出于美学上的考虑。

46 Kepler, *Nova*, p. 338.开普勒曾如此描述他发现的非正圆第一均差，但我把这个描述融入他在几章后发现的椭圆第一均差之中，因为对于这个简短的总结而言，二者的区别实在太微妙了。

47 Kepler, *Nova*, p. 407.我认为，“光学方程的最大度量值”是由轨道上垂直于穿过太阳的拱点线上的点形成的。在开普勒的模型（还有任何低离心率的模型）中，这种情况会形成一个近似全正弦三角形，但如果刚好形成一个全正弦三角形，则轨道为正圆。

48 开普勒为何要这样做呢？在其《梦游者》中，凯斯特勒对此做了最不怀好意的推测，他假设开普勒是出于“某种无意识的生物学偏见”才这样做的（p.330），但这种说法实际上站不住脚。怀特赛德则直接假设，开普勒把第二均差点当作可产生卵形而非椭圆的做法“似乎最为自然”。斯蒂芬森指出，这种做法对开普勒在数学上的推进显得最为自然（*Physical*, p. 123）——我没有完全信服，并且坚持认为，这是一个根本不必要的步骤。无论如何，我的叙事方式决定了，没有剧中人物的言谈，我的讲述也没有任何意义，于是，我只会按照开普勒自己的方式讲述他的错误，这样做会显得生动而严谨。

49 此处的描述出自多纳休对开普勒的《光学》的翻译，尤其第347–349页、第423页，以及他对该著作的介绍。我感觉这里的描述有些混乱（显然，多纳休和开普勒也是如此），但我希望自己的理解是对的。

50 Kepler, *Nova*, p. 153. 小丑表演的字面意思就是“荒谬的表演”。*KGW*, v. 3, p. 124.

51 Kepler, *Nova*, p. 83.

52 Kepler, *Nova*, p. 84. 开普勒自称这种观点有很多荒诞的地方，我已经大体上阐述过了。

53 我相信，从基于单个本轮和一个太阳系偏心匀速点的合理估算出发很容易就能实现。怀特海（Whitehead）在《行星蛋》中表明，任何数量的卵形估算都与观测数据相符，前提是开普勒先要发现这些卵形。但我怀疑他无论如何都会拒绝这些卵形；它们并不优雅。

54 后者指的是从轨道中心点到圆弧末端以及到偏心匀速点的连线形成的角度。我猜想，开普勒之所以这样命名，是因为这项研究始于他的如下想法：偏心匀速点的距离为行星运动提供了物理学解释。见 Koyré, *The Astronomical Revolution*, Appendix I, p. 365。开普勒用他的面积定律取代了偏心匀速点的物理学方程，这也是他首次表述“第二定律”（物理学方程于是就成了光学方程的三角形）（Kepler, *Nova*, p. 311）。

55 我此前提出过这个主张，但没想到会被人反复提及。这个主张出现在：Gingerich, *The Eye of Heaven*, p. 321。无论如何，开普勒肯定发明了一种天体物理学。

56 埃兹拉·庞德（Ezra Pound）所作《圣诞节怀维庸》[*Villonaud for This Yule*——Villonaud一词指的是仿法国中世纪诗人弗朗索瓦·维庸（François Villon）风格的诗歌，这个词为庞德自创——译注]：“逝者的鬼魂爱着世人/狂风刮来恐惧的气息/阻挡着爱与闪耀的太阳（foison sun）/禁锢着令我欢呼的回忆/（恰如我为自己的时髦而痛饮）/饮下昔日的鬼魂/我从内心赢得的快乐又在何处？/土星和火星朝宙斯飞去！”

57 Kepler, *Nova*, p. 285.

58 Kepler, *Nova*, p. 280.为清楚起见，“机器”一词已改为“世界—机器”。

59 Kepler, *Nova*, p. 283.

60 Kepler, *Nova*, p. 281.

61 Kepler, *Nova*, p. 412.

62 Kepler, *Nova*, p. 418.

63 Kepler, *Nova*, p. 418.

64 Kepler, *Nova*, p. 480. *KGW*, v. 3, p. 408.有趣的是，这个结尾颇具反讽意味，跟托勒密在《至大论》中的结尾方式神似。

从声音到文字，分享人类智慧

天喜文化